Springer-Lehrbuch

Hans-Heinrich Bothe

Fuzzy Logic

Einführung in Theorie und Anwendungen

Zweite, erweiterte Auflage
mit 94 Abbildungen

Springer-Verlag
Berlin Heidelberg New York
London Paris Tokyo
Hong Kong Barcelona Budapest

Dr.-Ing. Hans-Heinrich Bothe
Institut für Elektronik
Technische Universität Berlin
Einsteinufer 17
10587 Berlin

ISBN 3-540-56967-7 2. Aufl. Springer-Verlag Berlin Heidelberg New York
ISBN 3-540-56166-8 1. Aufl. Springer-Verlag Berlin Heidelberg New York

Cip-Eintrag beantragt

Printed in Germany

Satz: Reproduktionsfertige Vorlage des Autors
SPIN: 10123012 68/3020 - 5 4 3 2 1 0 - Gedruckt auf säurefreiem Papier

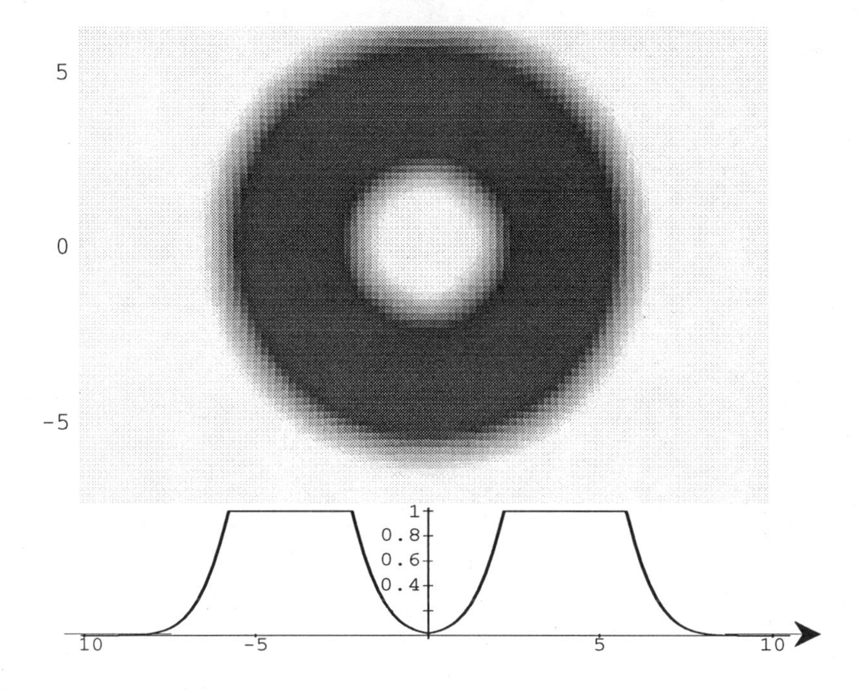

Wir blicken so gern in die Zukunft, weil wir das Ungefähre, was sich in ihr hin- und herbewegt, durch stille Wünsche so gern zu uns heranleiten möchten.

Goethe, Maximen und Reflexionen, V

Vorwort

Fuzzy-Logic ist zu einem Zauber- und zugleich Modewort geworden: Die 'unscharfe Logik' hat schon die Titelseiten populärwissenschaftlicher Zeitschriften erobert und verunsichert manchen "klassischen" Ingenieur. Dabei wird ihr nachgesagt, daß sie eine "menschlichere" Technik bewirkt, weil sie einen Zustand nicht nur mit 'wahr' oder 'falsch' bewerten kann, sondern auch mit unscharfen Zwischenstufen, so wie es die menschliche Erfahrung in vielen Situationen tut. Dabei tritt die Fuzzy-Logic schon in Konkurrenz mit der menschlichen Erfahrung, wie berichtet wird: Im japanischen Sendai fährt die U-Bahn seit 1987 mit Hilfe von Fuzzy-Logic komfortabler und wirtschaftlicher als mit einem erfahrenen Lokführer.

Die Japaner sind führend im Einsatz von Fuzzy-Chips und Fuzzy-Steuerungen im Bereich von Gebrauchsgütern des täglichen Bedarfs bis hin zu hochkomplexen Prozeßsystemen. Dies ist sicherlich nur teilweise damit zu begründen, daß die Japaner eine Vormachtstellung in der Halbleitertechnik und im Einsatz von Mikrorechnern erreicht haben. Der zweite Grund könnte in der asiatischen Denkweise liegen, die in der Unschärfe nichts Negatives sieht - wohl im Gegensatz zu der westlichen Tradition, "die allem Respekt zollt, was präzise und quantitativ ist, und verachtet, was nicht so ist", wie L. A. Zadeh, der Begründer der Fuzzy-Theorie, schreibt.

Lotfi A. Zadeh, emeritierter Professor an der University of California, Berkeley, erwähnte zum ersten Mal 1965 in einer Arbeit den Begriff 'Fuzzy', als er die gewöhnliche Mengenlehre um die Beschreibung und Verknüpfung unscharfer Mengen erweiterte und eine Theorie dazu aufstellte. Er führte verbale Ausdrücke - linguistische Variable und Operatoren - in die sonst rein mathematische Theorie ein. So wird auch empirisches Prozeßwissen in Steuerungsstrategien einbringbar, denn eine Prämisse der Fuzzy-Theorie ist die Unvereinbarkeit von hoher Komplexität und hoher Präzision.

Zadehs Theorie fand zunächst wenig Beachtung, da sie nicht in die Zeit der beginnenden Digitaltechnik, die auf der zweiwertigen Logik beruht, zu passen schien. Nur vereinzelt erschienen weiterführende Veröffentlichungen, die

die Fuzzy-Regelung als wichtigstes Anwendungsgebiet beinhalteten. Schließlich nahmen sich japanische und chinesische Wissenschaftler des Themas an, u.a. unter Einbeziehung des ebenfalls neuen Gebietes der Neuronalen Netze.

Heute ist die Behandlung des Fuzzy-Themas in der Forschung und der industriellen Anwendung ein Muß. Eine Vielzahl konventionell nur schwer automatisierbarer Prozesse, die nichtlinearen Kennlinien oder Kennfeldern folgen, sind durch Fuzzy-Regelungsprinzipien beherrschbar, wobei die Fuzzy-Regler sowohl alleinige Regler sind als auch durchaus parallel zu einem konventionellen, z.B. PID-Regler, arbeiten können. Die Fuzzy-Regler erscheinen robust und parameterunempfindlich. Bei Anwendung zur Klassifizierung von Vorgängen und Zuständen führt die Fuzzy-Logic zu neuen Identifikationsalgorithmen in adaptiven Regelsystemen.

Nicht nur für komplexe technische Systeme, sondern auch für die komplexen Prozesse in der Wirtschaft und in der Gesellschaft ist die Fuzzy-Logic anwendbar. Selbst die Philosophie hat sie entdeckt.

Auch wenn viele Anwendungsgebiete der Fuzzy-Logic - beispielsweise anhand von Fragen nach Stabilität und Robustheit - in der Regelungstechnik gerade erst intensiv erforscht und erprobt werden, ist es wichtig, daß sich an den Universitäten die Lehre dieses Themas vermehrt annimmt.

Das vorliegende Buch ist aus einer Vorlesung entstanden, die Dr. Bothe am Institut für Elektronik der Technischen Universität Berlin für Studierende der Elektrotechnik und Informatik hält. Es wendet sich damit insbesondere an Studenten der Ingenieurwissenschaften, aber auch der angewandten Physik sowie an bereits in der Praxis Tätige, die sich in das Gebiet der Fuzzy-Logic einarbeiten wollen. Neben der Motivation zur Beschäftigung mit diesem Gebiet wird der Leser durch eine klare Stoffgliederung sowie zahlreiche Beispiele in die Lage versetzt, sich die anwendungsrelevanten Methoden selbständig zu erarbeiten. Es wird außerdem jeweils eine große Anzahl von alternativen Methoden angesprochenen, deren Vor- und Nachteile abgewogen werden und die zu eigenen weiterführenden Gedanken einladen.

Das 1. Kapitel erläutert als Einführung den Begriff der Unschärfe und in anschaulicher Weise die Schlüsselkonzepte der Fuzzy-Logic am Beispiel eines einfachen unscharfen Reglers. Die Bemessung der Unschärfe und grundlegende Operationen mit unscharfen Mengen in Erweiterung der konventionellen Mengenlehre sind Thema des 2. Kapitels. Sowohl der erweiterte Mengenbegriff als auch die Operationen werden aus der konventionellen Mengenlehre abgeleitet. Das 3. Kapitel geht auf unscharfe Zahlen als spezielle unscharfe Mengen ein und überträgt am Beispiel der Grundrechenarten die herkömmliche Arithmetik auf den Bereich unscharfer Zahlen. Die Einführung von linguistischen Variablen und von linguistischen Operatoren, d.h. von verknüpften linguistischen Ausdrücken, enthält das 4. Kapitel. Der Leser lernt durch den Einsatz unscharfer Mengen und Operationen, verbale Expertenaussagen in eine faßbare, mathematische Struktur zu transformieren. Das fünfte Kapitel führt in die Theorie unscharfer Maße ein und beschreibt dabei insbesondere die Gemeinsamkeiten und die Unterschiede zwischen den Begriffen 'Wahrscheinlichkeit' und 'Möglichkeit'. Dieses Kapitel erscheint für die Klärung der Einsatzmöglichkeiten von Fuzzy-Methoden umso notwendiger, als mancherseits auf die Stochastik als wirksames Instrumentarium zur Beschreibung von Unschärfe hingewiesen wird - was sich dann als falsch erweist, wenn die entsprechenden Randbedingungen nicht erfüllt sind.

Auf unscharfe Relationen und deren Verkettung, die als mathematische Basis für das approximative Schließen dienen, geht das 6. Kapitel ein. Dabei wird insbesondere auch auf Matrizenschemata zurückgegriffen. Regelbasierte Expertensysteme und die Aufstellung und Lösung unscharfer Relationalgleichungssysteme werden im 7. Kapitel beschrieben. Das 8. Kapitel behandelt den Einsatz unscharfer Regler, d.h. ein Entwurfsschema und das Übertragungsverhalten von unscharfen Kennfeldreglern. Dabei wird das approximative Schließen als spezielles Interpolationsverfahren aufgefaßt. Mehrere praxisrelevante Beispiele werden erläutert. Im neunten Kapitel wird die Anwendung unscharfer Methoden im Bereich der Mustererkennung beschrieben, insbesondere unscharfe Klassifikatoren und einige Methoden zur automatischen Clusterbildung. Das letzte Kapitel stellt eine Reihe von analogen Schaltungen zur elektronischen Nachbildung verschiedener Verknüpfungen, der Fuzzifikation sowie der Defuzzifikation vor. Dabei wird ein modulares Konzept entwickelt, mit dessen Hilfe beispielhaft ein stromgesteuerter Regler mit zwei Eingangs- und einer Ausgangsgröße aufgebaut wird, dessen Übertragungsverhalten sich aus 15 linguistisch formulierten Regeln bestimmt.

Das Buch wird abgerundet durch ein ausführliches Literaturverzeichnis, das neben der Angabe von Originalaufsätzen auch auf spezielle Fachliteratur zur weitergehenden Vertiefung des Stoffes hinweist.

Ich möchte dem Buch ein engagiertes und auch kritisches Lesepublikum wünschen, damit es zu einer neuen Sichtweise der Technik und einem erweiterten Technikverständnis beim bisher mehr klassisch denkenden Ingenieur beitragen kann.

Berlin, im Januar 1993

Dietrich Naunin
Professor am Institut für Elektronik der
Technischen Universität Berlin

Danksagung

Meinen Kolleginnen und Kollegen, die am Entstehen dieses Buches beteiligt waren, möchte ich für ihre große Hilfsbereitschaft danken. Ohne ihr Zutun hätte die Fertigstellung erheblich mehr Zeit gefordert. Als besonders intensiv und produktiv weiß ich die zahlreichen Diskussionen mit Frauke Rieger und Prof. Gerhart Lindner zu schätzen. Für sie als Sprachwissenschaftler und Pädagogen führt die Umsetzung der unscharfen Logik zu erheblich weitergehenden Konsequenzen, als dies etwa beim Entwurf technischer Systeme nötig ist. Es ist ebenso wünschenswert wie erforderlich, daß die Bedeutung interdisziplinärer Zusammenarbeit gerade in den Grenzbereichen zwischen Technik- und Geisteswissenschaften in Zukunft weiter wächst.

Prof. Karl Wolters danke ich, daß er mir Teile seines Vorlesungsskripts zur Analog- und Digital-Elektronik als Vorlage zur Verfügung gestellt hat. Die Abbildungen wurde mit großem Engagement von Nasratullah Rafiq angefertigt. Den Mitarbeiterinnen und Mitarbeitern des Springer-Verlags bin ich für ihr großes Entgegenkommen und ihre hohe Flexibilität sehr verbunden.

Ich vergesse auch jene nicht, die mir während der gesamten Arbeit am Manuskript kontinuierlichen Zuspruch zuteil werden ließen und die somit gleichfalls ihren Anteil am Zustandekommen dieses Buches haben.

Berlin, im Januar 1995 Hans-Heinrich Bothe

Inhaltsverzeichnis

1 Einführung

Logik bestätigt lediglich die
Errungenschaften der Intuition.
J. Hadamard

Die Fuzzy-Logic stellt eine Erweiterung des binärlogischen Kalküls dar. Den mathematisch-historischen Hintergrund bilden Arbeiten über mehrwertige Logiken (z.B. L_3-Logik nach [Łukasiewicz, 1932]), die insbesondere im Zusammenhang mit der Ereignisunbestimmtheit in der Quantentheorie entstanden. Darin wurden die in der klassischen binären Logik möglichen Wahrheitswerte *wahr* und *falsch* (bzw. 1 und 0) einer Aussage um weitere Zwischenzustände (z.B. *unbestimmt* bzw. ½) ergänzt.

[Zadeh, 1965] erweiterte diese Theorie zur mathematisch exakten Beschreibung von Variablen mit linguistisch (sprachlich) und damit unscharf vorgegebenen Werten. Die Regeln für die Verknüpfung dieser Variablen sind das axiomatische Grundgerüst für die Fuzzy-Logic. In den folgenden Jahren entstand eine große Anzahl sowohl von theoretischen als auch von anwendungsbezogenen Arbeiten, insbesondere in den Bereichen

- Steuerung und Regelung,
- Prozeßüberwachung und -diagnose,
- Mustererkennung,
- Medizin und Psychologie,
- Wirtschaftswissenschaften,
- Mathematik.

Seit Ende der achtziger Jahre ist die Anzahl von industriellen Anwendungen der Fuzzy-Logic besonders in Japan sehr stark gestiegen. Dieser Prozeß wurde vor allem durch das im Rahmen des "Computer-der-fünften-Generation"-Projekts gegründete LIFE-Institut (Laboratory for International Fuzzy Engineering Research) beschleunigt. Hier geht es keineswegs in erster Linie darum, Anwendungsgebiete zu erschließen, deren spezifische Problematik mit anderen Methoden nicht lösbar wären. Wenn der Einsatz von Methoden der Fuzzy-Logic zu neuartigen Produkten führt, dann vielmehr deshalb, weil sich die Produktentwicklung vereinfacht und die Entwicklungszeit erheblich verkürzt.

Während die Łukasiewicz-Logik von numerischen Wahrheitswerten aus dem Einheitsintervall [0,1] ausgeht, beschreibt die Fuzzy-Logic Wahrheitswerte auf einer linguistischen Werteskala. Die Werte liegen dabei in Form verbaler Ausdrücke vor wie beispielsweise *sehr falsch*, *falsch*, *wahr*, *sehr wahr*, und werden mit Hilfe von charakteristischen Funktionen auf die numerischen Wahrheitswerte abgebildet. Der entscheidende Schritt zur Anwendung dieser Logik-Theorie im Bereich der Technik bestand darin, allgemeine Variablen mit linguistischen Werten zuzulassen und diese auf die dazugehörigen physikalischen Werteskalen abzubilden. Damit eröffnet sich eine Möglichkeit, verbale Ausdrücke in einen mathematisch faßbaren Bereich zu transformieren und dort automatisch weiterzuverarbeiten.

Zwei klassische Aufgaben bei Systemanalyse und -entwicklung bestehen darin, die beteiligten physikalischen Zusammenhänge zu verstehen und diese mit Hilfe mathematischer Methoden zu formulieren. Bei realen Systemen bereitet das Aufstellen hinreichend genauer Systemgleichungen oft besondere Schwierigkeiten, während sich die physikalischen Zusammenhänge mit Worten leicht beschreiben lassen. Dies gilt ebenfalls für die Festlegung eines notwendigen Reglerverhaltens zur Stabilisierung komplexer Prozesse oder sinnvoller Regeln zur Klassifizierung komplexer Objekte, falls ein solches unscharfes Expertenwissen zur Verfügung steht. Die Aufgabe zur Formulierung der physikalischen Zusammenhänge verlagert sich beim Einsatz von Fuzzy-Methoden darauf, wohldefinierte Wörter zur Problembeschreibung zu verwenden und diese quantitativ umzusetzen.

Nachdem hinreichend viele Arbeitsplätze sowohl im universitären als auch im industriellen Bereich mit Personalcomputern ausgestattet sind, erscheint die Vielzahl der auf den Markt drängenden computergestützten Fuzzy-Entwicklungsprogramme als eine konsequente Weiterentwicklung der bisherigen CAE-(Computer-Aided-Engineering-) Methoden. Diese Programme setzen die verbal formulierten Regeln zur Systembeschreibung entweder mit Hilfe eines Preprozessors in einen Hochsprachencode oder direkt in den Maschinencode von Mikroprozessoren um. Dabei können sowohl konventionelle Mikroprozessoren als auch speziell entwickelte Fuzzyprozessoren zum Einsatz kommen. Der Code kann in vorhandene Programme eingebunden werden, so daß die Auswahlmöglichkeiten für Variablentypen und Operationen erweitert werden.

Der Einsatz im Bereich der Konsumelektronik macht ferner die Entwicklung von integrierten Bausteinen interessant, die einen großen Teil der notwendigen Operationen direkt auf der Schaltungsebene ausführen (siehe beispielsweise [Heite et al., 1989], [Watanabe et al., 1990], [Yamakawa&Miki, 1986]). Nachdem sich im Laufe der letzten zwanzig Jahre die Digitalelektronik in vielen Bereichen durchgesetzt hat, führt dieser Prozeß zur Entwicklung einer Fuzzy-Elektronik, die sich ihre Einsatzgebiete mit der Digitalelektronik teilen wird. Auch in diesem Sinn stellt die Fuzzy-Logic also eine Erweiterung der Binärlogik dar. Bereits seit Mitte der achtziger Jahre wird außerdem an einer Anwendung im Bereich der künstlichen Intelligenz gearbeitet. Besonders vielversprechend ist hier eine Zusammenführung mit dem Gebiet der "Neuronalen Netze" (siehe z.B. [Kosko, 1992] und [Surmann et al., 1992]). Zum Studium dieser Disziplinen muß an dieser Stelle auf die angegebene Literatur verwiesen werden.

1.1 Zum Begriff Unschärfe

Der Begriff "Fuzzy-Logic" läßt sich mit "unscharf begrenzte, fusselige Logik" übersetzen. Als wesentliches Charakteristikum der "Unschärfe" einer Aussage bzw. Information kann dabei die graduierte Bewertung ihres Wahrheitswertes angesehen werden. Mit Hilfe der Fuzzy-Logic können deshalb auch Beschreibungen verarbeitet werden, die auf der Basis von (unscharfen) umgangs- und fachsprachlichen Aussagen (Regeln) gegeben sind.

Beispiel 1.1

Der klinische Schweregrad III beim Bluthochdruck kann aus medizinischer Sicht folgendermaßen beschrieben werden: "Systolischer Blutdruck höher als 200 Torr oder diastolischer Blutdruck zwischen 120 und 130 Torr. *Meistens stabiles* Blutdruckniveau. *Sehr oft* Anzeichen kardialer Insuffizienz, Augenhintergrundveränderungen, *stärkere* Beschwerden, *teilweise* zerebrale Störungen" (siehe auch [Bocklisch, 1988]).

Die kursiv geschriebenen Begriffe weisen auf eine Unschärfe der jeweiligen Teilaussagen hin, die bei der Entscheidungsfindung (hier der Diagnose des Arztes) eine gewisse Flexibilität zuläßt und damit ein intelligentes Verhalten ermöglicht. Diese Schreibweise soll im folgenden beibehalten werden.

Die Bewertung der Einzelaussagen wird aus einer bestimmten Perspektive heraus durchgeführt, die sich - auch zusammen mit der Umweltsituation - ändern kann: wesentliche Einflußparameter sind oft unbekannt oder wurden bei der Regelerstellung nicht erfaßt. Gerade bei komplexen Vorgängen entstehen dann notgedrungen "Unschärfen". Die Kombination bestehender unscharfer Einzelaussagen über das (u.U. irrtümlich) als invariant angenommene System trägt aber durchaus einen hohen Wahrheitswert und repräsentiert ein spezielles Expertenwissen, aufgrund dessen Entscheidungen getroffen werden können.

Da die Voraussetzungen der Wahrscheinlichkeitstheorie bei der Zusammenstellung der Regeln nicht notwendigerweise erfüllt sein müssen, weil beispielsweise der Einfluß bestimmter Parameter nicht erfaßt wurde, besteht ein wesentlicher Unterschied zwischen Unschärfe und Wahrscheinlichkeit einer unscharfen Aussage. An dieser Stelle sei vereinfachend darauf hingewiesen, daß Unschärfe auch als "Möglichkeit" interpretiert werden kann. Eine differenzierte Diskussion der Begriffe wird in Kapitel 5: "Wahrscheinlichkeit und Möglichkeit" geführt. Zum Verständnis sollte der Leser die in den Kapiteln 2 und 4 vermittelten Grundkenntnisse beherrschen.

Es lassen sich verschiedene Arten von Unschärfe angeben: durch Rauschen entsteht eine stochastische Unschärfe (z.B. bei der Bewertung eines gemessenen Eingangssignals), durch Informationsmangel eine informelle Unschärfe (z.B. bei mangelndem Wissen über das Reaktionsverhalten eines technischen Vorgangs) und durch sprachliche Formulierungen eine lexikalische Unschärfe (im Bereich der Mechanik bedeutet die Klassifizierung *hohe* Frequenz etwas anderes als im Bereich der Elektrodynamik). Eine Systemanalyse und -beeinflussung auf der Basis von Fuzzy-Methoden berücksichtigt sowohl Unschärfen bei den Meßwerten als auch bei deren Übertragung und Verarbeitung. Um den Begriff "Unschärfe" näher zu erläutern, sollen deshalb die Begriffe "System" und "Modellbildung" eingeführt werden.

System

Unter einem System sollen Teile der beobachtbaren oder meßbaren Wirklichkeit verstanden werden, die sich durch eine mathematische Beschreibungsmethodik erfassen lassen. Systeme können meistens in Subsysteme untergliedert werden, die untereinander und mit der Umwelt verbunden sind und mit Hilfe von Kommunikationskanälen Informationen austauschen. Systeme sind gleichzeitig auch Bestandteile von übergeordneten Metasystemen.

Beispiel 1.2.

Das Herz kann aus medizinischer Sicht als ein eigenständiges System angesehen werden. Es besteht anatomisch aus mehreren Untersystemen, beispielsweise den Herzklappen, Herzkammern, verschiedenen Muskeln und Nervenfasern. Diese bestehen aus einer Vielzahl einzelner Zellen, die wiederum als eigenständige Systeme angesehen werden können. Das Herz ist daneben auch Bestandteil des übergeordneten Herz-Kreislauf-Systems. Es steht mit allen wichtigen Organen des Körpers in einem regen Informationsaustausch, der einerseits durch chemische Substanzen wie Hormone gelenkt wird, andererseits aber auch durch elektrische Ströme, die im wesentlichen für die Nervenleitung stehen.

Das Systemverhalten kann von bestimmten Eingangsgrößen als Koppelgrößen zu anderen Systemen mitbestimmt werden oder gedächtnisbehaftet und damit zeitvariant sein. Hinter dieser Zeitvarianz verbergen sich oft Alterungserscheinungen, Verschleiß oder unberücksichtigte Einflußgrößen. In technischen Systemen können daraus Probleme erwachsen. So muß bei der Entwicklung elektronischer Schaltungen der Wärmewiderstand der Bauelemente dann nicht berücksichtigt werden, wenn deren erwartete Betriebstemperatur unterhalb eines bestimmten Grenzwerts liegt. In Grenzsituationen können solche Voraussetzungen allerdings leicht überschritten werden, was (bei Nichtberücksichtigung der Einflußgröße "Temperatur") sogar einen Systemausfall bedingen kann.

Je nach Voraussetzung und Perspektive ergeben sich eine Reihe von wesentlichen und unwesentlichen Koppelgrößen; es bleibt dem Entwickler vorbehalten, diese zu erkennen und entsprechend zu berücksichtigen.

Die zeitliche Zustandsabfolge in einem System wird als Prozeß bezeichnet. Bei einer Prozeßkontrolle müssen oft übergeordnete Entscheidungen getroffen werden, die auf einer Vielzahl von zu gewichtenden Informationen aufbauen. In vielen Fällen müssen diese Entscheidungen von Menschen (Bedienern, Experten) getroffen werden, da eine automatische Auswertung auf der Basis herkömmlicher Methoden versagt. Die Kunst des Experten liegt dann darin, auch bei unvollkommenen bzw. unscharfen Informationen (über Eingangsgrößen oder System) richtige Entscheidungen zu treffen.

Modellbildung

Schon mit der Festlegung des interessierenden Betrachtungsgegenstandes als eigenständiges System und den daraus resultierenden Koppelgrößen mit der realen Umwelt werden Kompromisse eingegangen, die zu einer mehr oder weniger genauen (scharfen) Modellbildung des Systems und Auswahl der zu berücksichtigenden Koppelgrößen führen; damit entsteht ein Unterschied zwischen Simulation und wirklichem Verhalten.

Simulationsergebnisse tragen jedoch oft einen relativ hohen, jedenfalls verwertbaren Wahrheitsgehalt. Damit stellt sich die Frage, wie dieser unscharfe Wahrheitsgehalt vorhandener Aussagen z.B. für eine Prozeßsteuerung nutzbar gemacht werden kann.

1.2 Schlüsselkonzepte der Fuzzy-Logic

Der Begriff "Fuzzy-Logic" wird heute folgendermaßen in einer engen und einer weiten Deutung gebraucht.

Enge Deutung der Fuzzy-Logic

Die enge Deutung beschreibt ein im mathematischen Sinne logisches System mit dem Ziel, Modelle für die Erscheinungsformen der menschlichen Beweis- und Entscheidungsführung aufzustellen. Diese Erscheinungsformen werden in symbolischer Form eher annähernd als exakt festgelegt.

Weite Deutung der Fuzzy-Logic

Die weite Deutung beschreibt die Theorie unscharfer Mengen, d.h. die Lehre von Mengen mit unscharfen Begrenzungen. Die Bedeutung dieser Theorie liegt darin begründet, daß

- außerordentlich viele natürliche Mengen eher unscharf als scharf begrenzt sind,
- die Gesetze der klassischen Mengenlehre über die Boolsche Algebra auf die klassische Logik und Schaltalgebra übertragbar sind und sich die Gesetze der Theorie unscharfer Mengen daraus ableiten lassen.

Unscharfe Mengen

Die Definition einer unscharfen Menge **M** erfolgt mit Hilfe einer charakteristischen Funktion μ_M, die als "Zugehörigkeitsfunktion" (engl.: membership function) bezeichnet wird (siehe auch Kapitel 2). Die Werte von μ_M liegen im normalisierten Fall zwischen 0 (→ keine Zugehörigkeit) und 1 (→ volle Zugehörigkeit). Damit können im Gegensatz zur klassischen Mengenlehre auch "fließende" Übergänge der Elementzugehörigkeit zu einer Menge (bzw. des Zutreffens einer Aussage) beschrieben werden. Es bietet sich die Möglichkeit, im Rahmen der Idealisierungen bei der Systembeschreibung "elastisch" zu modellieren. Der Fall scharf begrenzter Mengen ist im Fall unscharf begrenzter Mengen insofern enthalten, als dann die Zugehörigkeitsfunktionen nur die Werte null und eins annehmen können.

Im folgenden sollen unscharfe Mengen stets in Fettschrift dargestellt werden, während scharfe Mengen in Normalschrift geschrieben sind.

Beispiel 1.3

Die Einführung unscharfer Bewertungen soll anhand der zweistelligen unscharfen Relation *wesentlich größer als* ($\gg$) gezeigt werden. Während im Fall der scharfen Relation "größer als" (>) bei Vorgabe des einen Wertes eine scharfe Schranke für mögliche Werte des anderen festgelegt wird, ist die Einschränkung im Fall ($\gg$) eher unscharf aufzufassen; der Wertebereich läßt sich hier nur unzureichend mit Hilfe scharfer Mengen festlegen. Zur Erläuterung sei die unscharfe Menge $\mathbf{A} = \{x \in X \mid x \gg 1\}$ gegeben. Der Versuch einer klassischen Beschreibung der Zahlen $x \gg 1$ beispielsweise mit Hilfe der Menge $A^* = \{x \in X \mid x \geq 100\}$ würde paradoxerweise dazu führen, daß

$x_1 = 100$ *wesentlich größer* ist als 1,

$x_2 = 99$ nicht *wesentlich größer* ist als 1.

Beispiel 1.4

Die in Abbildung 1.1 gestrichelt dargestellte Zugehörigkeitsfunktion $\mu_M(x)$ beschreibt die Menge aller reellen Zahlen ≥ 18.

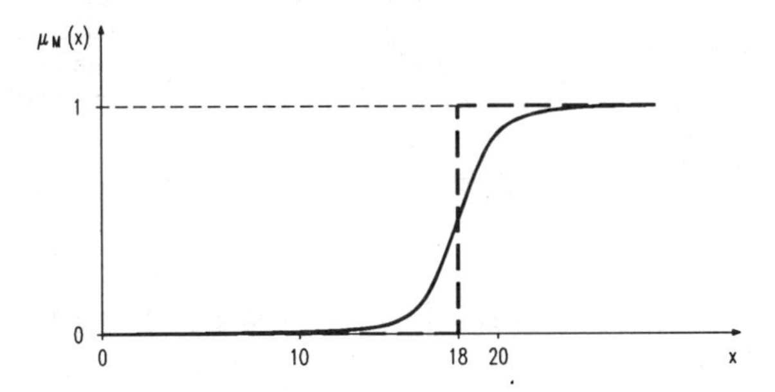

Abb. 1.1. Zugehörigkeitsfunktionen $\mu_M(x)$ für eine scharf begrenzte Menge M und $\mu_{M'}(x)$ für eine unscharf begrenzte Menge **M'**.

Sie kann beispielsweise die Menge aller "volljährigen" Bundesbürger darstellen, da der Begriff "Volljährigkeit" eindeutig (scharf) durch Gesetzesentschluß festgelegt ist; zur Beschreibung der Menge aller *erwachsenen* Bundesbürger eignet sie sich dagegen nur als grobe, vereinfachende Darstellung, da für das Merkmal *Erwachsensein* keine scharfe Altersgrenze angebbar ist. Ebenfalls unbefriedigend wäre eine Festlegung aller *nicht unangenehm kühlen* Raumtemperaturen mit Hilfe einer einfachen Sprungfunktion. Ein gleitender Übergang (durchgezogen gezeichnet) eignet sich hier erheblich besser; er erzeugt den Freiheitsgrad, unter Umständen auch ein auf 16°C aufgeheiztes Zimmer noch als *nicht unangenehm kühl* zu bezeichnen. Dabei ist zusätzlich zu beachten, daß auf die Bewertung *nicht unangenehm kühl* auch die Luftfeuchtigkeit Einfluß nimmt.

Es sei hier ausdrücklich darauf hingewiesen, daß mit einer hohen Zugehörigkeit z.B. eines Temperaturwertes zur Menge der nicht unangenehm kühlen Räume nicht automatisch eine hohe Auftrittswahrscheinlichkeit dieses Temperaturwertes verbunden ist. Umgekehrt kann eine stochastische Aussage - über diese subjektive Einschätzung - erheblich von der Bewertung eines speziellen Experten abweichen.

Prinzipielle Arbeitsweise eines unscharfen Reglers

Zum Abschluß dieses Kapitels soll ein kurzer Einblick in die grundsätzliche Methodik beim Einsatz unscharfer Methoden gegeben werden. Zum Verständnis eignet sich die Arbeitsweise eines einfachen unscharfen Reglers besonders gut. Dazu sei in Abbildung 1.2 das prinzipielle Blockdiagramm eines Reglers mit n Eingangsgrößen $x_i(t)$ und m Ausgangsgrößen $y_j(t)$ dargestellt. Im allgemeinen Fall sind sowohl die Eingangs- und Ausgangswerte als auch die Beschreibung des Reglerverhaltens unscharf gegeben.

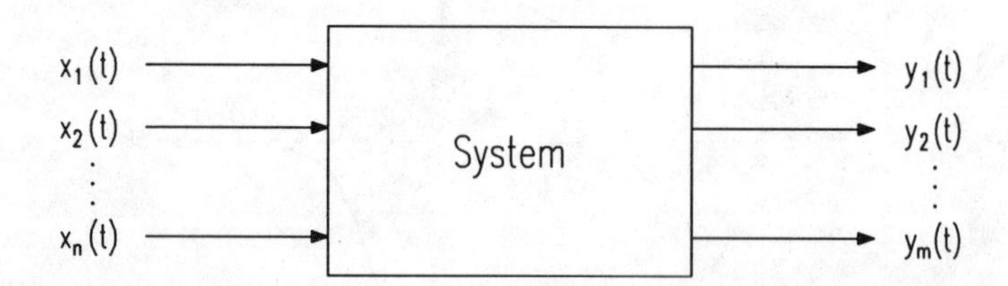

Abb. 1.2. Regler als unscharfes System mit n zeitabhängigen Eingangsgrößen $x_i(t)$ und m zeitabhängigen Ausgangsgrößen $y_j(t)$.

Das Verhalten unscharfer Regler wird durch eine Reihe von Regeln bestimmt, die unmittelbar die Eingangswerte des Reglers in Ausgangswerte umsetzen. Sie bilden eine Regelbank. Man kann nach [Preuß, 1992] einen unscharfen Regler auch als einen besonderen Typ eines Kennfeldreglers auffassen. Beim Reglerentwurf müssen also einerseits die Regeln festgelegt werden, andererseits stellt sich die Frage nach einem Algorithmus zum quantitativen Umsetzen der Regeln in mathematische Anweisungen. Für diese Aufgabe kommen die Schlüsselkonzepte "Linguistische Variable", "Fuzzifikation der Eingangsgrößen", "Approximatives Schließen" und "Defuzzifikation der Ausgangsgrößen" zum Tragen. Sie sollen deshalb im folgenden näher erläutert werden.

Linguistische Variable

Die Werte einer linguistischen Variable (infolge auch als LV abgekürzt) sind Worte bzw. Terme einer natürlichen (oder synthetischen, d.h. standardisierten) Sprache. Sie werden durch unscharfe Mengen $\mathbf{A}_i$ bzw. deren Zugehörigkeitsfunktionen $\mu_i(x)$ in Form von Verteilungsfunktionen über einer Basisvariablen x eines (physikalischen) Grundbereichs X repräsentiert. Diese Zugehörigkeitsfunktionen bilden eine linguistische auf eine numerische Werteskala ab. Die Dimensionierung dieser Abbildung ist neben der Regelerstellung Aufgabe des Entwicklers. Das meist schwierige Problem der Umsetzung des physikalischen Sachverhalts in einen mathematischen Formalismus gestaltet sich beim Einsatz unscharfer (linguistischer) Methoden allerdings erheblich einfacher, da in der Regel Software-Entwicklungswerkzeuge zur Verfügung stehen.

Beispiel 1.5

Ein möglicher syntaktischer Aufbau der linguistischen Variable "Geschwindigkeit" ist in Abbildung1.3 angegeben.

Linguistische Variable			"Geschwindigkeit"
Linguistische Werte (Terme)	Primärterm	:	schnell
	Antonym	:	langsam
Modifikator		:	sehr, mehr, kaum, nicht, ...

Abb. 1.3. Syntaktischer Aufbau der linguistischen Variable "Geschwindigkeit" mit dem Primärterm *schnell*, dem Antonym *langsam*, sowie einer Auswahl möglicher Modifikatoren.

Die linguistischen Werte sind hier zunächst der Primärterm *schnell* oder sein Antonym *langsam.* Sie können mit den Modifizierern bzw. Modifikatoren *sehr, mehr, kaum, nicht,* ... abgestuft werden. Ein möglicher zusammengesetzter Wert ist *sehr schnell.* Daneben sind auch logische Verknüpfungen wie z.B. *sehr schnell oder sehr langsam* erlaubt. Mögliche (aufgrund eines Expertenwissens festgelegte) Zugehörigkeitsfunktionen für die einzelnen Terme sind in der folgenden Abbildung angegeben. Sie stellt die Umsetzung einer linguistischen Werteskala auf eine numerische Werteskala dar, wobei die physikalische Bedeutung der Terme festgelegt wird.

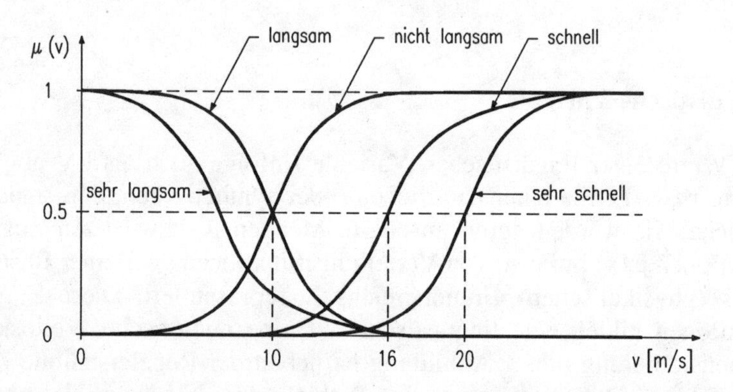

Abb.1.4. Terme und Zugehörigkeitsfunktionen der linguistischen Variablen "Geschwindigkeit".

Fuzzifikation der Eingangssignale

Die Eingangswerte x_i des Reglers sind scharfe Zahlen. Sie müssen zunächst auf die linguistische Werteskala abgebildet werden, auf der das Reglerverhalten in Form von IF...THEN...-Regeln vorgegeben ist, da die Ausgangswerte y_i (x) auf der Basis dieser Regeln hergeleitet werden. Die x_i werden also zunächst in den Zugehörigkeitsraum der beteiligten linguistischen Terme transformiert. Wenn eine linguistische Variable durch n Terme beschrieben wird, dann entsteht als fuzzifiziertes Signal ein n-dimensionaler Vektor **s**(x) mit den Elementen μ_i (x)$\in$ [0,1], i=1,...,n (siehe auch Beispiel 1.6). Man spricht auch vom "Sympathievektor" des Eingangswertes. Dieser Vektor wird beim Herleiten der Folgerungen weiterverarbeitet. Die Transformation heißt "Fuzzifikation der Eingangssignale".

Beispiel 1.6 (Fuzzifikation)

Die Temperatur einer Flüssigkeit sei entsprechend Abbildung 1.5 durch die Terme *niedrig, mittel* und *hoch* beschrieben. Der scharfe Eingangswert T = 50°C aktiviert die beiden Terme *niedrig* und *mittel* mit den Faktoren 0.8 und 0.2. Der Term *hoch* wird nicht bzw. mit dem Faktor 0 aktiviert.

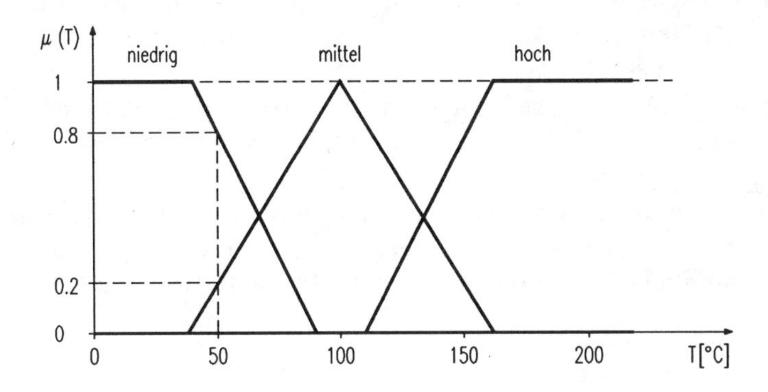

Abb. 1.5. Die drei Terme der linguistischen Variable "Temperatur" werden durch Zugehörigkeitsfunktionen über den numerischen Temperaturwerten beschrieben.

Bemerkung

In einigen Fällen kann es sinnvoll sein, die scharfen Eingangsmeßwerte zunächst in unscharfe Werte umzuwandeln, bevor sie in den unscharfen Regler gelangen; die Motivation dafür liegt in der grundsätzlichen Toleranzbehaftung jeder Messung und berücksichtigt eine subjektive Vorabbewertung der Toleranzintervalle. Dieses Vorgehen ist dann sinnvoll, wenn beispielsweise aus Kostengründen relativ ungenaue Meßwertaufnehmer oder Analog-Digital-Umsetzer gewählt werden. Ein Beispiel findet sich in Kapitel 8.1.

Approximatives Schließen

Mit Hilfe von linguistischen Variablen werden zur Beschreibung des Systemverhaltens eine Reihe von Aussagen getroffen, die für bestimmte Eingangswertkombinationen die dazugehörenden Ausgangswertkombinationen in Form von IF...THEN...-Regeln festlegen. Es seien u und v zwei linguistische Variablen (z.B. "Geschwindigkeit", "Ankerstrom" eines Elektrofahrzeugs), α und β deren Terme (z.B. *groß, recht klein)*. Dann können die linguistisch formulierten Regeln zur Systembeschreibung auf folgende Art und Weise auch durch Implikationen $(u=\alpha) \Rightarrow (v=\beta)$ beschrieben werden:

$$\begin{aligned} p &: \quad u \text{ ist } \alpha \\ q &: \quad v \text{ ist } \beta \\ \text{IF p THEN q} &: \quad (u=\alpha) \Rightarrow (v=\beta)\ . \end{aligned} \tag{1.1}$$

Bei Vorgabe konkreter (scharfer oder unscharfer) Eingangswerte für den Regler müssen zur Berechnung der Ausgangswerte zunächst die Einzelaussagen überprüft werden. Da die Eingangswerte i.a. nicht exakt die in den Implikationen festgelegten Bedingungen befriedigen werden, können nur unscharfe Schlüsse bzw. Folgerungen (engl.: inferences) gezogen werden. Der dazu erforderliche Vorgang wird als "Approximatives Schließen" bezeichnet und leitet sich aus den Methoden des Schließens in der Binärlogik ab. Eine einfache Methode zur Umsetzung eines approximativen Schlusses ist in Beispiel 1.7 dargestellt. Sie wird im Kapitel 8.2 unter dem Stichwort "Max-Min-Inferenz-Methode" weitergehender erläutert.

Beispiel 1.7 (Approximatives Schließen)

Es soll der scharfe Stellwert φ_{AUS} der Öffnung eines Kühlventils aufgrund gemessener scharfer Werte T_{EIN} der Eingangsgröße "Temperatur" verstellt werden. Es liegen zwei Regeln in linguistischer Form vor. Die Terme werden der Abbildung 1.6 entsprechend durch unscharfe Mengen repräsentiert. Die Regeln zur Beschreibung des Reglerverhaltens lauten:

IF Temperatur = *niedrig* THEN Kühlventil = *halb offen*,

IF Temperatur = *mittel* THEN Kühlventil = *fast offen*.

Es wird die Temperatur T_{EIN} = 18°C gemessen. Zur Berechnung des dazugehörigen Stellwerts $\varphi_{AUS}(18)$ werden zunächst die beiden Zugehörigkeitwerte $\mu_{niedrig}(18°C) = 0.2$ und $\mu_{mittel}(18°C) = 0.5$ zu den Termen *niedrig* und *mittel* der Temperatur ermittelt. Diese werden als resultierende Aktivierungsgrade der Regeln angesehen und zum Ausfüllen der beiden Zugehörigkeitsfunktionen $\mu_{halb\ offen}(\varphi)$ und $\mu_{fast\ offen}(\varphi)$ der dazugehörenden unscharfen Terme der Kühlventilöffnung übernommen (falls ein Aktivierungsgrad gleich null ist, sagt man auch, daß die dazugehörende Regel nicht feuert). Der endgültige unscharfe Ausgangswert entsteht durch Überlagerung der beiden Einzelergebnisse. Er wird durch eine unscharfe Ausgangemenge repräsentiert, aus der man den benötigten scharfen Einstellwert gewinnt (siehe Defuzzifikation der Ausgangsgrößen).

Defuzzifikation der Ausgangsgrößen

Um aus den unscharfen Ausgangsmengen für die einzelnen Stellgrößen (als Repräsentanten der unscharfen Schlußfolgerungen) scharfe Einstellwerte zu erzeugen, wird oft die Fläche unter den Kurvenverläufen der Zugehörigkeitsfunktion herangezogen. Der Abzissenwert des Flächenschwerpunkts wird als resultierender scharfer Stellwert herangezogen. In Beispiel 1.7 ergibt sich damit der scharfe Stellwert φ_{AUS}=70% der Kühlventilöffnung. Dieser Vorgang wird als "Defuzzifikation der Ausgangsgröße" bezeichnet.

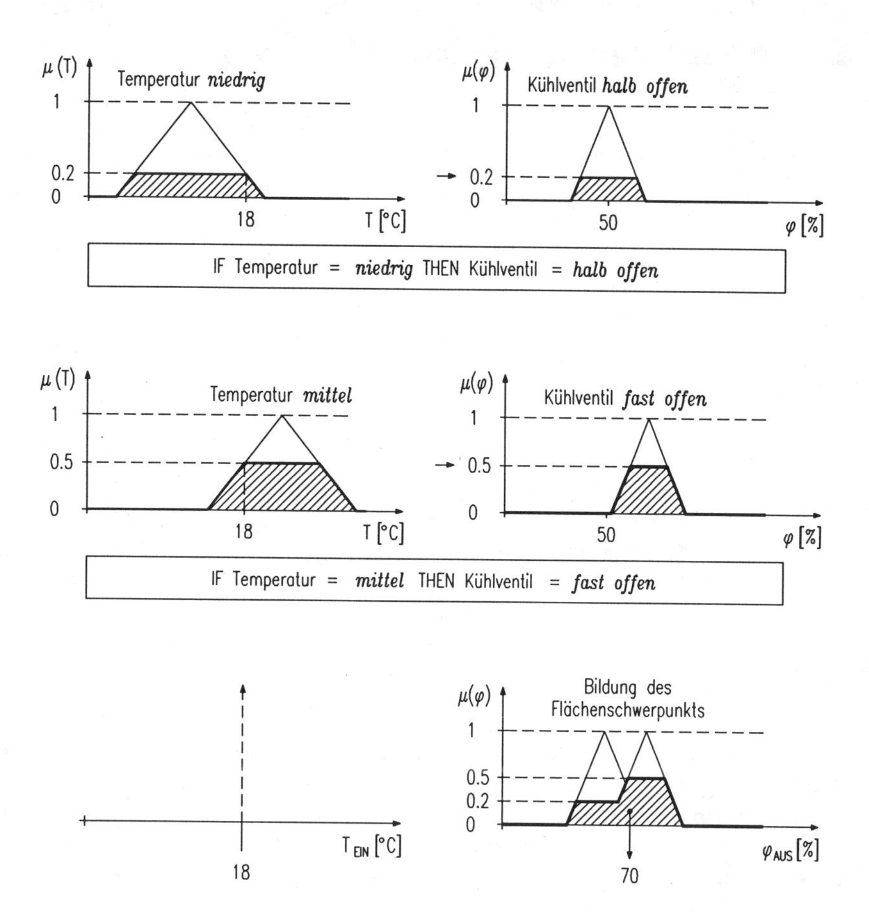

Abb. 1.6. Max-Min-Inferenz-Methode: Das Verhalten eines unscharfen Reglers zur Einstellung der Kühlventilöffnung φ_{AUS} in Abhängigkeit von einer gemessenen Temperatur T_{EIN} wird durch zwei linguistisch formulierte Regeln festgelegt. Bei einem Eingabewert von 18°C wird als Ausgabewert eine Öffnung $\varphi = 70\%$ eingestellt.

2 Scharfe und unscharfe Mengen

Nach Cantor faßt eine "Menge" bestimmte Objekte bzw. Elemente zu einem Ganzen zusammen. Mengen tragen damit einen ordnenden bzw. strukturierenden Charakter. In der Mathematik kommen als Elemente insbesondere Zahlen, Zahlenkonstruktionen (Vektoren, Matrizen, Tensoren, ...), geometrische Gebilde, Abbildungen (Relationen, Funktionen, ...) etc. in Frage. Besonders wichtige Mengen werden durch eigene Symbole abgekürzt, z.B. die Mengen aller natürlichen, reellen, komplexen Zahlen $\mathbb{N}$, $\mathbb{R}$, $\mathbb{C}$.

Die Abgrenzung einer Menge gegenüber unbeteiligten Elementen kann entweder scharf oder unscharf sein. Als scharf begrenzte Menge M wird die Ansammlung von Elementen x verstanden, die zu M entweder gehören oder nicht; die Aussage "x gehört zu A" ist entweder wahr oder falsch. Auf diesem Mengenbegriff basiert die konventionelle Mengenlehre (Set Theory). Eine Erweiterung stellt die Theorie unscharf begrenzter Mengen (Fuzzy Set Theory) dar, wie sie im Anschluß an Kapitel 2.1 in den Kapiteln 2.2 bis 2.4 beschrieben wird.

2.1 Grundbegriffe der Mengenlehre

Scharf begrenzte Mengen werden im folgenden "scharfe Mengen" oder kurz "Mengen" genannt und mit normal dicken Symbolen geschrieben (z.B. A), während unscharf begrenzte Mengen kurz "unscharfe Mengen" genannt und mit Symbolen in Fettschrift (**A**) geschrieben werden.

Die Elemente einer Menge A können durch Aufzählung, Angabe einer bestimmten Eigenschaft oder graphisch mit Hilfe von Diagrammen angegeben werden.

Beispiel 2.1

Die Menge A mit den fünf Elementen $a_1, a_2, \ldots, a_5$ läßt sich darstellen durch

$$A = \{a_1, a_2, ..., a_5\} = \{a_i \mid 1 \leq i \leq 5\}. \tag{2.1}$$

Die Menge $A' = \{a_i \in A \mid a_i \geq 0.1\}$ wählt alle Elemente von A aus, die größer als 0.1 sind.

Wenn in Beispiel 2.1 die Elemente $a_1, ..., a_n$ als Objekte einer Grundmenge (bzw.eines Grundbereichs) X angesehen werden, dann kann A auch durch eine 0-1-wertige, charakteristische Funktion $\mu_A : X \rightarrow \{0,1\}$ beschrieben werden, für die $\forall x \in X$ gilt:

$$\mu_A(x) = \begin{cases} 1, & \text{falls } x \in A, \\ 0, & \text{sonst.} \end{cases} \tag{2.2}$$

Ein Funktionswert $\mu_A(x_i) = 1$ markiert die speziellen Elemente $x_i \in A$ unter allen Elementen $x \in X$. In diesem Fall ist A eine "Teilmenge" von X, geschrieben $A \subseteq X$. Man sagt auch: A ist in X enthalten. Die Darstellungsformen (2.1) und (2.2) sind gleichwertig und können leicht ineinander überführt werden.

Definition 2.1: Gleichheit von Mengen

Zwei Mengen A und B heißen *gleich*, geschrieben A = B, wenn beide dieselben Elemente enthalten, d.h. wenn die Verläufe der beiden charakteristischen Funktionen $\mu_A(x)$ und $\mu_B(x)$ gleich sind. Bei Gleichheit gilt $\forall x \in X$

$$\mu_A(x) = \mu_B(x).$$

Definition 2.2: Universalmenge, Leermenge

Eine Menge A heißt Universalmenge, geschrieben A = E, wenn sie gleich der Grundmenge X ist, und Leermenge, geschrieben $A = \emptyset$, wenn sie keine Elemente enthält. Es gilt $\forall x \in X$: $\mu_E(x) = 1$ und $\mu_\emptyset(x) = 0$.

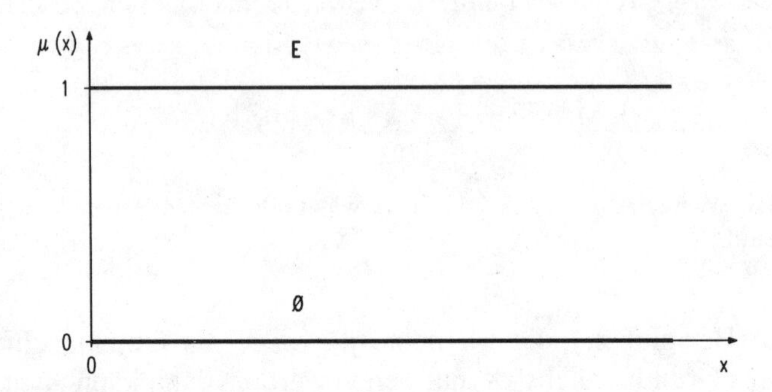

Abb. 2.1. Die charakteristischen Funktionen der Universalmenge und der Leemenge sind die Geraden $\mu_E(x) = 1$ und $\mu_\varnothing(x) = 0$.

Mengen lassen sich auch zu übergeordneten Mengen bzw. Mengensystemen zusammenfassen. Ein besonderes Mengensystem ist die Potenzmenge auf einer Grundmenge X.

Definition 2.3: Potenzmenge

Die Potenzmenge P(X) auf X ist die Menge aller möglichen ungleichen Teilmengen von X:

$$P(X) := \{A \mid A \subseteq X\}.$$

Die Potenzmenge einer Menge mit n Elementen enthält damit 2^n mögliche Mengen als Elemente.

Auf Mengen werden Verknüpfungsoperationen definiert, die über die Boolsche Algebra in einem engen Zusammenhang mit der Aussagenlogik und der Schaltalgebra stehen. Die grundlegenden Operationen sind die Bildung von Komplement, Durchschnitt und Vereinigung.

Definition 2.4: Komplement einer Menge

Sei X eine Grundmenge, auf der eine Menge A definiert ist. Dann heißt die Menge $A^C = X \setminus A$ (lies: X ohne A) das Komplement von A auf X. Für die charakteristische Funktion $\mu_{AC}(x)$ bedeutet dies $\forall x \in X$:

$$\mu_{AC}(x) = \begin{cases} 0 & \text{für} \quad \mu_A(x) = 1 \\ 1 & \phantom{\text{für}} \quad \mu_A(x) = 0. \end{cases}$$

Diese Formel kann wie folgt in geschlossener Form angegeben werden:

$$\mu_{AC}(x) = 1 - \mu_A(x) \quad \forall x \in X.$$

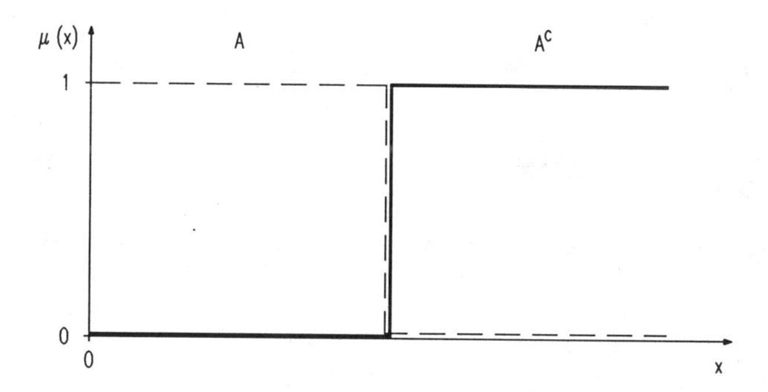

Abb. 2.2. Charakteristische Funktionen einer Menge A (gestrichelt) und ihrer Komplementmenge A^C (fett).

Definition 2.5: Durchschnitt zweier Mengen

Der Durchschnitt D zweier Mengen A und B des gleichen Grundbereichs X, geschrieben $D = A \cap B$, besteht aus allen Elementen $x \in X$, die gleichzeitig zu beiden Mengen gehören Es gilt $\forall x \in X$:

$$\mu_{A\cap B}(x) = \begin{cases} 1 & \text{für } \mu_A(x) = \mu_B(x) = 1 \\ 0 & \text{sonst.} \end{cases}$$

Es bestehen mehrere alternative Möglichkeiten, die charakteristische Funktion des Durchschnitts in geschlossener Form darzustellen, z.B.:

$$\mu_{A\cap B}(x) = \min[\mu_A(x), \mu_B(x)] = \mu_A(x) \cdot \mu_B(x) \quad \forall x \in X.$$

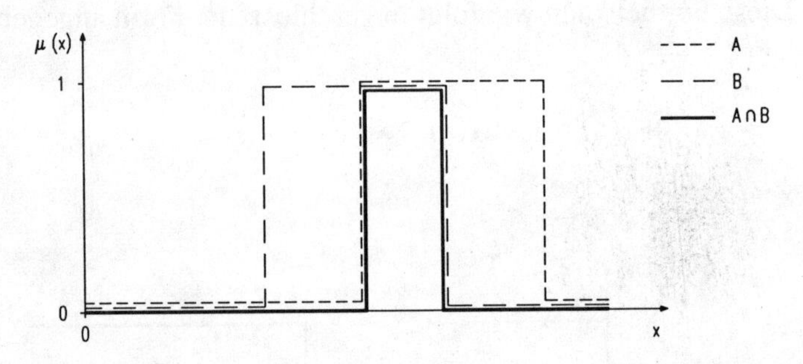

Abb. 2.3. Charakteristische Funktionen der Mengen A und B (gestrichelt) sowie des Durchschnitts A∩B.

Definition 2.6: Vereinigung zweier Mengen

Die Vereinigung V zweier Mengen A und B des gleichen Grundbereichs X, geschrieben $V=A\cup B$, besteht aus allen Elementen $x\in X$, die wenigstens zu einer der beiden Mengen A oder B gehören. Es gilt $\forall x\in X$:

$$\mu_{A\cup B}(x) = \begin{cases} 0 & \text{für } \mu_A(x) = \mu_B(x) = 0 \\ 1 & \text{sonst.} \end{cases}$$

Es bestehen mehrere Möglichkeiten, diese Gleichung in geschlossener Form darzustellen, z.B.:

$$\mu_{A\cup B}(x) = \max\ [\mu_A(x), \mu_B(x)]$$

$$= \min\ [1, \mu_A(x) + \mu_B(x)]$$

$$= \mu_A(x) + \mu_B(x) - \mu_A(x) \cdot \mu_B(x)\ \ \forall x \in X.$$

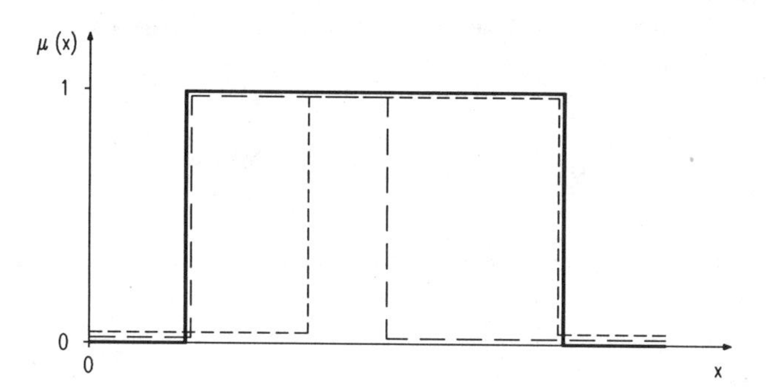

Abb. 2.4. Charakteristische Funktionen der Mengen A und B (gestrichelt) sowie der Vereinigung A∪B.

Die alternativen Schreibweisen bei der Bildung von Durchschnitt und Vereinigung von scharf begrenzten Mengen sind jeweils gleichwertig und liefern das gleiche Ergebnis - im Gegensatz zu unscharfen Mengen, wie wir später sehen werden.

Eine graphische Veranschaulichung der Komplementbildung, des Durchschnitts und der Vereinigung bieten die Diagramme nach Fenn-Euler (siehe Abbildung 2.5). Dabei liegen die Elemente der Grundmenge in einem zweidimensionalen Raum, während die zur Menge A gehörigen Elemente durch einen geschlossenen Kurvenzug zusammengehalten werden.

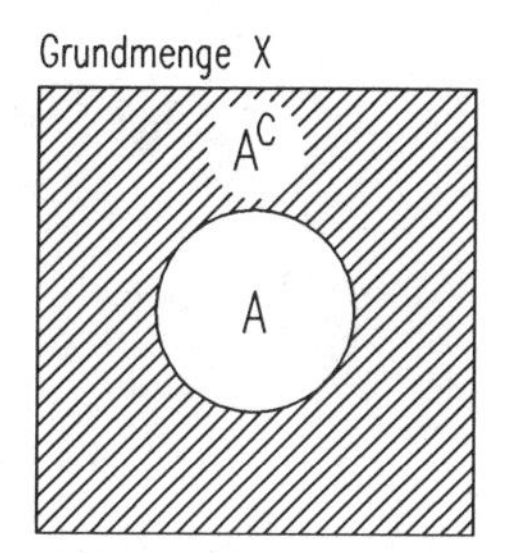

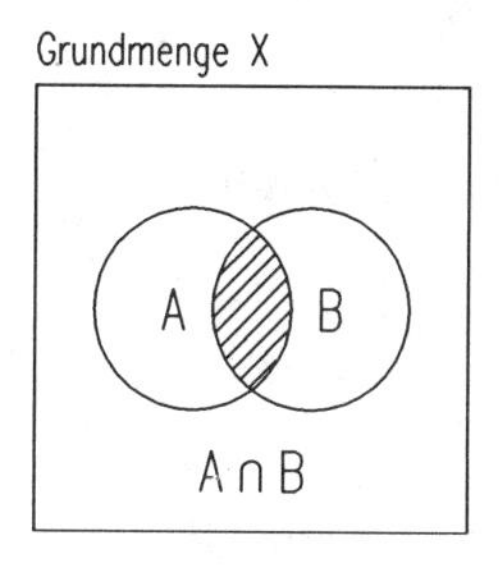

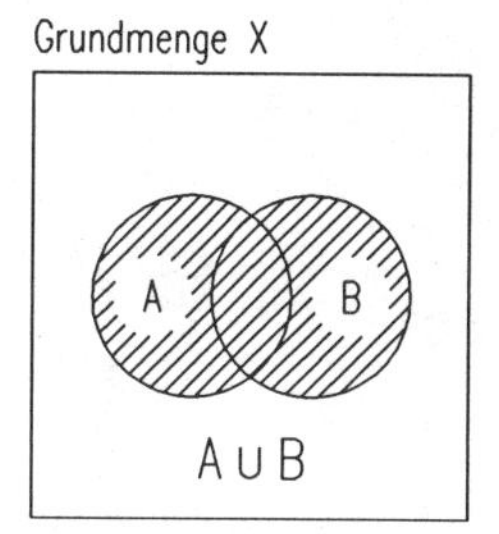

Abb. 2.5. Mengendiagramme nach Venn.

Anwendungen der konventionellen Mengenlehre in der Algebra ergeben sich beispielsweise bei der Lösung von Ungleichungen. Dazu sei das folgende Beispiel angegeben.

Beispiel 2.2

Die Lösungsmengen A und B der beiden Ungleichungen $x > 4$ und $x < 14$ auf der Grundmenge $\mathbb{R}$ sind gegeben durch

$$A = \{x \in \mathbb{R} \mid x > 4\} \quad \text{und} \quad B = \{x \in \mathbb{R} \mid x < 14\}.$$

Die Lösungsmenge V des Durchschnitts von A und B ist aufgrund der Äquivalenz $(x > 4 \wedge x < 14) \Leftrightarrow (4 < x < 14)$ darstellbar als

$$V = \{x \in \mathbb{R} \mid 4 < x < 14\}.$$

Um auch Mengen miteinander vergleichen zu können, die auf verschiedenen Grundbereichen definiert sind, wird der Begriff des "kartesischen Produkts" eingeführt. Dieses bildet die Grundlage zu einer allgemeinen Definition des Begriffs der "Relation". Mit Hilfe des kartesischen Produkts können Mengen mit unterschiedlichen physikalischen Einheiten strukturiert werden. Das kartesische Produkt bildet eine Anzahl n unterschiedlicher Variabler auf einen n-dimensionalen Raum ab, dessen Elemente n -Tupel sind.

Definition 2.7: Kartesisches Produkt

Das kartesische Produkt K der Mengen $A_1, \ldots, A_n$, geschrieben als $K = A_1 \times \ldots \times A_n$, ist definiert durch

$$K = \{(x_1, \ldots, x_n) \mid x_i \in A_i\}.$$

Es werden alle durch Kombination der Elemente von $A_1, \ldots, A_n$ möglichen n -Tupel gekennzeichnet. Man spricht auch vom Produktraum der n -Tupel.

Wenn die Mengen $A_1, \ldots, A_n$ als Teilmengen der Grundmengen $X_1, \ldots, X_n$ mit den charakteristischen Fuktionen $\mu_1(x_1)$, ... , $\mu_n(x_n)$ angesehen werden, kann die charakteristische Funktion $\mu_K(x_1,\ldots,x_n)$ von K dargestellt werden als

$$\mu_K(x_1, \ldots, x_n) = \begin{cases} 1 & \text{für } \mu_1(x_1) = \ldots = \mu_n(x_n) = 1, \\ 0 & \text{sonst.} \end{cases}$$

Zur geschlossenen Darstellung bieten sich die folgenden Formeln an:

$$\mu_K(x_1, \ldots, x_n) = \min\,[\mu_1(x_1), \ldots, \mu_n(x_n)] = \mu_1(x_1) \cdot (\ldots) \cdot \mu_n(x_n). \quad (2.3)$$

Im Falle einer gemeinsamen Grundmenge X der $A_1, \ldots, A_n$ berechnen sich die numerischen Werte $\mu_K(x_1, \ldots, x_n)$ damit genauso wie die numerischen Werte $\mu_\cap(x_i)$ des Durchschnitts der $A_1,\ldots,A_n$.

Für n = 2 stellt das kartesische Produkt K eine Menge von Wertepaaren $(x_1,x_2) \in A_1 \times A_2$ dar. Wenn A_1 und A_2 jeweils aus abzählbar vielen Elementen x_1 und x_2 bestehen, dann läßt sich $\mu_K(x_1,x_2)$ auch in Matrixschreibweise darstellen. Dabei werden nur die durch $\mu_K(x_1, x_2) = 1$ gekennzeichneten Wertepaare im Produktraum der Grundmengen berücksichtigt.

Beispiel 2.3

Es seien die beiden Mengen $A_1, A_2 \subset \mathbb{N}$ gegeben mit $A_1 = \{1,5,10\}$ und $A_2 = \{2,6\}$. Das kartesische Produkt $K = A_1 \times A_2$ ergibt sich zu

$$K = \{(1, 2), (5, 2), (10, 2), (1, 6), (5, 6), (10, 6)\}.$$

Die charakteristische Funktion $\mu_K(x_1, x_2)$ läßt sich damit wie folgt als Matrix darstellen:

$\mu_K(x_1, x_2)$:

x_1 \ x_2	2	6
1	1	1
5	1	1
10	1	1

.

Die nicht in der Matrix dargestellten Werte von $x_1' \in \mathbb{N} \backslash A_1$ und $x_2' \in \mathbb{N} \backslash A_2$ erhalten die Zugehörigkeitswerte $\mu_K(x_1', x_2') = 0$.

Definition 2.8: Relation

Die Teilmengen $R \subseteq A_1 \times \ldots \times A_n$ des kartesischen Produkts der Mengen $A_1, \ldots, A_n$ heißen n-stellige Relationen auf $A_1 \times \ldots \times A_n$. Die Art der Elementauswahl ist dabei an eine relationstypische Bedingung geknüpft. Mit $\mu_R(x_1, \ldots, x_n) \in \{0,1\}$ gilt stets

$$\mu_R(x_1, \ldots, x_n) \leq \mu_K(x_1, \ldots, x_n) \quad .$$

Von besonderer Bedeutung sind die zweistelligen Relationen $R \subseteq A \times B$, die die Elemente $x \in A$ den Elementen $y \in B$ zuordnen. Beispiele dafür sind die Relationen "$\leq$" und "$=$" zwischen reellen Zahlen sowie "$\subseteq$" in Mengensystemen. Wenn A und B abzählbar viele Elemente enthalten, dann kann die charakteristische Funktion der vermittelnden Relation $R \subseteq A \times B$ auch als Matrix dargestellt werden. Relationen stellen eine verallgemeinerte Schreibweise für Gleichungen und Ungleichungen dar.

Beispiel 2.4

Es seien die beiden Mengen $A_1 = \{1, 5, 10\}$ und $A_2 = \{2, 6\}$ mit dem kartesischen Produkt nach Beispiel 1.5 gegeben. Die Relation $R = \{(x, y) \in A_1 \times A_2 \mid x \leq y\}$ berechnet sich zu

$$R = \{(1, 2), (1, 6), (5, 6)\} \quad .$$

Die charakteristische Funktion $\mu_R(x_1, x_2)$ läßt sich wie folgt darstellen:

$\mu_R(x_1, x_2)$:

x_1 \ x_2	2	6
1	1	1
5	0	1
10	0	0 .

Wenn die zweite Komponente einer zweistelligen Relation R(x,y) gleichzeitig die erste einer weiteren Relation S(y, z) ist, dann lassen sich beide Relationen verketten bzw. nacheinander ausführen. Als Ergebnis entsteht eine Relation $T(x,z) = R \circ S$ zwischen der ersten Komponente von R(x,y) und der zweiten Komponente von S(y, z). Man spricht auch von einer "Komposition" der Relationen.

Definition 2.9: Verkettung von Relationen

Seien $R \subseteq A \times B$ und $S \subseteq B \times C$ zwei Relationen zwischen den Elementen $x \in A$, $y \in B$ und $z \in C$. Dann entsteht durch Verkettung von S und R eine Relation $R \circ S \subseteq A \times C$ als Menge derjenigen Wertepaare (x,z), für die wenigstens ein Wert y mit $(x,y) \in R \wedge (y,z) \in S$ existiert. Bei der Berechnung der charakteristischen Funktion $\mu_{R \circ S}(x,z)$ bedeutet dies, daß für alle Wertepaare (x,z) und alle $y \in B$ überprüft werden muß, ob die Werte $\mu_R(x,y)$ und $\mu_S(y,z)$ existieren. Damit ist die charakteristische Funktion $\mu_{R \circ S}(x,z)$ definiert zu

$$\mu_{R \circ S}(x,z) = \sup_{y \in B} [\mu_R(x,y) \cdot \mu_S(y,z)].$$

Das Supremum $\sup_{y \in B}[\cdot]$ stellt die kleinste obere Schranke der Argumentfunktion für alle $y \in B$ dar und kann im Fall einer abzählbaren Anzahl von Elementen durch das größte dieser Elemente ersetzt werden. Da charakteristische Funktionen nur die Werte null oder eins annehmen, kann in der Definitionsgleichung nach Definition 2.9 die Multiplikation durch eine Minimumbildung ersetzt werden, ohne daß sich das Ergebnis verändert. Dann ergibt sich

$$\mu_{R \circ S}(x,z) = \sup_{y \in B} [\min [\mu_R(x,y), \mu_S(y,z)]]. \qquad (2.4)$$

Wenn die Mengen A, B und C abzählbar viele Elemente enthalten und damit $\mu_R(x,y)$ und $\mu_S(y,z)$ als Matrizen darstellbar sind, dann läßt sich $\mu_{R \circ S}(x,z)$ mit Hilfe des Schemas zur Matrizenmultiplikation berechnen, wobei die Addition durch die Bildung des Supremums zu ersetzen ist.

Beispiel 2.5

Es seien die Mengen A={1, 5, 10}, B={0, 4, 8} und C={3.5, 4.5} mit Elementen $x \in A$, $y \in B$ und $z \in C$ sowie die Relationen *kleiner oder gleich*: $S=\{(y,z) \mid y \leq z\}$ und *kleiner als*: $R=\{(x,y) \mid x < y\}$ auf A×B bzw. B×C gegeben. S, R und R∘ S ergeben sich dann zu

$$R(x,y) = \{(1,4), (1,8), (5,8)\},$$

$$S(y,z) = \{(0,3.5), (0,4.5), (4,4.5)\},$$

$$R \circ S(x,z) = \{(x,z) \mid \exists y \in B: x<y \wedge y \leq z\} = \{(1,4.5)\}.$$

In Matrizenschreibweise bedeutet dies

$\mu_S(y,z)$:

y \ z	3.5	4.5
0	1	1
4	0	1
8	0	0

$\mu_R(x,y)$:

x \ y	0	4	8
1	0	1	1
5	0	0	1
10	0	0	0

$\mu_{R \circ S}(x,z)$:

x \ z	3.5	4.5
1	0	1
5	0	0
10	0	0

.

2.2 Unscharfe Mengen

Die herkömmliche Arbeitsmethodik eines Ingenieurs besteht darin, bei festem mathematischen Instrumentarium eine möglichst genaue Idealisierung der Realität zu finden (beispielsweise bei Modellbildungen zur Systembeschreibung). Bei Anwendung unscharfer Verfahren wird dieser einheitliche mathematische Apparat verlassen. Unter Einsatz heuristischer Elemente wird stattdessen das Instrumentarium an die Aufgabenstellung angepaßt. Dies geschieht im wesentlichen in drei Schritten:

- Festlegung von problemspezifischen Aussagen (des Expertenwissens),
- Konzeption von Zugehörigkeitsfunktionen,
- Verknüpfung der Einzelaussagen und Schlußfolgerung (Inferenz).

Auf dem Gebiet der unscharfen Mengen existieren mehrere unterschiedliche axiomatische Systeme. Regeln und Gesetze gestalten sich je nach aktueller Auswahl der verwendeten Verknüpfungen unterschiedlich, wobei die Forderung der Widerspruchsfreiheit oft unerfüllt bleibt. Die Gesamtheit der bekannten Axiomatiken kann als "Theorie unscharfer Mengen" bezeichnet werden.

Die Definition unscharfer Mengen geht auf [Zadeh, 1965] zurück und gestaltet sich bis auf die Schreibweise einheitlich. Im folgenden wird ausschließlich die übliche Mengendarstellung gewählt, wobei die Elemente als Wertepaare in runden Klammern geschrieben und mit einem Semikolon getrennt werden.

Definition 2.10: Unscharfe Menge

Sei X eine Menge von Elementen bzw. Objekten x, die hinsichtlich einer unscharfen Aussage mit einem Wahrheitswert $\mu_A(x)$ auf Zugehörigkeit zu bewerten sind. Dann ist die Menge **A** der Wertepaare $(x; \mu_A(x))$ mit

$$\mathbf{A} = \{(x; \mu_A(x)) \mid x \in X, \mu_A(x) \in R\}$$

eine unscharfe Menge auf X mit der Zugehörigkeitsfunktion $\mu_A(x)$. Die Menge X heißt "Grundbereich" oder "Grundmenge" von **A**.

Beispiel 2.6

Die Menge der reellen Zahlen *ungefähr gleich 8* läßt sich darstellen als

$$\mathbf{A} = \{(x;\mu_A(x)) \mid \mu_A(x) = [1 + (x - 8)^4]^{-1}\}.$$

Der Zugehörigkeitsverlauf $\mu_A(x)$ stellt sich dann nach Abbildung 2.6 dar:

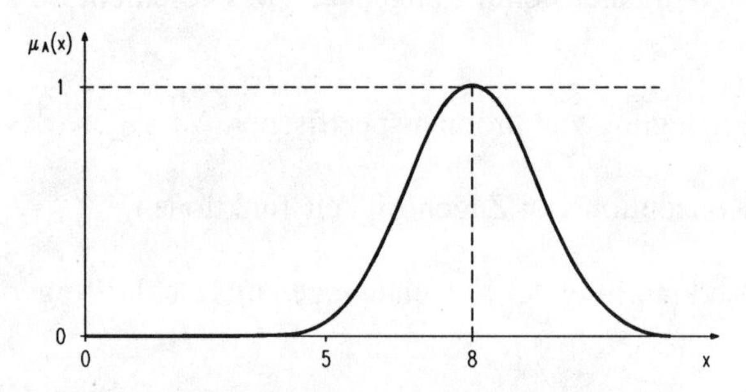

Abb. 2.6. Verlauf der Zugehörigkeitsfunktion $\mu_A(x) = [1 + (x - 8)^4]^{-1}$.

Beispiel 2.7

Ein Computerwerk kann aus Kapazitätsgründen pro Arbeitstag mindestens vier und höchstens neun Computer eines bestimmten Typs herstellen. Die mögliche Tagesleistung ist damit eindeutig abgrenzbar und darstellbar durch die Menge A = {4, 5, 6, 7, 8, 9} der anfallenden Tagesproduktionen. Diese Menge könnte ein Experte nach dem Kriterium *vertretbare Kosten* nach Abbildung 2.7 bewerten.

$$\mathbf{A} = \{(4;0), (5;0.1),(6;0.5),(7;1),(8;0.8),(9;0)\}.$$

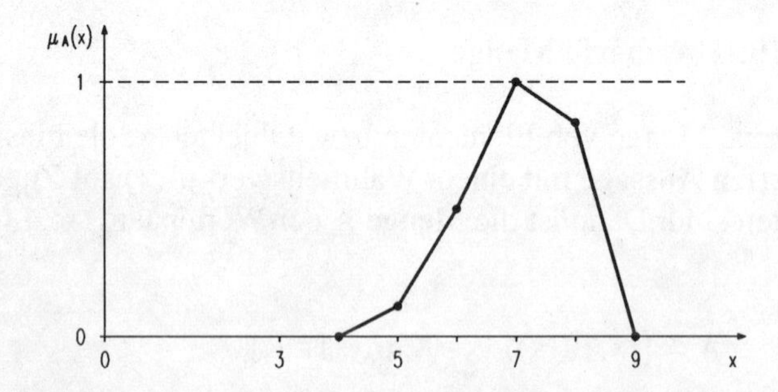

Abb. 2.7. Tagesproduktion zu *vertretbaren Kosten*. Die durchgezogene Linie zwischen den diskreten Zuständen der Abzisse dient zur besseren Visualisierung des Funktionsverlaufs.

Bemerkungen zu Zugehörigkeitsfunktionen $\mu(x)$

1. Eine Zugehörigkeitsfunktion $\mu(x)$ sollte die folgenden Eigenschaften erfüllen:

   - $\forall x \in X$: $\mu(x) \geq 0$,

   - $\mu(x)$ umso größer, je besser x das Bewertungskriterium des Experten erfüllt (in Beispiel 2.7: *vertretbare Kosten*).

2. Der Wertebereich der bei abgeschlossenen Problemstellungen auftretenden Zugehörigkeitsfunktionen $\mu(x)$ sollte, muß aber nicht zwingend normalisiert werden. Hierfür stehen eine Reihe unterschiedlicher Verfahren zur Verfügung, z.B.

   - Einheitsintervall-Normalisierung für $\mu(x) : x \rightarrow [0,1]$, (2.2)

   - Normalisierung auf ein Bezugselement x_o mit $\mu_A(x_o) = 1$. (2.3)

   In der Praxis werden sowohl die Intervallnormalisierung als auch die Normalisierung auf das Element mit maximalem Zugehörigkeitswert verwendet.

3. Es bleibt ferner festzustellen, daß zur Bestimmung der Zugehörigkeit eines Elements zu einer Menge immer ein festgelegtes Bewertungskriterium (z.B. *vertretbare Kosten*) zugrunde gelegt wird. Je nach Präzision des Bewertungskriteriums ergibt sich die Schärfe der Menge (siehe dazu auch Kapitel 5).

Konstruktion einer Zugehörigkeitsfunktion

Die Vorgehensweise zur Festlegung der Zugehörigkeitsfunktion einer unscharfen Menge **A** bei einer speziellen Problemstellung kann auf zwei unterschiedliche Arten erfolgen (siehe auch [Bocklisch, 1988]). In beiden Fällen werden die Elemente $x \in X$ bezüglich eines definierten unscharfen Kriteriums von einem Experten nach Zugehörigkeit bewertet:

1. Ausgehend von einer scharfen Teilmenge $A' \subseteq X$ wird angenommen, daß die Zugehörigkeit der Randelemente zur Menge **A** geringer ist als die der Zentralelemente, und die Randelemente eine Ausstrahlung über die

(scharfen) Grenzen hinaus auf außerhalb liegende Nachbarelemente besitzen. Diese erhalten damit ebenfalls eine gewisse Zugehörigkeit. Zur Modellierung von $\mu_A(x)$ kann zunächst ein Randniveau α festgelegt und der Verlauf von $\mu_A(x)$ mit Hilfe von bekannten und geschätzten Systemeigenschaften modelliert werden.

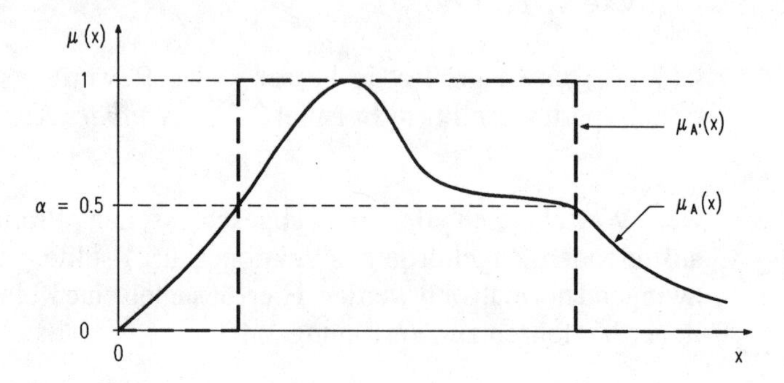

Abb. 2.8. Ausgehend von einer geschätzten scharfen Menge A', kann eine realistische Zugehörigkeitsfunktion $\mu_A(x)$ dadurch konstruiert werden, daß Nachbarschaftsbeziehungen zwischen den einzelnen Elementen x den scharfen Kurvenverlauf deformieren. Die Nachbarschaftsbeziehungen können sich beispielsweise aus einem stochastischen Systemwissen als Wahrscheinlichkeitsverteilungen oder aus einer subjektiven Einschätzung ergeben.

2. Alle Elemente bzw. Objekte $x \in X$ sind a priori bekannt. Beispielsweise kennt man alle Einstellungen eines Systems, um sie bewerten zu können. Nachbarschaftsbeziehungen in Form von Ausstrahlungsmodellen sind nicht gefordert. Die Elemente können diskret vorliegen.

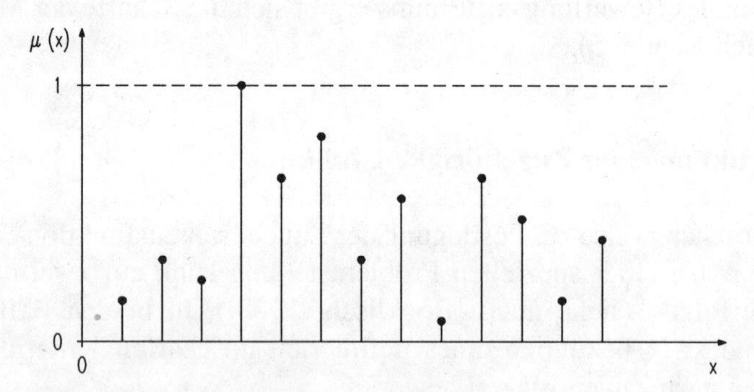

Abb. 2.9. Konstruktion einer Zugehörigkeitsfunktion: Eine große, beziehungsweise repräsentative Auswahl diskreter Elemente ist bekannt und kann direkt bewertet werden. Falls die Bewertung von Zwischenwerten notwendig wird, kann sie durch Interpolation durchgeführt werden.

Im folgenden sollen einige spezielle unscharfe Mengen sowie wichtige Eigenschaften unscharfer Mengen dargestellt werden.

Definition 2.11: Unscharfe Leermenge

Für die Zugehörigkeitsfunktion der unscharfen Leermenge $\varnothing$ gilt:

$$\mu_{\varnothing}(x) = 0 \quad \forall x \in X.$$

Definition 2.12: Unscharfe Universalmenge für den Fall $\mu_E(x): X \to [0,1]$

Für die Zugehörigkeitsfunktion der unscharfen Universalmenge **E** gilt:

$$\mu_E(x) = 1 \quad \forall x \in X.$$

Zur Hervorhebung der Elemente mit Zugehörigkeitswerten > 0 dient die Definition der "Stützmenge".

Definition 2.13: Stützmenge S(A) (Support) einer unscharfen Menge **A**

Die Stützmenge S(**A**) einer unscharfen Menge **A** ist eine scharfe Menge, für die gilt:

$$S(\mathbf{A}) = \{x \in X \mid \mu_A(x) > 0\}, \quad S(\mathbf{A}) \subseteq X.$$ [1]

[1] Die Stützmenge der unscharfen leeren Menge ist die leere Menge.

Beispiel 2.8

Die Stützmenge S(**A**) der unscharfen Menge **A** aus Beispiel 2.7 (Computerproduktion) ist

$$S(\mathbf{A}) = \{5, 6, 7, 8\}.$$

Bemerkung

Wenn die Stützmenge S(**A**) genau ein Element $x_0 \in \mathbb{R}$ enthält und dieses den Zugehörigkeitswert $\mu_A(x_0) = 1$ hat, spricht man auch vom "Singleton" x_0. **A** ist dann eine scharfe Menge, die dem numerischen Wert x_0 entspricht.

Manchmal ist es sinnvoll, die "wesentlichen" Elemente einer unscharfen Menge mit einer bestimmten Mindestzugehörigkeit hervorzuheben. Dazu wird der Begriff der Stützmenge durch Einführen eines Schwellwerts α verallgemeinert. Die unscharfe Menge wird über α auf eine scharfe Menge abgebildet:

Definition 2.14: Schnitt von A (α-Niveau-Menge, α-Cut)

Sei **A** eine unscharfe Menge mit $\mathbf{A} = \{(x; \mu_A(x)), x \in X\}$. Dann heißt

$$A_\alpha = \{x \in X \mid \mu_A(x) \geq \alpha\}$$

der α-Schnitt von **A**. A_α ist eine scharfe Menge mit den Elementen $x \in X$, für deren Zugehörigkeitsfunktion $\mu_A(x) \geq \alpha$ ist mit α als positiver reeller Zahl. Bei einer Normalisierung mit $\mu_A(x)$: $x \to [0,1]$ muß $\alpha \in [0,1]$ gelten. Falls $\forall x \in X$: $\mu_A(x) > \alpha$ gilt, spricht man auch von einem strengen α-Schnitt.

Beispiel 2.9

Gegeben sei die unscharfe Menge $\mathbf{A} = \{(x;\mu_A(x)), x \in X\}$ nach Abbildung 2.10. Dann ergeben sich die eingezeichneten Schnitte von **A** entsprechend den darunterliegenden, markierten Intervallen der numerischen Werteskala.

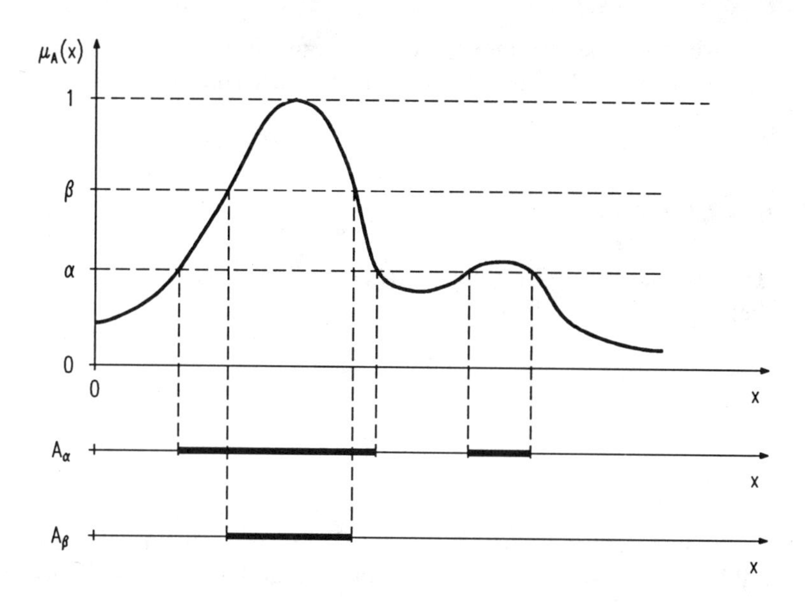

Abb. 2.10. Schnitte einer unscharfen Menge **A** an den Zugehörigkeitsniveaus α und β.

Für strenge Schnitte gilt die Beziehung aus Satz 2.1. Zur Veranschaulichung diene Beispiel 2.9.

Satz 2.1 $$\alpha < \beta \quad \Rightarrow \quad A_\beta \subset A_\alpha \tag{2.4}$$

Nach Kapitel 2.1 können scharfe Mengen wiederum zu (Ober-) Mengen zusammengefaßt werden, deren Elemente eben diese Mengen sind. Eine Übertragung auf unscharfe Mengen führt zum Begriff der "unscharfen Potenzmenge".

Definition 2.15: Unscharfe Potenzmenge

Die Menge aller unscharfen Mengen **A** auf einer scharfen Grundmenge X heißt unscharfe Potenzmenge von X, geschrieben **P**(X).

Es folgen weitere Übertragungen aus der konventionellen Mengenlehre, die Aussagen über spezielle Eigenschaften der betrachteten unscharfen Menge treffen.

Definition 2.16: Höhe

Die kleinste obere Grenze von $\mu_A(x)$ auf X, also das Supremum von $\mu_A(x)$, heißt Höhe hgt(**A**). Es gilt:

$$hgt(\mathbf{A}) = \sup_{x \in X} [\mu_A(x)].$$

Die Höhe von **A** kennzeichnet dasjenige Element x_0 aus **A** mit dem größten Zugehörigkeitwert $\mu(x_0)$. Bei Normalisierung auf dieses Element gilt hgt(**A**) = 1. Die Normalisierung läßt sich also durch Division der Zugehörigkeitsfunktion $\mu_A(x)$ durch $\mu_A(x_0)$ erreichen.

Beispiel 2.10

Gegeben sei **A** = {(1;0.2),(2;0.5),(4;0.8),(6;0.3)}. Mit hgt(**A**) = 0.8 folgt:

$$\mathbf{A}_{norm} = \{(1;0.25),(2;0.625),(4;1),(6;0.375)\}.$$

Definition 2.17: Gleichheit

Zwei unscharfe Mengen **A**,**B** $\in$ **P**(X) sind genau dann gleich, geschrieben **A** = **B**, wenn $\forall x \in X$ gilt:

$$\mu_A(x) = \mu_B(x).$$

Definition 2.18: Inklusion[1]

Eine unscharfe Menge $\mathbf{A} \in \mathbf{P}(X)$ ist genau dann in $\mathbf{B} \in \mathbf{P}(X)$ enthalten, geschrieben $\mathbf{A} \subseteq \mathbf{B}$, wenn für die Zugehörigkeitsfunktionen $\forall x \in X$ gilt:

$$\mu_A(x) \leq \mu_B(x).$$

Bei strengem Ungleichheitszeichen heißt **A** *echt enthalten* in **B**:

$$\mu_A(x) < \mu_B(x), \ \forall x \in X \ \Leftrightarrow \ \mathbf{A} \subset \mathbf{B}.$$

Beispiel 2.11

Sei $X = \{10,20,50,100,200\}$ die Menge der möglichen Meßbereichseinstellungen $x \in X$ bei einem computergesteuerten Meßgerät, das in der Qualitätskontrolle eingesetzt werden soll. Drei Personen A, B und C bilden für eine konkrete Diagnosesituation die folgenden Einschätzungen in Form von unscharfen Mengen bzgl. der unscharfen Aussage *x ist eine sinnvolle Anfangswerteinstellung:*

$$\mathbf{A} = \{(10;0), \ (20;0.2), (50;0.4), (100;0.6)\},$$

$$\mathbf{B} = \{(10;0), \ (20;0.1), (50;0.1), (100;0.5)\},$$

$$\mathbf{C} = \{(10;0.1), (20;0.3), (50;0.9), (100;0.7)\}.$$

Es gilt dann:

$$\mathbf{B} \subseteq \mathbf{A} \subset \mathbf{C}.$$

---

1 Man verdeutliche sich den Sachverhalt bei Inklusion in der klassischen Mengenlehre mit Hilfe der charakteristischen Funktion $\mu(x)$.

Nach [Zimmermann, 1991] und [Rommelfanger, 1988] gilt der folgende Satz:

Satz 2.2

1. $\mathbf{A} \subseteq \mathbf{B} \wedge \mathbf{B} \subseteq \mathbf{A} \Leftrightarrow \mathbf{A} = \mathbf{B}$ [Identität] (2.5)

2. $\mathbf{A} \subseteq \mathbf{B} \wedge \mathbf{B} \subseteq \mathbf{C} \Leftrightarrow \mathbf{A} \subseteq \mathbf{C}$ [Transitivität] (2.6)

3. $\mathbf{A} \subseteq \mathbf{B} \Rightarrow S(\mathbf{A}) \subseteq S(\mathbf{B})$ (2.7)

4. $\mathbf{A} \subseteq \mathbf{B} \Rightarrow A_\alpha \subseteq B_\alpha$ (2.8)

5. $\forall \mathbf{A} \in \mathbf{P}(X)\colon \varnothing \subseteq \mathbf{A}$ (2.9)

Definition 2.19: Konvexität

Eine unscharfe Menge $\mathbf{A} = \{(x;\mu_A(x)), x \in X\}$ heißt konvex, wenn auf dem gesamten interessierenden Grundbereich X gilt:

$$\forall a,b,c \in X\colon\ \mu_A(c) \geq \min\,[\mu_A(a), \mu_A(b)] \ \text{ mit } a \leq c \leq b.$$

Im der Abbildung 2.11 sind Zugehörigkeitsfunktionen für eine nicht konvexe unscharfe Menge **A** und eine konvexe unscharfe Menge **B** angegeben.

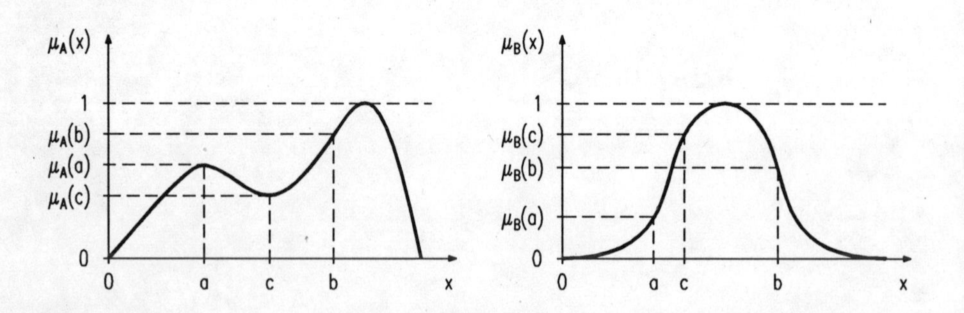

Abb. 2.11. Beispiel einer nicht konvexen (links) sowie einer konvexen (rechts) unscharfen Menge.

Bemerkungen

1. Der Begriff "konvexe unscharfe Menge" impliziert nicht, daß $\mu_A(x)$ eine "konvexe Funktion" im konventionellen Sinne ist (Links- oder Rechtskurve).

2. Eine unscharfe Menge **A** ist genau dann konvex, wenn alle ihre Schnitte im mengentheoretischen Sinne konvex, d.h. zusammenhängend, sind.

Definition 2.20: Mächtigkeit (Kardinalität)

Sei X eine endliche Menge. Dann ist die Mächtigkeit einer unscharfen Menge $\mathbf{A} \in \mathbf{P}(X)$ definiert als

$$|\mathbf{A}| = \sum_{x \in X} \mu_A(x).$$

Die Größe $\|\mathbf{A}\| = |\mathbf{A}| / |X|$ heißt relative Mächtigkeit.

Bemerkung

Da X eine scharfe Menge darstellt, ist die Mächtigkeit $|X|$ gleich der Anzahl von Elementen auf X, deren charakteristische Funktion ungleich Null ist. Die relative Mächtigkeit einer unscharfen Menge hängt damit von der Mächtigkeit der dazugehörenden Grundmenge ab. Um unscharfe Mengen mit Hilfe ihrer relativen Mächtigkeit zu vergleichen, muß daher dieselbe Grundmenge vorausgesetzt werden.

Beispiel 2.12

Sei $\mathbf{A} = \{(5; 0.1), (6; 0.5), (7; 1), (8; 0.8)\}$. Es folgt

$$|\mathbf{A}| = 2.4, \quad |X| = 4, \quad \|\mathbf{A}\| = 2.4 / 4 = 0.6.$$

Eine Erweiterung des Begriffs der unscharfen Menge führte [Zadeh, 1973] ein. Er stellte die grundsätzliche Schwierigkeit fest, einer bestimmten Aussage eine "scharfe" Zugehörigkeitsfunktion zuzuordnen. Mit Einführung von unscharfen Zugehörigkeitsfunktionen wird die unscharfe Menge zweiter Ordnung definiert. Unscharfe Mengen nach Definition 2.10 werden dann als unscharfe Mengen erster Ordnung bezeichnet.

Definition 2.21: Unscharfe Menge zweiter Ordnung

Eine unscharfe Menge zweiter Ordnung ist eine unscharfe Menge, deren Zugehörigkeitswerte selbst unscharfe Mengen im Intervall [0,1] bilden.

Als Verallgemeinerung von Definition 2.21 lassen sich auch unscharfe Mengen m-ter Ordnung definieren.

2.3 Operationen auf unscharfen Mengen

Im folgenden Kapitel soll eine Auswahl der wichtigsten in der Literatur vorgestellten Operationen mit unscharfen Mengen vorgestellt werden.

Eine sehr einfache Operation stellt die Komplementbildung dar. Dabei wird beispielsweise die Aussage "die Dampflok fährt *langsam*" transformiert in die Aussage "es ist falsch, daß die Dampflok *langsam* fährt" (nicht notwendigerweise in "die Dampflok fährt *schnell*"; siehe dazu auch Beispiel 1.5).

Definition 2.22: Komplement

Sei $\mathbf{A} \in \mathbf{P}(X)$. Wenn $\mu_A: X \to [0, 1]$ gilt, heißt $\mathbf{A}^c$ das Komplement von $\mathbf{A}$ auf X mit

$$\forall x \in X: \;\; \mu_{A^c}(x) = 1 - \mu_A(x).$$

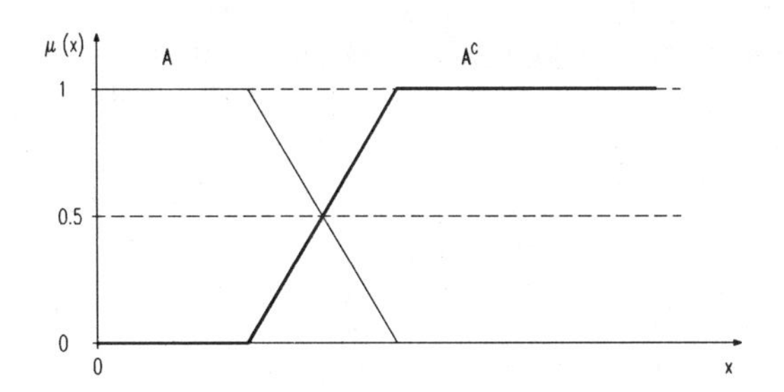

Abb. 2.12. Zugehörigkeitsfunktionen einer unscharfen Menge **A** und ihres Komplements $\mathbf{A}^c$.

Wie sich leicht überprüfen läßt, gelten die folgenden Gesetze:

$$[\mathbf{A}^c]^c = \mathbf{A} \text{ und} \tag{2.10}$$

$$\mathbf{A} \subseteq \mathbf{B} \Leftrightarrow \mathbf{B}^c \subseteq \mathbf{A}^c. \tag{2.11}$$

Bemerkung

Eine erweiterte Definition des Komplements führt zu

$$\forall x \in X: \ \mu_{A^{c'}}(x) = [1 - \mu_A(x)]^p \text{ mit } p > 0.$$

Im weiteren sollen einige mehrstellige Operationen beschrieben werden. Dabei werde eine scharfe Grundmenge X nach verschiedenen Kriterien A und B bewertet. Diese Bewertungen werden durch die unscharfen Mengen **A** und **B** dargestellt. Eine Gesamtbewertung wird beide Kriterien berücksichtigen und zu einer unscharfen Ergebnismenge **C** führen.

Beispiel 2.13 (Computerproduktion nach Beispiel 2.7)
Die Bewertung der Menge der möglichen Tages-Stückzahlen *nach vertretbaren Produktionskosten* sei durch die unscharfe Menge **A** gegeben als

$$\mathbf{A} = \{(4;0), (5;0.1), (6;0.5), (7;1), (8;0.8), (9;0)\}.$$

Eine zweite Bewertung erfolge durch die Verkaufsabteilung nach dem Kriterium *Absetzbarkeit pro Tag* und sei durch die unscharfe Menge **B** gegeben als

$$\mathbf{B} = \{(4;1), (5;0.9), (6;0.8), (7;0.4), (8;0.1), (9;0)\}.$$

Es stellt sich damit die Frage, wie die Kostenseite der Tagesproduktion unter Berücksichtigung beider Kriterien bewertet werden kann.

Die wichtigsten Verknüpfungsoperatoren zur verbalen Beschreibung unscharfer Informationen sind die logischen Operatoren *nicht*, *und, oder.* In Analogie zur Boolschen Algebra wird zur Verknüpfung der durch unscharfe Mengen repräsentierten Bewertungen auf die herkömmliche Mengenlehre zurückgegriffen. Während der Operator *nicht* durch die Komplementbildung realisiert wird, bestehen zur Realisierung der beiden Grundverknüpfungen *Durchschnitt* und *Vereinigung* mehrere Möglichkeiten, wobei jetzt im Gegensatz zur konventionellen Mengenlehre die Alternativen zu unterschiedlichen Ergebnissen führen. Im folgenden werden Durchschnitt und Vereinigung zunächst mit Hilfe des Min- bzw. Max-Operators definiert; die Alternativen erhalten eigene, funktionsentsprechende Bezeichnungen.

Definition 2.23: Durchschnitt, Vereinigung

Seien **A**, **B**$\in$ **P**(X). Dann heißen

- **A**$\cap$**B** der Durchschnitt (engl.: intersection) von **A** und **B** mit

$$\forall x \in X: \ \mu_{A \cap B}(x) = \min\,[\mu_A(x), \mu_B(x)],$$

- **A**$\cup$**B** die Vereinigung (engl.: union) von **A** und **B** mit

$$\forall x \in X: \ \mu_{A \cup B}(x) = \max\,[\mu_A(x), \mu_B(x)].$$

Durchschnitt und Vereinigung werden punktweise über den Grundbereich X gebildet.

Beispiel 2.14

Komplementbildung, Durchschnitt und Vereinigung zweier unscharfer Mengen **A** und **B** lassen sich nach Abbildung 2.13 durch den Begrenzungsverlauf der schraffierten Flächen darstellen:

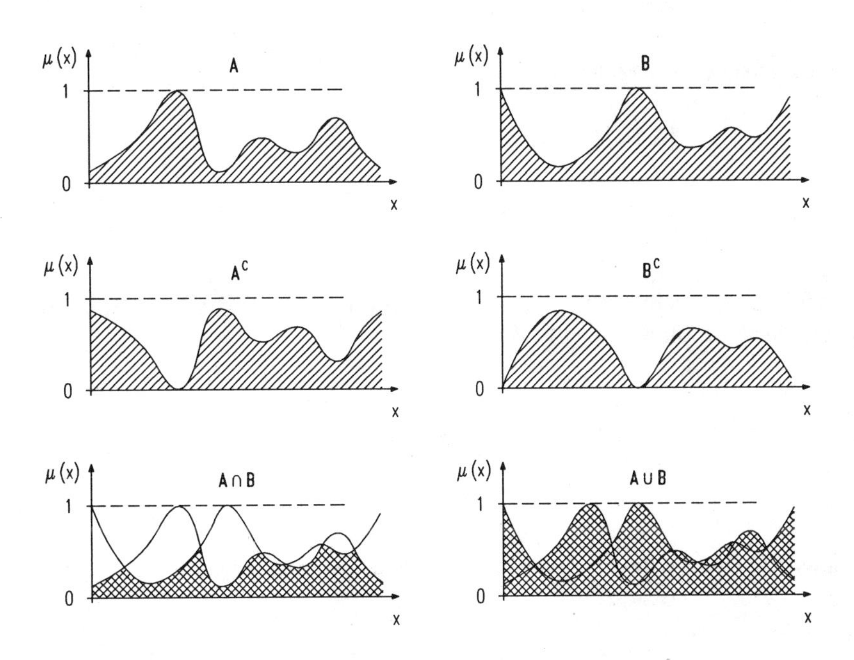

Abb. 2.13. Erweiterte Venn-Diagramme für Komplement, Durchschnitt und Vereinigung (nach Zimmermann, 1991]).

Für Min- und Max-Operator gelten die folgenden Gesetze:

Kommutativität: $\mathbf{A} \cap \mathbf{B} = \mathbf{B} \cap \mathbf{A}$,

$$\mathbf{A} \cup \mathbf{B} = \mathbf{B} \cup \mathbf{A}, \qquad (2.12)$$

Assoziativität: $(\mathbf{A} \cap \mathbf{B}) \cap \mathbf{C} = \mathbf{A} \cap (\mathbf{B} \cap \mathbf{C})$,

$$(\mathbf{A} \cup \mathbf{B}) \cup \mathbf{C} = \mathbf{A} \cup (\mathbf{B} \cup \mathbf{C}), \qquad (2.13)$$

Distributivität: $\mathbf{A} \cap (\mathbf{B} \cup \mathbf{C}) = (\mathbf{A} \cap \mathbf{B}) \cup (\mathbf{A} \cap \mathbf{C})$,

$$\mathbf{A} \cup (\mathbf{B} \cap \mathbf{C}) = (\mathbf{A} \cup \mathbf{B}) \cap (\mathbf{A} \cup \mathbf{C}), \tag{2.14}$$

Adjunktivität: $\mathbf{A} \cap (\mathbf{B} \cup \mathbf{A}) = \mathbf{A}$,

$$\mathbf{A} \cup (\mathbf{B} \cap \mathbf{A}) = \mathbf{A}, \tag{2.15}$$

de Morgansche Gesetze:

$$[\mathbf{A} \cap \mathbf{B}]^{c} = \mathbf{A}^{c} \cup \mathbf{B}^{c},$$

$$[\mathbf{A} \cup \mathbf{B}]^{c} = \mathbf{A}^{c} \cap \mathbf{B}^{c}. \tag{2.16}$$

Wie sich leicht nachrechnen läßt, gilt für Durchschnitt und Vereinigung nicht das Gesetz der Komplementarität; d.h.

$$\mathbf{A} \cap \mathbf{A}^{c} \neq \varnothing \text{ und } \mathbf{A} \cup \mathbf{A}^{c} \neq \mathbf{E}. \tag{2.17}$$

Beispiel 2.15 (Beweis des ersten de Morganschen Gesetzes). Es gilt $\forall x \in X$:

$$\mu_{(A \cap B)c}(x) = 1 - \min [\mu_A(x), \mu_B(x)],$$

$$\mu_{Ac \cup Bc}(x) = \max [1 - \mu_A(x), 1 - \mu_B(x)].$$

Die zweite Formel kann umgeformt werden:

1. Fall: $1 - \mu_A(x) \geq 1 - \mu_B(x) \Leftrightarrow \mu_A(x) \leq \mu_B(x)$

$$\Rightarrow \mu_{Ac \cup Bc}(x) = 1 - \mu_A(x),$$

2. Fall: $1 - \mu_A(x) < 1 - \mu_B(x) \Leftrightarrow \mu_B(x) < \mu_A(x)$

$$\Rightarrow \mu_{Ac \cup Bc}(x) = 1 - \mu_B(x).$$

Also: $\mu_{Ac \cup Bc}(x) = 1 - \min [\mu_A(x), \mu_B(x)] = \mu_{(A \cap B)c}(x)$. q.e.d.

Auf Grund der guten Übereinstimmung der Axiomatik für die Min-/Max-Operatoren mit den Gesetzen der Boolschen Algebra rechtfertigen sich im Nachhinein die Bezeichnungen Durchschnitt und Vereinigung. Bei der Verknüpfung unscharfer Mengen verkörpern sie das logische *und* ($\wedge$) bzw. das logische *oder* ($\vee$) der dazugehörenden unscharfen Aussagen. Ein komplettes axiomatisches System wurde von [Bellman&Gierz, 1978] aufgestellt.

Bemerkung

> Beide Verknüpfungen verbieten es offensichtlich, daß Zugehörigkeitswerte $\mu_z(x)$ zwischen dem Minimalwert und dem Maximalwert an der Stelle x angenommen werden: extreme Bewertungen können durch moderate nicht ausgeglichen werden. Durchschnitt und Vereinigung berücksichtigen bereichsweise jeweils nur einen der zu verknüpfenden Zugehörigkeitsverläufe . Die Variation einer der zu verknüpfenden unscharfen Mengen kann also zum gleichen Verknüpfungsergebnis führen.

Neben Min- und Max-Operator wurden alternative Operatoren für die Durchschnitts- und Vereinigungsbildung definiert, die mit anderen Eigenschaften verbunden sind. Mit Hilfe eines (umgeschriebenen) de Morganschen Gesetzes (2.16) kann beispielsweise aus einem vorgegebenen $\cap$-Operator ein entsprechender $\cup$-Operator abgeleitet werden. Sei $\square$ einer dieser Durchschnittsoperatoren; dann ordnet man ihm durch

$$\mathbf{A} \blacksquare \mathbf{B} = [\, \mathbf{A}^C \square \mathbf{B}^C]^C. \tag{2.18}$$

einen entsprechenden Vereinigungsoperator $\blacksquare$ zu. Zur Begründung eines systematischen Aufbaus sollen beide Operatoren zusätzlichen Mindestbedingungen genügen, die in den Begriffen t-Norm und s-Norm festgelegt sind. Dazu werden die Operationen wie folgt geschrieben:

$$\mathbf{A} \square \mathbf{B} \quad \rightarrow \quad t\,(\mu_A(x), \mu_B(x)), \tag{2.19}$$

$$\mathbf{A} \blacksquare \mathbf{B} \quad \rightarrow \quad s\,(\mu_A(x), \mu_B(x)). \tag{2.20}$$

Definition 2.24: t(riangular)-Norm und s-Norm (t-Konorm)

Eine zweistellige Funktion t: $[0,1]\times[0,1] \rightarrow [0,1]$ heißt t-Norm, wenn $\forall x \in X$ die folgenden Bedingungen gelten (abkürzende Notation: $\mu = \mu(x)$):

1. $t(0, 0) = 0$ und $t(\mu_A, 1) = t(1, \mu_A) = \mu_A$,
2. $t(\mu_A, \mu_B) \leq t(\mu_C, \mu_D) \quad \forall \mu_A \leq \mu_C, \mu_B \leq \mu_D$,
3. Kommutativität: $t(\mu_A, \mu_B) = t(\mu_B, \mu_A)$,
4. Assoziativität: $t(\mu_A, t(\mu_B, \mu_C)) = t(t(\mu_A, \mu_B), \mu_C)$.

Eine zweistellige Funktion s: $[0,1]\times[0,1] \rightarrow [0,1]$ heißt s-Norm, wenn $\forall x \in X$ die folgenden Bedingungen gelten (abkürzende Notation: $\mu = \mu(x)$):

1. $s(1, 1) = 1$ und $s(\mu_A, 0) = s(0, \mu_A) = \mu_A$,
2. $s(\mu_A, \mu_B) \leq s(\mu_C, \mu_D) \quad \forall \mu_A \leq \mu_C, \mu_B \leq \mu_D$,
3. Kommutativität: $s(\mu_A, \mu_B) = s(\mu_B, \mu_A)$,
4. Assoziativität: $s(\mu_A, s(\mu_B, \mu_C)) = s(s(\mu_A, \mu_B), \mu_C)$.

Die Komplementaritätsbedingungen ($t[\mu_A, 1 - \mu_A] = 0$, $s[\mu_A, 1 - \mu_A] = 0$) müssen nicht notwendigerweise erfüllt sein; eine t-Norm und dazugehörende s-Norm lassen sich aber auf der Basis eines umgeschriebenen de Morganschen Gesetzes (2.18) ineinander umrechnen:

$$s[\mu_A(x), \mu_B(x)] = 1 - t(1-\mu_A(x), 1-\mu_B(x)). \tag{2.21}$$

Die Einhaltung des Assoziativgesetzes ist besonders wichtig, da so auch rekursive Verknüpfungen möglich werden. Der Min-Operator ist ein Beispiel für eine t-Norm, der Max-Operator für eine s-Norm.

Es sollen jetzt einige Verknüpfungs-Kombinationen vorgestellt werden. Im Gegensatz zu den Min-und Max-Operatoren werden hier alle numerischen Zugehörigkeitswerte zur Berechnung der resultierenden Zugehörigkeitsfunktion herangezogen.

Definition 2.25: Algebraisches Produkt

Seien **A**,**B**$\in$ **P**(X). Das algebraische Produkt (↪ Durchschnitt) von **A** und **B**, geschrieben **A** · **B**, ist definiert als eine unscharfe Menge mit

$$\mu_{A \cdot B}(x) = \mu_A(x) \cdot \mu_B(x).$$

Die Zugehörigkeitsfunktion der algebraischen Summe (↪ Vereinigung) ergibt sich dann mit (2.18) zu

$$\begin{aligned} \mu_{A+B}(x) &= 1 - (1 - \mu_A(x)) \cdot (1 - \mu_B(x)) \\ &= \mu_A(x) + \mu_B(x) - \mu_A(x) \cdot \mu_B(x). \end{aligned}$$

Auf Grund der Ähnlichkeit der Formel mit einem Additionssatz der Wahrscheinlichkeitsrechnung spricht man auch von der probabilistischen Summe.

Für die algebraischen Operatoren gilt neben (2.18) auch das zweite de Morgansche Gesetz:

$$\begin{aligned} \mu_{Ac \cdot Bc}(x) &= (1 - \mu_A(x)) \cdot (1 - \mu_B(x)) \\ &= 1 - [\mu_A(x) + \mu_B(x) - \mu_A(x) \cdot \mu_B(x)] \\ &= \mu_{(A+B)c}(x). \qquad \text{q.e.d.} \end{aligned}$$

Die algebraischen Operatoren (·) und (+) sind aber wie Durchschnitt und Vereinigung nicht komplementär, da i.a. $\exists x \in X$, so daß $\mu_A(x) \cdot (1 - \mu_A(x)) \neq 0$ gilt.

Beispiel 2.16 (Computerproduktion nach Beispiel 2.13)
Gegeben seien die unscharfen Mengen

$$\mathbf{A} = \{(4;0), (5;0.1), (6;0.5), (7;1), (8;0.8), (9;0)\},$$

$$\mathbf{B} = \{(4;1), (5;0.9), (6;0.8), (7;0.4), (8;0.1), (9;0)\}.$$

Dann folgt

$$\mathbf{A} \cdot \mathbf{B} = \{(4;0), (5;0.09), (6;0.4), (7;0.4), (8;0.08), (9;0)\},$$

$$\mathbf{A} + \mathbf{B} = \{(4;1), (5;0.91), (6;0.9), (7;1), (8;0.82), (9;0)\}.$$

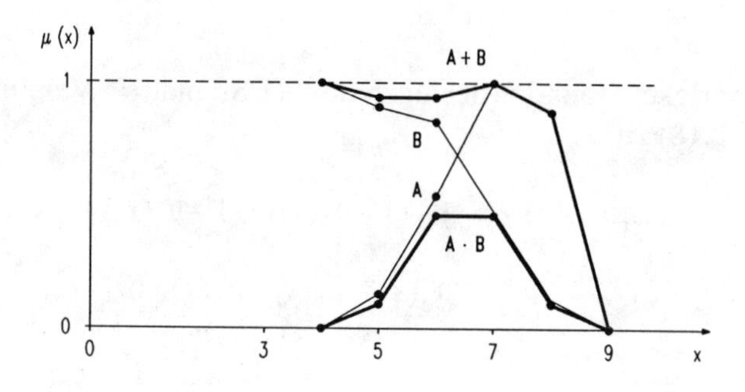

Abb. 2.14. Verlauf der Zugehörigkeitsfunktionen $\mu_{A \cdot B}(x)$ und $\mu_{A+B}(x)$.

Definition 2.26: Beschränktes Produkt

Seien **A**,**B**∈ **P**(X). Das beschränkte Produkt von **A** und **B** (↪Durchschnitt), geschrieben **A** ⊓ **B**, ist definiert als unscharfe Menge mit

$$\forall x \in X: \; \mu_{A \sqcap B}(x) = \max\,[0, \mu_A(x) + \mu_B(x) - 1].$$

Einige Autoren bezeichnen das beschränkte Produkt auch als beschränkte Differenz.

Die Zugehörigkeitsfunktion der beschränkten Summe von **A** und **B** (↪ Vereinigung) ergibt sich dann mit (2.18) zu

$$\mu_{A \sqcup B}(x) = 1 - \max[0, ((1 - \mu_A(x)) + (1 - \mu_B(x)) - 1]$$

$$= 1 - \max[0, 1 - (\mu_A(x) + \mu_B(x))]. \qquad (2.22)$$

Diese Formel kann durch Fallunterscheidung vereinfacht werden:

1. Fall: $\mu_A(x) + \mu_B(x) < 1 \quad \Rightarrow \quad 1 - (\mu_A(x) + \mu_B(x)) > 0$
$\quad \Rightarrow \quad \mu_{A \sqcup B}(x) = \mu_A(x) + \mu_B(x)$,

2. Fall: $\mu_A(x) + \mu_B(x) > 1 \quad \Rightarrow \quad \mu_{A \sqcup B}(x) = 1$.

Als Ergebnis erscheint in beiden Fällen der kleinere der beiden Werte von $\mu_A(x) + \mu_B(x)$ und 1. Damit ergibt sich

$$\mu_{A \sqcup B}(x) = \min[1, \mu_A(x) + \mu_B(x)]. \qquad (2.23)$$

Während bei der Definition der algebraischen Operatoren der Durchschnitt durch eine "echte" Multiplikation der Zugehörigkeitswerte gebildet wird, wird nach (2.23) bei den beschränkten Operatoren die Vereinigung durch eine Addition der Zugehörigkeitswerte herbeigeführt. Um eine Normierung auf [0, 1] einzuhalten, ist dazu eine Beschränkung der Zugehörigkeitswerte mittels min [1, .] notwendig.

Die beschränkten Operatoren sind kommutativ und assoziativ (siehe 2.12 und 2.13), jedoch nicht distributiv oder adjunktiv (2.14, 2.15). Im Gegensatz zu Durchschnitt und Vereinigung erfüllen sie das Gesetz der Komplementarität. Es gilt der folgende Satz:

Satz 2.3 $\quad \mathbf{A} \sqcap \mathbf{A}^c = \emptyset \ \wedge \ \mathbf{A} \sqcup \mathbf{A}^c = \mathbf{E}$.

Beweis: $\quad \forall x \in X: \quad \mu_{A \sqcap Ac}(x) = \max[0, \mu_A(x) + (1 - \mu_A(x)) - 1] = 0$,

$\mu_{A \sqcup Ac}(x) = \min[1, \mu_A(x) + (1 - \mu_A(x))] = 1$. q.e.d.

Beispiel 2.17

Mit den unscharfen Mengen **A**, **B** nach Beispiel 2.13 (Computerproduktion) ergeben sich die folgenden Verknüpfungsergebnisse:

$$\mathbf{A} \sqcap \mathbf{B} = \{(4;0), (5;0), (6;0.3), (7;0.4), (8;0), (9;0)\},$$

$$\mathbf{A} \sqcup \mathbf{B} = \{(4;1), (5;1), (6;1), (7;1), (8;0.9), (9;0)\}.$$

Die Verknüpfungsergebnisse sind im folgenden Diagramm aufgetragen:

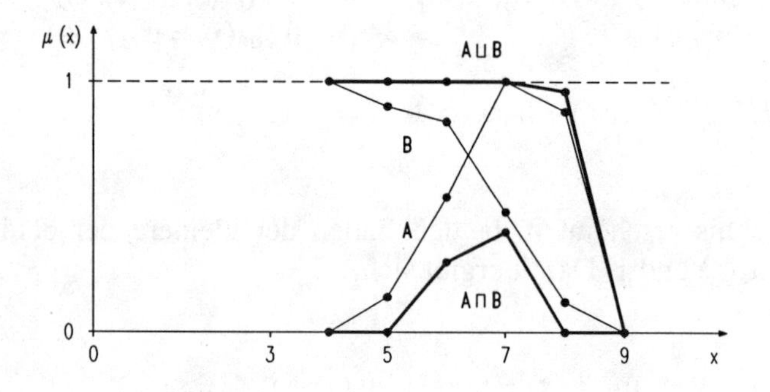

Abb. 2.15. Verlauf der Zugehörigkeitsfunktionen $\mu_{A \sqcap B}(x)$ und $\mu_{A \sqcup B}(x)$.

Ein Vergleich der bisher behandelten Operatoren führt zu folgendem Satz:

Satz 2.4 $\mathbf{A} \sqcap \mathbf{B} \subseteq \mathbf{A} \cdot \mathbf{B} \subseteq \mathbf{A} \cap \mathbf{B}$ und

$$\mathbf{A} \sqcup \mathbf{B} \supseteq \mathbf{A} + \mathbf{B} \supseteq \mathbf{A} \cup \mathbf{B}.$$

Die Kurven der resultierenden Zugehörigkeitsfunktionen liegen damit stets unterhalb ($\cap$) bzw. oberhalb ($\cup$) der folgenden in der Reihe. Bei einer Formalisierung der Entscheidungsfindung mit Hilfe unscharfer Mengen kann das Resultat vom Typ der verwendeten Operatoren abhängen.
Dies soll das folgende Beispiel belegen.

Beispiel 2.18

Beurteilung der Leistungsstärke von Computern nach den Kriterien

A: Rechenleistung bei Fließkomma-Operationen in kleinen Schleifen,

B: schneller Festplattenzugriff.

Es stehen drei Geräte zur Auswahl, die zur Anonymisierung durchnumeriert sind: X={1, 2, 3}. Die Beurteilung fällt folgendermaßen aus:

$$\mathbf{A} = \{(1;0.9), (2;0.5), (3;0.1)\},$$

$$\mathbf{B} = \{(1;0.3), (2;0.5), (3;0.9)\}.$$

Wenn beide Kriterien erfüllt sein sollen ($\wedge$), ergeben sich die Gesamtbeurteilungen nach den besprochenen Durchschnittsbildungen zu

$$\mathbf{A} \cap \mathbf{B} = \{(1;0.3), (2;0.5), (3;0.1)\},$$

$$\mathbf{A} \cdot \mathbf{B} = \{(1;0.27), (2;0.25), (3;0.09)\},$$

$$\mathbf{A} \sqcap \mathbf{B} = \{(1;0.2), (2;0), (3;0)\}.$$

Wenn wenigstens ein Kriterium optimals erfüllt sein soll ($\vee$), ergeben sich die Gesamt-beurteiligungen durch Vereinigung der beiden Teilaussagen zu

$$\mathbf{A} \cup \mathbf{B} = \{(1;0.9), (2;0.5), (3;0.9)\},$$

$$\mathbf{A} + \mathbf{B} = \{(1;0.93), (2;0.75), (3;0.91\},$$

$$\mathbf{A} \sqcup \mathbf{B} = \{(1;1), (2;1), (3;1)\}.$$

Die verschiedenen Operatoren führen also zu unterschiedlichen Kaufempfehlungen. Bei der Entscheidung für ein bestimmtes Ergebnis ist auf die Eigenschaften der Operatoren zu achten; so berücksichtigen ($\cup$) und ($\cap$) beispielsweise nur das positivste bzw. negativste Teilergebnis. Die Durchschnittsoperatoren führen eher zu einem Kompromiß zwischen den beiden Vorgaben, während die Vereinigungsoperatoren bis auf ($\sqcup$) eher das Vorhandensein wenigstens einer positiven Eigenschaft beurteilen. Es ist weiterhin zu prüfen, ob tatsächlich beide Kriterien gleich wichtig sind. Die Festlegung einer konkreten Operation zur Verknüpfung bzw. "Aggregation" von Teilergebnissen zum Gesamtergebnis stellt eine wesentliche Aufgabe bei der Entscheidungsfindung dar. Sie wird in den Kapiteln 7, 8 und 9 weiter beschrieben.

Die bisher beschriebenen Durchschnittsoperatoren führen bei einer zu negativen Bewertung eines Elements der Stützmenge bzgl. eines Teilaspekts notwendigerweise zu einem entsprechend negativen Ergebnis bei der Gesamtbewertung. Es ist keine Korrektur bzw. Kompensation durch gute Bewertungen aufgrund anderer Teilaspekte möglich. Die Operatoren beurteilen zu pessimistisch. Entsprechend beurteilen die bisher beschriebenen Vereinigungsoperatoren zu optimistisch.

Bei einer Gesamtbeurteilung aufgrund konkurrierender (bzw. sich widersprechender) Aussagen ist offensichtlich ein Kompromiß einzugehen. Da die Teilbewertungen der Einzelaspekte aus der subjektiven Sicht eines Experten entstehen, sollte in vielen Fällen von einem strikten logischen "und" (bzw. "oder") abgegangen werden zugunsten von Operatoren, die zwischen Durchschnitt und Vereinigung angesiedelt sind. Dazu seien zunächst der arithmetische und der geometrische Mittelwert zweier unscharfer Mengen definiert.

Definition 2.27: Arithmetischer Mittelwert

Es seien $\mathbf{A},\mathbf{B} \in \mathbf{P}(X)$. Dann heißt die unscharfe Menge $\frac{1}{2}(\mathbf{A} + \mathbf{B})$ der arithmetische Mittelwert von **A** und **B** auf X, wobei für alle $x \in X$ gilt:

$$\mu_{\frac{1}{2}(A+B)}(x) = \tfrac{1}{2}[\mu_A(x) + \mu_B(x)].$$

Definition 2.28: Geometrischer Mittelwert

Es seien $\mathbf{A},\mathbf{B} \in \mathbf{P}(X)$. Dann heißt die unscharfe Menge $[\mathbf{A} \cdot \mathbf{B}]^{\frac{1}{2}}$ der geometische Mittelwert von **A** und **B** auf X, wobei für alle $x \in X$ gilt:

$$\mu_{[A \cdot B]^{\frac{1}{2}}}(x) = [\mu_A(x) \cdot \mu_B(x)]^{\frac{1}{2}}.$$

Die Wertung bzw. Gewichtung der Einzelbeurteilungen und damit die Kompromißbereitschaft ist in den Definitionen 2.27 und 2.28 fest. Der Verlauf der Zugehörigkeitsfunktionen ist jeweils zwischen Min- und Max-Operator angesiedelt.

Beispiel 2.19

Den Verlauf der Zugehörigkeitsfunktionen des arithmetischen und des geometrischen Mittelwerts bei Mengenvorgabe nach Beispiel 2.13 zeigt Abbildung 2.16.

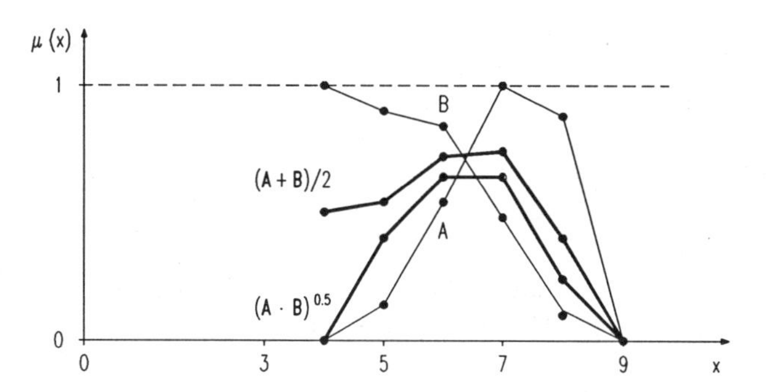

Abb. 2.16. Zugehörigkeitsfunktionen für den arithmetischen und den geometrischen Mittelwert bei Wertvorgabe nach Beispiel 2.13.

Eine einstellbare Kompromißbereitschaft läßt sich beispielsweise durch Annäherung der Minimum- /Maximum-Operatoren an den arithmetischen Mittelwert erreichen [Werners, 1984]. Dabei entstehen die Operatoren **and** und **or**.

Definition 2.29: Fuzzy *and*, fuzzy *or*

Seien $\mathbf{A}_i = \{(x,\mu_i(x)) \mid x \in X\}_{i=1,\dots,n}$ mit $\mathbf{A}_i \in \mathbf{P}(X)$. Dann bezeichnet man als

and-Verknüpfung der $\mathbf{A}_i$ die unscharfe Menge mit

$$\mu_{and}(x) = \delta \cdot \min [\mu_1(x), \dots, \mu_n(x)] + (1-\delta)/n \cdot \Sigma_i \, \mu_i(x),$$

or-Verknüpfung der $\mathbf{A}_i$ die unscharfe Menge mit

$$\mu_{or}(x) = \delta \cdot \max [\mu_1(x), \dots, \mu_n(x)] + (1-\delta)/n \cdot \Sigma_i \, \mu_i(x).$$

Dabei drückt der Faktor $(1-\delta) \in [0,1]$ die Orientierung vom Max- /Min-Wert zum arithmetischen Mittelwert hin aus.

Beispiel 2.20

Seien **A**,**B** unscharfe Mengen nach Beispiel 2.13. Dann folgt für $\delta = 0.5$:

$$\mathbf{A\ and\ B} = \{(5;0.3), (6;0.575), (7;0.55), (8;0.275), (9;0)\},$$

$$\mathbf{A\ or\ B} = \{(5;0.7), (6;0.725), (7;0.85), (8;0.625), (9;0)\}.$$

Die Verknüpfungen **and** und **or** gehorchen nicht den Gesetzen für t-Norm bzw. t-Konorm. Die Zugehörigkeitsfunktionen verlaufen jeweils zwischen dem arithmetischen Mittelwert und der Min- bzw. Max-Verknüpfung. Der Kompensationsgrad für ein bestimmtes **and** (und dazugehörendes **or**) ist mit dem Parameter δ jeweils fest eingestellt. Zur Beschreibung realer Entscheidungssituationen ist daher eine Vielzahl unterschiedlich eingestellter **and/or**-Verknüpfungen notwendig.

Eine Verallgemeinerung der bisher dargestellten Operatoren führten [Zimmermann &Zysno, 1980] ein: es wird eine Verknüpfung definiert, deren Zugehörigkeitsfunktion zwischen Durchschnitt und Vereinigung variabel eingestellt werden kann. Dazu wird vom geometrischen Mittelwert ausgegangen. Durch Umschreiben von Definition 2.28 folgt zunächst:

$$[\mu_A(x) \cdot \mu_B(x)]^{1/2} = \mu_A(x)^{1/2} \cdot \mu_B(x)^{1/2}$$

$$= \min\,[\mu_A(x), \mu_B(x)]^{1/2} \cdot \max\,[\mu_A(x), \mu_B(x)]^{1/2}.$$

Offensichtlich werden also beim geometrischen Mittelwert Durchschnitt und Vereinigung gleichstark mit einem Exponenten von 0.5 gewichtet. Eine Ungleichgewichtung entsteht durch Einführung eines variablen Exponenten $\gamma \in [0,1]$ und führt zunächst zum Operator

$$\min\,[\mu_A(x), \mu_B(x)]^{1-\gamma} \cdot \max\,[\mu_A(x), \mu_B(x)]^{\gamma}$$

Der Exponent γ heißt "Kompensationsgrad". Da die Min-/ Max-Verknüpfungen insbesondere bei mehr als zwei zu verknüpfenden Zugehörigkeitsfunktionen bzw. Bewertungen zuviele Informationen vernachlässigen, werden sie zur endgültigen Formulierung des "kompensatorischen and" durch das algebraische Produkt und die algebraische Summe ersetzt.

Definition 2.30: γ-Verknüpfung (kompensatorisches and)

Durch die γ-Verknüpfung zweier unscharfer Mengen $\mathbf{A},\mathbf{B} \in \mathbf{P}(X)$, geschrieben **A$\gamma$B,** entsteht eine unscharfe Menge mit der Zugehörigkeitsfunktion

$$\mu_{A\gamma B}(x) = [\mu_{A\cdot B}(x)]^{1-\gamma} \cdot [\mu_{A+B}(x)]^{\gamma} \tag{2.24}$$

und dem Kompensationsgrad $\gamma \in [0,1]$. Es gilt beispielsweise:

$$\gamma = 0 \Rightarrow \mu_{A\cdot B}(x) \quad \text{[algebraisches Produkt]},$$

$$\gamma = 0.5 \Rightarrow [\mu_{A\cdot B}(x) \cdot \mu_{A+B}(x)]^{0.5}$$

$$\gamma = 1 \Rightarrow \mu_{A+B}(x) \quad \text{[algebraische Summe]}.$$

Die γ-Verknüpfung läßt sich leicht auf mehr als zwei zu verknüpfende Mengen erweitern. Mit der Identität

$$u + v - uv = 1 - (1 - u)(1 - v), \quad u,v \in \mathbb{R} \tag{2.25}$$

kann der zweite Faktor der rechten Seite von (2.24) dargestellt werden als

$$\mu_A(x) + \mu_B(x) - \mu_A(x) \cdot \mu_B(x) = 1 - (1 - \mu_A(x))(1 - \mu_B(x)) .$$

Diese Form eignet sich zur Verallgemeinerung von (2.22) auf mehrere zu verknüpfende unscharfe Mengen.

Definition 2.31: γ-Verknüpfung für mehrere zu verknüpfende unscharfe Mengen

Seien $\mathbf{A}_1,\ldots,\mathbf{A}_n \in \mathbf{P}(X)$. Die γ-Verknüpfung der $\mathbf{A}_i = \{(x;\mu_i(x)) \mid x \in X\}$ führt zu einer unscharfen Menge A_γ mit der Zugehörigkeitsfunktion

$$\mu_\gamma(x) = [\prod_i \mu_i(x)]^{1-\gamma} \cdot [1 - \prod_i (1 - \mu_i(x))]^{\gamma}$$

und $\gamma \in [0,1]$ als Kompensationsgrad.

Nach dieser theoretischen Einführung stellt sich die Frage, wie man bei praktischen Problemen einen adäquaten Kompensationsgrad findet. Dazu sei das ebenfalls auf [Zimmermann&Zysno, 1984] zurückgehende Vorgehen genannt:

1. Durchführung von empirischen Vortests mit einer repräsentativen Teilmenge $\Omega \subseteq X$,
2. punktweises Festlegen der $\mu_\gamma(x)$, $\forall x \in \Omega$, neben der Festlegung der $\mu_i(x)$,
3. Berechnung einer Kompensationsfunktion $\gamma(x)$, $x \in \Omega$,
4. Berechnung eines empirischen Kompensationsfaktors Γ durch arithmetisches Mitteln von $\gamma(x)$ über Ω.

zu 3.: Durch Logarithmieren folgt für $\mu_i(x) \neq 0$:

$$\gamma(x) = \frac{\log \mu_\gamma(x) - \log [\prod_i \mu_i(x)]}{\log[1 - \prod_i (1-\mu_i(x))] - \log [\prod_i \mu_i(x)]} . \quad (2.26)$$

zu 4.: Der empirische Kompensationsfaktor Γ ergibt sich zu

$$\Gamma = (1/|\Omega|) \cdot \sum_{x \in \Omega} \gamma(x). \quad (2.27)$$

Mit Hilfe von (2.26) und (2.27) können auch die nichtkompensatorischen Verknüpfungen hinsichtlich ihres Kompensationsgrades, daß heißt ihrer

Verlaufsnähe zu (·) bzw. (+), eingeschätzt werden. Dazu werden die jeweiligen Verknüpfungsergebnisse punktuell anstelle von $\mu_Y(x)$ in (2.26) eingesetzt. Die entstehende Rangfolge der Verknüpfungen ist allgemeingültig, die speziellen Zahlenwerte der Kompensationsgrade variieren allerdings mit den Daten der unscharfen Eingangsmengen.

Beispiel 2.21 (Computerproduktion nach Beispiel 2.13)

Die Anwendung von Logarithmen in (2.26) führt zu der Forderung $\mu_{A,B}(x) \neq 0$, so daß für den Vergleich als Grundmenge die Stützmenge X' = {5,6,7,8} herangezogen wird. Dann kann die folgende Tabelle aufgestellt werden:

Operator	Kompensationsgrad
(+)	1
(max)	0.96
(A+B)/2	0.67
$(A\cdot B)^{1/2}$	0.53
(min)	0.11
(·)	0

Tab. 2.1. Vergleich der Kompensationsgrade verschiedener Operatoren.

Für weitergehende Eigenschaften unscharfer Mengen und Operationen mit unscharfen Mengen sei beispielsweise auf [Bandemer, 1990] und [Klir&Folger, 1988] verwiesen.

2.4 Maße der Unschärfe

Nach den vorangegangenen Kapiteln stellt sich die Frage, wie man die Unschärfe von Mengen bemessen und so miteinander vergleichen kann. Es sind generell verschiedene Unschärfemaße denkbar und anwendbar. Gemeinsam ist allen, daß sie die Potenzmenge **P**(X) auf eine metrische Skala abbilden, d.h. ohne Beschränkung der Allgemeinheit auf das Einheitsintervall [0,1].

Bei der Definition eines Unschärfemaßsystems sind drei Angaben festzulegen:

1. die Bezugsmenge für den Maßwert null, d.h. die *schärfste* mögliche Menge,

2. die Bezugsmenge für den Maßwert eins, d.h. die *unschärfste* mögliche Menge,

3. eine Vergleichsrelation für die Unschärfe.

Zwei wichtige Maßsysteme beinhalten Entropie- bzw. Energiemaße. Sie gehen entsprechend der oben genannten Angaben von verschiedenen Prämissen aus und werden im folgenden vorgestellt.

Entropiemaße als Unschärfemaße

Alle scharfen Mengen erhalten den Maßwert null. Die unschärfste Menge ist die Menge, deren Zugehörigkeitsfunktion für alle Elemente den konstanten Wert ½ annimmt und damit in der Mitte des Einheitsintervalls [0,1] verläuft. Ein Unschärfevergleich erfolgt mit Hilfe der Flankensteilheiten der Zugehörigkeitsfunktionen.

Definition 2.32: Entropiemaß

Für ein Entropiemaß d zweier unscharfer Mengen **A** und **B** gilt

1. $d(\mathbf{A}) = 0$ für $\mu_A : X \to \{0, 1\}$,

2. $d(\mathbf{A}) = \max$ für $\mu_A : X \to \{½\}$,

3. $d(\mathbf{A}) \geq d(\mathbf{B})$ für **B** flankensteiler als **A**, d.h.

$$\left.\begin{array}{l} \mu_B \leq \mu_A \text{ für } \mu_A < ½ \\ \mu_B \geq \mu_A \text{ für } \mu_A > ½. \end{array}\right\} \Rightarrow d(\mathbf{A}) \geq d(\mathbf{B}) .$$

Als Beispiele seien der auf [Yager, 1979/80] zurückgehende Unschärfeindex und das Entropiemaß nach Shannon näher erläutert.

Yager geht von der Identität $\mathbf{A} \cap \mathbf{A}^c = \varnothing$ für scharfe Mengen aus, die für unscharfe Mengen nicht gilt. Es wird zunächst die Abweichung $\mathbf{D} = \mathbf{A} \cap \mathbf{A}^c$ berechnet:

$$\begin{aligned}\mu_D(x) &= \min\,[\mu_A(x),\, 1 - \mu_A(x)] \\ &= \tfrac{1}{2}\,[\mu_A(x) + (1 - \mu_A(x)) - |\mu_A(x) - (1 - \mu_A(x))|] \\ &= \tfrac{1}{2}\,[1 - |\mu_A(x) - (1 - \mu_A(x))|].\end{aligned}$$

Zur Berechnung des Unschärfeindexes wird die Stützmenge $S(\mathbf{D})$ sowie die Mächtigkeit $|\mathbf{D}|$ herangezogen:

$$|\mathbf{D}| = \sum\nolimits_{x \in S(\mathbf{D})} \mu_D(x),\ \forall x \in S(\mathbf{D}) \ . \tag{2.28}$$

Definition 2.33: Unschärfeindex

Sei $\mathbf{A} \in \mathbf{P}(X)$. Dann heißt

$$d_1(\mathbf{A}) = 1 - \rho_1(\mathbf{A}, \mathbf{A}^c)\,/\,|S(\mathbf{D})| \quad \text{mit}$$

$$\begin{aligned}\rho_1(\mathbf{A}, \mathbf{A}^c) &= \sum\nolimits_{x \in S(\mathbf{D})} |\mu_A(x) - (1 - \mu_A(x))| \\ &= \sum\nolimits_{x \in S(\mathbf{D})} |2\,\mu_A(x) - 1|\end{aligned}$$

der "Unschärfeindex" von $\mathbf{A}$. Der Faktor $\rho_1(\mathbf{A}, \mathbf{A}^c)$ läßt sich als Abstand der beiden Mengen $\mathbf{A}$ und $\mathbf{A}^c$ deuten und heißt "Hamming-Abstand" zwischen $\mathbf{A}$ und $\mathbf{A}^c$. Man könnte anstelle von $\rho_1(\mathbf{A}, \mathbf{A}^c)$ auch den Euklidischen Abstand

$$\rho_2(\mathbf{A}, \mathbf{A}^c) = \left[\sum\nolimits_{x \in S(\mathbf{D})} |\mu_A(x) - (1 - \mu_A(x))|^2\right]^{1/2} \tag{2.29}$$

verwenden oder allgemeiner einen Abstand $\rho_p(\mathbf{A}, \mathbf{A}^c)$.

Dieser berechnet sich dann wie folgt:

$$\rho_p(\mathbf{A}, \mathbf{A}^c) = \left[\sum_{x \in S(D)} |\mu_A(x) - (1 - \mu_A(x))|^p\right]^{1/p} . \qquad (2.30)$$

Eine weitere Möglichkeit zur Definition eines Entropiemaßes besteht in der Verwendung des Entropiebegriffes nach Shannon bei Verwendung der Shannonschen Entropiefunktion H(**A**). Dabei entsteht eine Klasse von Maßen, die von einem einstellbaren Parameter k abhängen.

Definition 2.34: Shannonsches Unschärfemaß

Sei $\mathbf{A} \in \mathbf{P}(X)$. Dann heißt

$$d_2(\mathbf{A}) = - k \sum_{x \in X} H(\mathbf{A}) + H(\mathbf{A}^c) \text{ mit}$$

$$H(\mathbf{A}) = - \mu_A(x) \cdot \ln [\mu_A(x)]$$

Shannonsches Unschärfemaß von **A**. Dabei ist k eine positive reelle Zahl.

Satz 2.5 Für die beschriebenen Entropiemaße gilt

$$d(\mathbf{A}) = d(\mathbf{A}^c). \qquad (2.30)$$

Energiemaße als Unschärfemaße

Hier ist die Bezugsmenge für den Wert Null die Leermenge ∅. Als unschärfste Menge wird die Grundmenge selbst angesehen. Ein Vergleich erfolgt über das Kriterium "Enthaltensein".

Definition 2.35: Energiemaß

Für ein Energiemaß r zweier unscharfer Menge **A** und **B** gilt

1. $r(\mathbf{A}) = 0$ für $\mathbf{A} = \emptyset$,
2. $r(\mathbf{A}) = \max$ für $\mathbf{A} = \mathbf{E}$,
3. $\forall x \in X$: $\mu_A(x) \leq \mu_B(x) \Rightarrow r(\mathbf{A}) \leq r(\mathbf{B})$.

Als Energiemaße bieten sich beispielsweise an:

$$r_1(A) = |\, \mathbf{A} \,|, \tag{2.31}$$

$$r_2(A) = \text{hgt}\,(\mathbf{A}) = \sup_{x \in X} \mu_A(x), \tag{2.32}$$

$$r_3(A) = \int_X [\mu_A(x)]^2\, dx, \quad \text{falls das Integral existiert.} \tag{2.33}$$

Bei einem vorgegebenen Entropiemaß kann leicht ein neues Energiemaß erzeugt werden, und umgekehrt. Nach [Bandemer, 1990] gilt der folgende Satz:

Satz 2.6

Sei $d_i(\mathbf{A})$ ein Entropiemaß für die unscharfe Menge **A**. Außerdem sei eine unscharfe Menge **U** gegeben mit

$$\mathbf{U} = \{(x; \mu_{½}(x)) \mid \mu_{½}(x) = ½ \ \ \forall x \in X\}.$$

Dann ist

$$r(\mathbf{A}) = d(\mathbf{A} \cap \mathbf{U}) \tag{2.34}$$

ein Energiemaß. Wenn $r_j\,(\mathbf{A})$ ein Energiemaß ist, dann ist umgekehrt

$$d(\mathbf{A}) = r(\mathbf{A} \cap \mathbf{A}^c) \tag{2.35}$$

ein Entropiemaß.

3 Unscharfe Zahlen und ihre Arithmetik

Unscharfe Zahlen sind unscharfe Mengen mit speziellen Eigenschaften. Sie spielen z.B. als mögliche Werte der Eingangs- bzw. Ausgangsgrößen eines Systems eine Rolle. In Kapitel 3.1 sollen daher zunächst einige Begriffe geklärt werden, bevor in Kapitel 3.2 näher auf die Rechenregeln eingegangen wird.

3.1 Unscharfe Zahlen

Definition 3.1: Unscharfe Zahl

Eine konvexe, normalisierte unscharfe Menge **A** auf der Menge $\mathbb{R}$ der reellen Zahlen heißt unscharfe Zahl, wenn

1. genau eine reelle Zahl a mit $\mu_A(a) = 1$ existiert und
2. $\mu_A(x)$ wenigstens stückweise stetig ist.

Die Stelle a heißt Gipfelpunkt von **A** (engl.: mean value). Eine nichtleere unscharfe Zahl heißt positiv, wenn $\forall x \leq 0$: $\mu_A(x) = 0$. Man schreibt dann **A**>0. Eine nichtleere unscharfe Zahl heißt negativ, wenn $\forall x > 0$: $\mu_A(x)=0$. Man schreibt dann **A**<0. Eine unscharfe Zahl mit vollständig stetiger Zugehörigkeitsfunktion heißt stetige unscharfe Zahl.

Beispiel 3.1

Die unscharfe Menge **A** auf $\mathbb{R}$ mit der Zugehörigkeitsfunktion

$$\mu_A(x) = \begin{cases} (1+x)/4 & x \in [-1,3] \\ (5-x)/2 \quad \text{für} & x \in (3,5] \\ 0 & \text{sonst} \end{cases}$$

ist eine unscharfe Zahl *ungefähr gleich drei.* Sie ist weder positiv noch negativ.

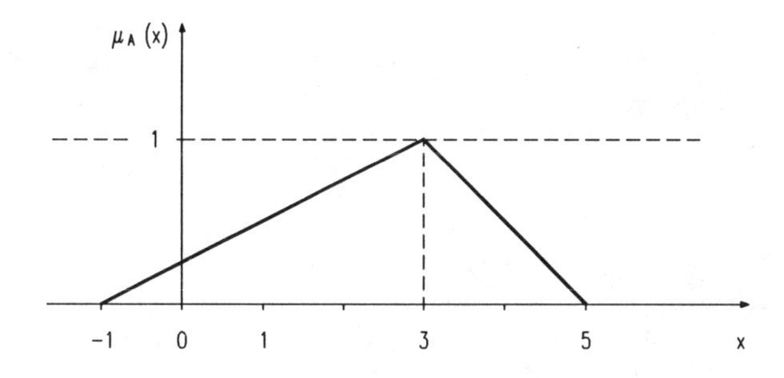

Abb. 3.1. Verlauf der Zugehörigkeitsfunktion für eine unscharfe Zahl *ungefähr gleich drei.*

Definition 3.2: Diskrete unscharfe Zahl

Eine unscharfe Menge **N** auf einer abzählbaren Grundmenge $X \subset \mathbb{R}$ heißt diskrete unscharfe Zahl, wenn eine unscharfe Zahl **A** so existiert, daß $\forall x \in X$

$$\mu_N(x) = \mu_A(x) \ .$$

Eine einfache Möglichkeit zum Erzeugen von **A** bei gegebener unscharfer Menge **N** auf einer endlichen Grundmenge ist die Verknüpfung aller Punkte $(x, \mu_N(x))$ mit Hilfe von Polygonzügen. Die Stetigkeitsbedingung (2) in Definition 3.1 ist damit erfüllt. Im folgenden Beispiel soll die Definition 3.2 verdeutlicht werden.

Beispiel 3.2

Es seien die folgenden unscharfen Mengen **A**, **B** und **C** gegeben

$$\mathbf{A} = \{(1;0.1),(2;0.7),(3;1),(4;0.8),(5;0.4),(6;0)\},$$

$$\mathbf{B} = \{(2;0),(3;0.7),(4;1),(5;1),(6;0.6),(7;0.3)\},$$

$$\mathbf{C} = \{(0;0),(1;1),(2;0.4),(3;0.7),(4;0.9),(5;1),(6;0.5),(7;0.2)\},$$

und die entstehenden Polygonzüge seien in Abbildung 3.2 aufgetragen:

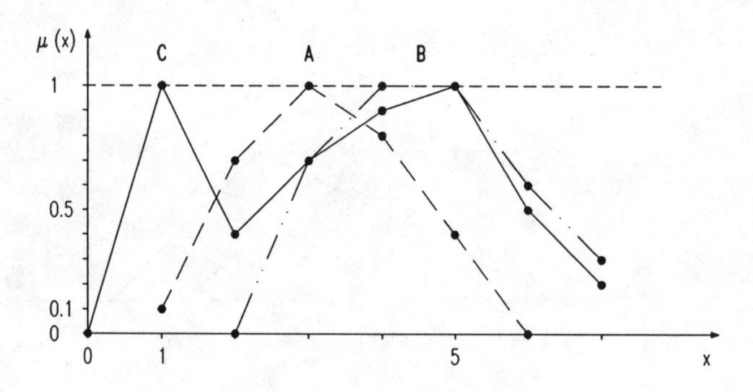

Abb. 3.2. Verläufe der Zugehörigkeitsfunktionen für drei unscharfe Mengen **A**, **B** , **C**.

Nach Definition 3.2 ist nur **A** eine diskrete unscharfe Zahl, dagegen ist **C** nicht konvex, und für **B** existiert kein eindeutiger Gipfelpunkt.

Definition 3.3: Unscharfes Intervall

Eine konvexe, normalisierte unscharfe Menge **A** auf ℝ heißt unscharfes Intervall, wenn

1. zwei reelle Zahlen m_1, m_2 existieren, so daß $\forall x \in [m_1, m_2]$ $\mu_A(x) = 1$,

2. $\mu_A(x)$ stückweise stetig ist.

Bemerkung

In Beispiel 3.2 ist **B** ein unscharfes Intervall. Neben der hier durchgeführten Unterscheidung zwischen unscharfen Zahlen und Intervallen wird manchmal die erste Bedingung von Definition 3.1 so modifiziert, daß auch unscharfe Intervalle als unscharfe Zahlen betrachtet werden.

3.2 Erweiterungsprinzip

Zur Ableitung von Rechenregeln zwischen unscharfen Zahlen wird das in seiner ersten Version von [Zadeh, 1965/1973] vorgestellte "Erweiterungsprinzip" herangezogen. Damit entsteht ein Instrument zur Übertragung mathematischer Konzepte für scharfe Mengen/Zahlen auf unscharfe Mengen/Zahlen. Damit entsteht die Möglichkeit, Abbildungen in Form von Funktionen und Relationen zwischen unscharfen Zahlen und Mengen zu definieren. Zu diesem Zweck wird zunächst der Begriff "kartesisches Produkt" auf unscharfe Mengen erweitert.

Definition 3.4: Kartesisches Produkt zwischen unscharfen Mengen

Seien $\mathbf{A}_1,\ldots,\mathbf{A}_n$ unscharfe Mengen auf $X_1, \ldots, X_n$. Dann ist das kartesische Produkt $\mathbf{A}_1 \otimes \ldots \otimes \mathbf{A}_n$ eine unscharfe Menge im Produktraum $X = X_1 \times \ldots \times X_n$ mit

$$\mu_{kp}(x_1, \ldots, x_n) = \min [\ \mu_{Ai}(x_i) \mid i = 1,\ldots,n,\ x_i \in X_i].$$

Beispiel 3.3 (kartesisches Produkt)

Es seien

$$\mathbf{A}_1 = \{(4;0.4), (5;0.7), (6;1), (7;0.4)\} \text{ und}$$

$$\mathbf{A}_2 = \{(2;0.1), (3;0.6), (4;1), (5;0.7), (6;0.3)\}.$$

Dann ergibt sich $\mu_{kp}(x_1, x_2)$ als zweidimensionale Zugehörigkeitsmatrix des kartesischen Produkts $\mathbf{A}_1 \otimes \mathbf{A}_2$ zu

$\mu_{kp}(x_1, x_2)$:

x_1 \ x_2	2	3	4	5	6
4	0.1	0.4	0.4	0.4	0.3
5	0.1	0.6	0.7	0.7	0.3
6	0.1	0.6	1	0.7	0.3
7	0.1	0.4	0.4	0.4	0.3

Die Verwendung des Min-Operators bei der Definition des kartesischen Produkts bedeutet, daß die entstehenden Wertetupel mit dem kleinsten beteiligten Zugehörigkeitswert zum Produktraum gehören. Auf der Basis des kartesischen Produkts kann jetzt eine allgemeine Vorschrift zur Festlegung von Rechenvorschriften im Bereich unscharfer Mengen bzw. Zahlen definiert werden.

Definition 3.5: Erweiterungsprinzip (EWP)

Gegeben seien

1. n+1 Grundmengen $X_1, \ldots, X_n, Y$,
2. n unscharfe Mengen $\mathbf{A}_i$ auf X_i mit den Zugehörigkeitsfunktionen $\mu_i(x)$, $i = 1, \ldots, n$,
3. eine Abbildung $f: X_1 \times \ldots \times X_n \rightarrow Y$ mit $y = f(x_1, \ldots, x_n)$ und $y \in Y$.

Die Abbildung $f(\mathbf{A}_1, \ldots, \mathbf{A}_n)$ führt zu einer unscharfen Menge $\mathbf{B}$ auf Y mit

$$\mathbf{B} = \{(y; \mu_B(y)) \mid y = f(x_1, \ldots, x_n), (x_1, \ldots, x_n) \in X_1 \times \ldots \times X_n\},$$

wobei sich die Zugehörigkeitsfunktion $\mu_B(y)$ ergibt nach

$$\mu_B(y) = \begin{cases} \sup\limits_{y = f(x1, \ldots, xn)} \min\,[\mu_1(x_1), \ldots, \mu_n(x_n)], & \text{falls } \exists y = f(x_1, \ldots, x_n) \\ 0 & \text{sonst.} \end{cases}$$

Nach Definition 3.5 berechnet sich $\mu_B(y)$ aus dem Supremum für $\mu_{kp}(x_1, \ldots, x_n)$ mit den zum Ergebniswert $y=f(x_1,\ldots,x_n)$ führenden n-Tupeln $(x_1,\ldots,x_n)$.

Für den Sonderfall n = 1 entfällt die Berechnung des kartesischen Produkts, und das EWP vereinfacht sich zu

$$\mathbf{B} = f(\mathbf{A}) = \{(y;\mu_B(y)) \mid y = f(x), x \in X\} \text{ mit}$$

$$\mu_B(y) = \begin{cases} \sup\limits_{y=f(x)} \mu_A(x) & \text{falls } y = f(x) \text{ existiert,} \\ 0 & \text{sonst.} \end{cases} \tag{3.1}$$

Beispiel 3.4 (eindimensionale quadratische Funktion)
Es seien gegeben

$$f(x) = x^2 + 1 \text{ und } \mathbf{A} = \{(-1;0.5), (0;0.08), (1;1), (2;0.4)\}.$$

Nach (3.1) berechnet sich die Ergebnismenge $\mathbf{B} = f(\mathbf{A})$ zu

$$\mathbf{B} = \{(1;0.08), (2;1), (5;0.4)\}.$$

Die Abbildung $\mathbf{B} = f(\mathbf{A})$ läßt sich wie folgt graphisch darstellen, wobei S(**A**) und S(**B**) die Stützmengen von **A** und **B** sind:

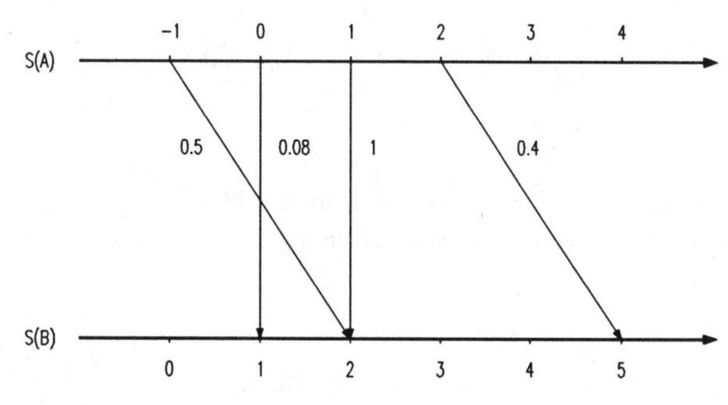

Abb. 3.3. Darstellung der Abbildung $\mathbf{B} = f(\mathbf{A})$ mit $f(x) = x^2 + 1$.

Beispiel 3.5 (erweiterte Addition zweier unscharfer Mengen)
Es seien die unscharfen Mengen $\mathbf{A_1}$ und $\mathbf{A_2}$ (entsprechend Beispiel 3.3) gegeben mit

$$\mathbf{A_1} = \{(4;0.4), (5;0.7), (6;1), (7;0.4)\} \text{ und}$$

$$\mathbf{A_2} = \{(2;0.1), (3;0.6), (4;1), (5;0.7), (6;0.3)\}$$

sowie die Funktion

$$f(x_1, x_2) = x_1 + x_2 \text{ mit } x_1 \in \mathbf{A_1} \text{ und } x_2 \in \mathbf{A_2}.$$

Die unscharfe Ergebnismenge $\mathbf{B} = f(\mathbf{A_1}, \mathbf{A_2})$ berechnet man mit Hilfe des kartesischen Produkts nach Beispiel 3.3 zu

$$\mathbf{B} = \{(6;0.1), (7;0.4), (8;0.6), (9;0.7), (10;1), (11;0.7), (12;0.4), (13;0.3)\}.$$

Die Werte $y < 6$ oder $y > 13$ können dabei durch Addition von $\mathbf{A_1}$ und $\mathbf{A_2}$ nicht erreicht werden.

Die erweiterte Addition wird auch als $\mathbf{B} = \mathbf{A_1} \oplus \mathbf{A_2}$ geschrieben. Das Ergebnis kann graphisch durch Maximumbildung innerhalb der angedeuteten Diagonalspuren der Zugehörigkeitsmatrix für das kartesische Produkt dargestellt werden:

$\mu_{kp}(x_1, x_2)$:

x_1 \ x_2	2	3	4	5	6
4	0.1	0.4	0.4	0.4	0.3
5	0.1	0.6	0.7	0.7	0.3
6	0.1	0.6	1	0.7	0.3
7	0.1	0.4	0.4	0.4	0.3

Beispiel 3.6 (erweiterte Subtraktion zweier unscharfer Mengen)
Es seien zwei unscharfe Mengen $\mathbf{A_1}$ und $\mathbf{A_2}$ entsprechend Beispiel 3.5 gegeben sowie die Funktion

$$f(x_1, x_2) = x_1 - x_2 \text{ mit } x_1 \in \mathbf{A_1} \text{ und } x_2 \in \mathbf{A_2}.$$

Die unscharfe Ergebnismenge $\mathbf{B} = f(\mathbf{A}_1, \mathbf{A}_2) = \mathbf{A}_1 \ominus \mathbf{A}_2$ beschreibt eine Subtraktion $(\approx 6) - (\approx 4)$ und berechnet sich mit Hilfe des kartesischen Produkts nach Beispiel 3.5 zu

$$\mathbf{B} = \{(-2;0.3), (-1;0.4), (0;0.7), (1;0.7), (2;1), (3;0.6), (4;0.4), (5;0.1)\}.$$

Die Werte $y < -2$ oder $y > 5$ können dabei durch Subtraktion von $\mathbf{A}_1$ und $\mathbf{A}_2$ nicht erreicht werden. Als Ergebnis entsteht eine unscharfe Zahl (≈ 2).

Das Ergebnis kann graphisch durch Maximumbildung innerhalb der angedeuteten Diagonalspuren der Zugehörigkeitsmatrix für das kartesische Produkt dargestellt werden:

$\mu_{kp}(x_1, x_2)$:

x_1 \ x_2	2	3	4	5	6
4	0.1	0.4	0.4	0.4	0.3
5	0.1	0.6	0.7	0.7	0.3
6	0.1	0.6	1	0.7	0.3
7	0.1	0.4	0.4	0.4	0.3

Die erweiterte Multiplikation und die erweiterte Division von unscharfen Zahlen lassen sich nach der gleichen Methode wie in den beiden obigen Beispielen berechnen. Die auf den Bereich der unscharfen Zahlen erweiterten Grundrechen-Operatoren werden im folgenden in der Notation « $\oplus, \ominus, \odot, \oplus$ » geschrieben.[1] Es bleibt die Frage offen, ob bzw. wann das Rechenergebnis wieder eine unscharfe Zahl ist. Die Untersuchung kann für verschiedene Operatoren generalisiert werden. Sei allgemein $\square$ eine zweistellige Operation auf $\mathbb{R}$, die für den Bereich der unscharfen Zahlen zu einer Operation $\blacksquare$ erweitert wird. Durch die Verknüpfung $\mathbf{A} \blacksquare \mathbf{B}$ entsteht nach dem EWP eine unscharfe Menge mit der Zugehörigkeitsfunktion

$$\mu_{A \blacksquare B}(y) = \sup_{y = x1 \square x2} \{ \min [\mu_A(x_1), \mu_B(x_2)] \}. \tag{3.2}$$

[1] Eine Erweiterung auf mehr als zweistellige Operatoren wird z.B. in [Dubois&Prade, 1979] diskutiert.

Aus (3.2) folgt unmittelbar der folgende Satz.

Satz 3.1

1. Für jede kommutative Verknüpfung □ ist auch ■ kommutativ.
2. Für jede assoziative Verknüpfung □ ist auch ■ assoziativ.[1]

Zur leichteren Formulierung der beiden nachfolgenden Sätze dient die folgende Definition.

Definition 3.6: Monotonie

Eine zweistellige Verknüpfung □ auf einem Grundbereich[2] $\mathbb{R}$, $\mathbb{R}^+$ bzw. $\mathbb{R}^-$ heißt streng monoton steigend (bzw. fallend), falls für $x_1 > y_1 \wedge x_2 > y_2$ gilt:

$$x_1 \,\square\, x_2 > y_1 \,\square\, y_2 \quad (\text{bzw. } x_1 \,\square\, x_2 < y_1 \,\square\, y_2).$$

Beispiel 3.7

$f(x_1, x_2) = x_1 + x_2$	ist streng monoton steigend auf $\mathbb{R}$,
$f(x_1, x_2) = x_1 \cdot x_2$	ist streng monoton steigend auf $\mathbb{R}^+$,
$f(x_1, x_2) = -(x_1 + x_2)$	ist streng monoton fallend auf $\mathbb{R}$,
$f(x_1, x_2) = x_1 / x_2$	ist weder streng monoton steigend noch monoton fallend auf $\mathbb{R}$.

---

[1] Bei Gültigkeit der Assoziativität lassen sich auch rekursive Berechnungsalgorithmen definieren.

[2] Der Grundbereich für die Operation wird eindimensional angegeben, weil diese zwischen zwei Operatoren gleichen Grundbereichs ausgeführt wird.

Satz 3.2

Seien **A** und **B** zwei stetige unscharfe Zahlen und □ eine stetige, streng monotone Operation auf $\mathbb{R}$. Dann bildet das Ergebnis **A ■ B** ebenfalls eine stetige unscharfe Zahl.

Als praktische Grundlage zur Berechnung des Verknüpfungsergebnisses kann der Satz 3.3 (siehe auch [Rommelfanger, 1988]) dienen. Die Methode besteht darin, die Zugehörigkeitsfunktionen $\mu_A(x)$ und $\mu_B(x)$ jeweils in einen monoton steigenden und einen monoton fallenden Ast aufzuteilen und die steigenden bzw. fallenden Äste von **A** und **B** gemeinsam zu behandeln. Falls Plateaus auftreten, werden diese in einem gemeinsamen Rechenschritt bearbeitet.

Satz 3.3

Seien **A** und **B** zwei stetige unscharfe Zahlen und □ eine stetige, streng monotone Operation. Seien außerdem $[a_1, a_2]$ und $[b_1, b_2]$ die Intervalle, in denen $\mu_A(x)$ und $\mu_B(x)$ monoton steigen (bzw. fallen). Wenn Teilintervalle $[\alpha_1, \alpha_2] \subseteq [a_1, a_2]$ und $[\beta_1, \beta_2] \subseteq [b_1, b_2]$ existieren mit

$$\mu_A(x_A) = \mu_B(x_B) = \lambda \qquad \forall x_A \in [\alpha_1, \alpha_2],\ x_B \in [\beta_1, \beta_2],$$

gilt:

$$\mu_{A \blacksquare B}(t) = \lambda \qquad \forall t \in [\alpha_1 \square \beta_1, \alpha_2 \square \beta_2].$$

Bemerkungen

1. Wenn $(\alpha_1 = \alpha_2) \vee (\beta_1 = \beta_2)$ gilt, dann wird die Operation punktweise im Teilintervall des Astes mit Plateau ausgeführt.

2. Wenn $(\alpha_1 = \alpha_2) \wedge (\beta_1 = \beta_2)$ gilt, führt das Durchsteppen der jeweiligen Teiläste von **A** und **B** im Wertebereich [0,1] genau an der Stelle $t = x_A \square x_B$ zum Zugehörigkeitswert $\mu_{A \blacksquare B}(t) = \lambda$.

3. Der Satz 3.2 läßt sich so interpretieren, daß die zu erweiternde Operation zum Berechnen von Stellen mit bestimmtem Zugehörigkeitswert der erweiterten Operation verwendet wird.

Beispiel 3.8 (nochmals erweiterte Addition zweier unscharfer Zahlen)
Es seien die beiden unscharfen Zahlen **A** und **B** nach Abbildung 3.4 gegeben, die nach Satz 3.3 addiert werden sollen. Als Ergebnis entsteht die unscharfe Zahl **C**.

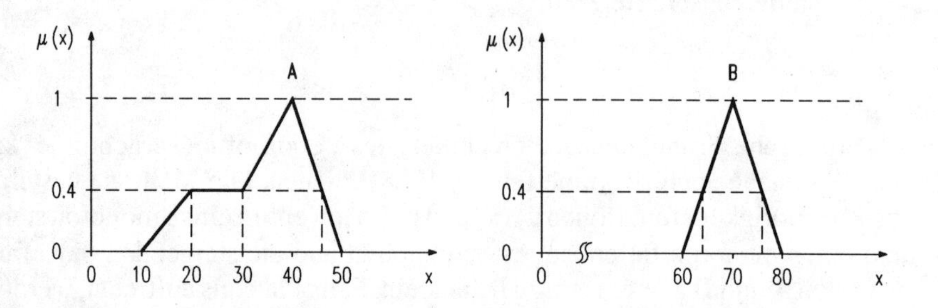

Abb. 3.4. Zugehörigkeitsfunktionen zweier unscharfer Zahlen **A** und **B**, die zu addieren sind.

Nach Satz 3.3 gilt beispielsweise für den linken Teilast von **C**

$$\mu_{A \oplus B}(t_L) = 0.4 \quad \forall t_L \in [20 + 64, 30 + 64],$$

für den rechten Teilast von **C** ergibt sich ein Zugehörigkeitswert von 0.4 an der Stelle $t_R = 46 + 76 = 122$. Der Gipfelpunkt von **C** liegt an der Stelle $c_0 = 40 + 70 = 110$. Die Stützmenge von **C** ergibt sich zu S(**C**) = [10+60, 50+80] = [70, 130].

Die erweiterte Addition von **A** und **B** führt damit zu der folgenden unscharfen Zahl **C**:

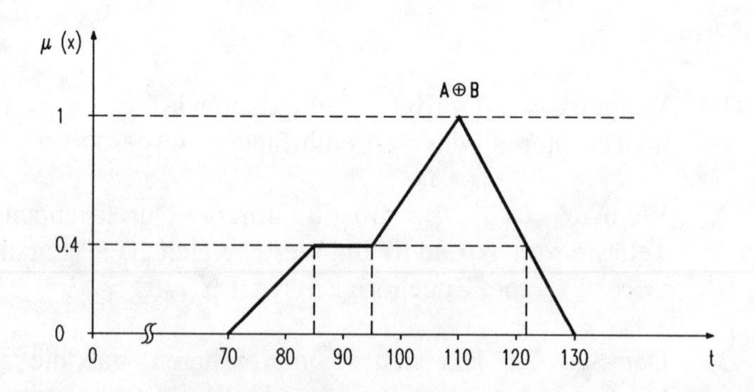

Abb. 3.5. Verlauf der Zugehörigkeitsfunktion von **C** = **A** ⊕ **B**.

Beispiel 3.9

Seien **A** und **B** unscharfe Zahlen auf **P**(X) entsprechend der Abbildung 3.6. Dann ist **max** (**A**, **B**) eine streng monoton steigende Funktion auf $\mathbb{R}$. Nach Satz 3.2 ist damit **C** = **max** (**A**, **B**) ebenfalls eine unscharfe Zahl. Nach Satz 3.3 ergibt sich der Verlauf der Zugehörigkeitsfunktion für **C** wie folgt:

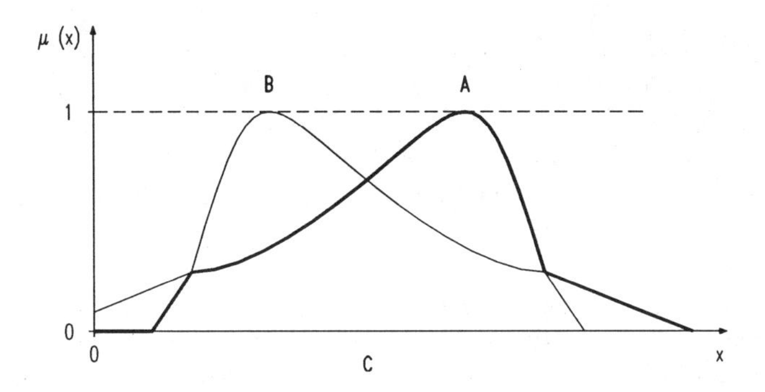

Abb. 3.6. Erweiterte Bildung des Maximums von zwei unscharfen Zahlen **A** und **B**.

Eine Erweiterung der Berechnungsmethode nach Satz 3.3 auf beliebige stetige unscharfe Mengen kann durch Zerlegung in Intervalle mit streng monotonem oder konstantem Verlauf durchgeführt werden. Dabei entsteht allerdings ein relativ großer numerischer Rechenaufwand.

Neben dem in Definition 3.5 angegebenen Erweiterungsprinzip existieren weitere Vorschläge zur Übertragung von Abbildungsvorschriften der konventionellen Mathematik in den Bereich unscharfer Mengen oder Zahlen, z.B.:

1. Ersatz des logischen "und" (min) im kartesischen Produkt durch das algebraische Produkt bzw. den γ-Operator,

2. Ersatz der Supremumbildung durch die algebraische Summe.

3.3 LR-Zahlen und erweiterte Grundrechenarten

Das Rechnen mit unscharfen Zahlen kann durch die Forderung vereinfacht werden, daß für die beiden Teiläste der Zugehörigkeitsfunktion links und rechts des Gipfelpunkts nur Funktionen eines bestimmten, vorgegebenen Typs zugelassen sind. Dazu werden Forderungen an die Verläufe der Teiläste gestellt, die sicherstellen sollen, daß es sich bei den dargestellten unscharfen Mengen um unscharfe Zahlen handelt. Damit ergibt sich eine Auswahl von möglichen Funktions-verläufen. So entstehen unscharfe Zahlen, die sich einem bestimmtenTyp zuordnen lassen. Werden diese miteinander verknüpft, so lassen sich auch die Rechenergebnisse wieder im selben Schema dargestellen. Unter Umständen ist allerdings eine Approximation des tatsächlichen Ergebnisses notwendig, um eine unscharfe Zahl vom selben Typ zu erhalten. Eine relevante Verlaufsfunktion für die Teiläste unscharfer Zahlen heißt Referenzfunktion, die unscharfen Zahlen selbst heißen in dieser Darstellung LR-Zahlen. Sehr häufig werden die Referenzfunktionen aus Geradenabschnitten zusammengesetzt, so daß LR-Zahlen vom Dreieckstyp entstehen. Im folgenden sollen die genauen Definitionen angegeben werden.

Definition 3.7: Referenzfunktion

Eine Funktion S: $[0, \infty) \to [0, 1]$ heißt Referenzfunktion (engl.: shape function), falls

1. $S(0) = 1$,

2. S monoton fallend ist im Bereich $[0, \infty)$.

Gebräuchliche Beispiele sind die folgenden parametrischen Referenzfunktionen, bei denen das Argument u = u(x) eine Funktion von den Elementen x des Grundbereichs X der unscharfen Zahl ist:

$$S_1(u) = (1 + u^p)^{-1}, \quad S_2(u) = \exp(-u^p), \quad S_3(u) = \max(0, 1 - u^p),$$

wobei $p > 0$ ein konstanter Einstellparameter ist.

Definition 3.8: LR-Zahl

Es seien $\mathbf{A} \in \mathbf{P}(X)$ mit $\mu_A(a) = 1$ sowie L(u) und R(u) zwei Referenzfunktionen. Dann ist **A** eine LR-Zahl (bzw. eine unscharfe Zahl vom Typ LR) , wenn gilt:

$$\mu_A(x) = \begin{cases} L[(a - x)/\alpha] & \text{für} \quad x \leq a \ \text{ und } \alpha > 0, \\ R[(x - a)/\beta] & \phantom{\text{für}} \quad x \geq a \ \text{ und } \beta > 0. \end{cases}$$

Der Koeffizient a heißt Gipfelpunkt von **A** mit $\mu_A(a) = L(0) = R(0) = 1$, α und β heißen linke und rechte Spannweite von **A**. Der Fall $\alpha=\beta=0$ charakterisiere die scharfe Zahl a. Mit wachsenden Spannweiten wird **A** unschärfer. Für LR-Zahlen wird die folgende abkürzende Notation eingeführt:

$$\mathbf{A} = < a; \alpha; \beta >_{LR} .$$

Beispiel 3.10

Es sei die unscharfe Zahl **A**: *ungefähr gleich fünf* mit den beiden links- und rechtsseitigen Referenzfunktionen

$$L(u) = \max\,[0, 1 - u] \quad \text{und} \quad R(u) = [1 + u^2]^{-1}$$

gegeben. Nach Definition 3.8 bedeutet dies für den linken Teilast der Zugehörigkeitsfunktion

$$\begin{aligned} L(u(x)) &= \max\,[0, 1 - (a - x)/\alpha] \\ &= \max\,[0, 1/\alpha \cdot x + (\alpha - a)/\alpha] \end{aligned}$$

und für den rechten Teilast

$$R(u(x)) = [1 + [(x - a)/\beta]^2]^{-1}.$$

Bei L(u) handelt es sich offensichtlich bereichsweise um eine Gerade mit positiver Steigung $\Delta\mu/\Delta x = 1/\alpha$. Der Term max [0, .] begrenzt L(u) auf positive Werte. Die sich daraus ergebende Knickstelle x_L von L(u(x)) berechnet sich zu

$$x_L = a - \alpha, \quad \text{wobei} \quad L(u(x_L)) = 0.$$

Für den speziellen Fall **A** = < 5; 2; 1 > gilt für den linken Teilast der Zugehörigkeitsfunktion

$$L(u(x)) \quad = \max\,[0,\, x/2 - 3/2]$$

und für den rechten Teilast

$$R(u(x)) \quad = [1 + [(x - 5)]^2]^{-1}.$$

Zugehörigkeitsfunktion und Referenzfunktionen lassen sich wie in Abbildung 3.7 graphisch darstellen.

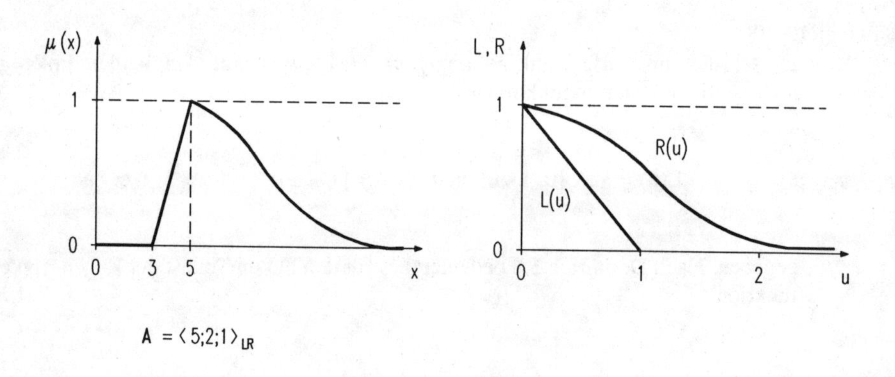

Abb. 3.7. Zugehörigkeitsfunktion (links) und Referenzfunktionen (rechts) der unscharfen Zahl *ungefähr gleich fünf*.

Für LR-Zahlen sollen jetzt die Grundrechenarten nach dem in Definition 3.5 genannten EWP genauer untersucht werden. Dabei ist sowohl zu unterscheiden, ob die zu verknüpfenden unscharfen Zahlen vom gleichen Typ sind oder nicht, als auch, ob sie positiv, negativ oder weder positiv noch negativ sind. Es werden die wichtigsten Fälle vorgestellt, wobei die weder positiven noch negativen unscharfen Zahlen aber nicht berücksichtigt werden.

Erweiterte Addition

Gleicher LR-Typ: $M = \langle m; \alpha; \beta \rangle_{LR}$, $N = \langle n; \gamma; \delta \rangle_{LR}$

Existieren zu jedem festen Wert $\lambda \in [0, 1]$ eineindeutig bestimmte reelle Zahlen x und y mit

$$L[(m - x) / \alpha] = \lambda = L[(n - y) / \gamma], \tag{3.3a}$$

dann gilt nach Satz 3.3:

$$x = m - \alpha L^{-1}(\lambda), \quad y = n - \gamma L^{-1}(\lambda) \text{ und}$$

$$z = x + y = m + n - (\alpha + \gamma) L^{-1}(\lambda). \tag{3.3b}$$

Also gilt:

$$\frac{(m + n) - z}{\alpha + \gamma} = L^{-1}(\lambda) \Rightarrow L\left[\frac{(m + n) - z}{\alpha + \gamma}\right] = \lambda. \tag{3.3c}$$

Analog ergibt sich für die rechten Teiläste von **M** und **N**

$$R\left[\frac{z - (m + n)}{\beta + \delta}\right] = \lambda. \tag{3.3d}$$

Daraus folgt für das Additionsergebnis

$$\langle m; \alpha; \beta \rangle_{LR} \oplus \langle n; \gamma; \delta \rangle_{LR} = \langle m+n; \alpha+\gamma; \beta+\delta \rangle_{LR}. \tag{3.4}$$

Durch die Substitution $u_L = (m-x)/\alpha$ und $u_R = (x-m)/\beta$ wird die Abhängigkeit von x eliminiert, so daß die extrem einfache symbolische Berechnungsmethode (3.4) angewendet werden kann. Diese gilt für beliebige Referenzfunktionen, die die Bedingung (3.3a) erfüllen.

Beispiel 3.11

Seien $\mathbf{M} = \langle 5; 3; 1 \rangle_{LR}$ und $\mathbf{N} = \langle 3; 1; 2 \rangle_{LR}$ Repräsentanten der unscharfen Zahlen *ungefähr gleich fünf* und *ungefähr gleich drei.* Dann ist $\mathbf{M} \oplus \mathbf{N} = \langle 8; 4; 3 \rangle_{LR}$.

Darstellung für den Fall $L(u) = \max[0, 1 - u]$, $R(u) = \max[0, 1 - u^2]$:

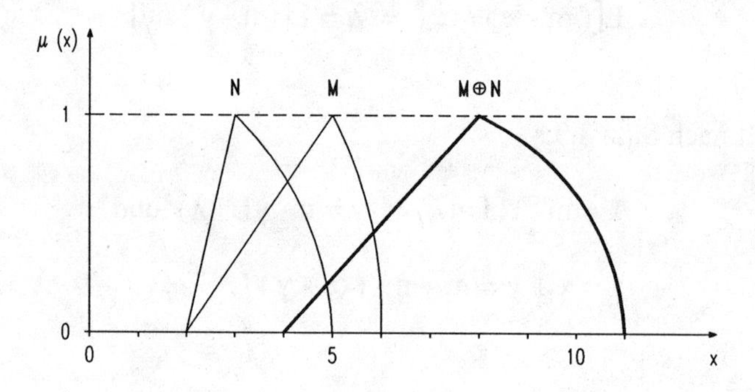

Abb. 3.8. Addition $\mathbf{M} \oplus \mathbf{N}$ (fett) zweier unscharfer Zahlen **M** und **N**.

Unterschiedlicher LR-Typ: $\boldsymbol{M} = \langle m; \alpha; \beta \rangle_{LR}$, $\mathbf{N} = \langle n; \gamma; \delta \rangle_{L'R'}$

Eine analoge Beweisführung wie im obigen Fall führt zu

$$\langle m; \alpha; \beta \rangle_{LR} \oplus \langle n; \gamma; \delta \rangle_{L'R'} = \langle m + n; 1; 1 \rangle_{L''R''} \tag{3.5a}$$

mit den beiden von den ursprünglichen Funktionen L(u) und R(u) abweichenden Referenzfunktionen

$$L'' = (\alpha L^{-1} + \gamma L'^{-1})^{-1} \quad \text{und} \quad R'' = (\beta R^{-1} + \delta R'^{-1})^{-1}. \tag{3.5b}$$

Erweiterte Negation: $\ominus$ **N**

Nach dem Erweiterungsgesetz bzw. Satz 3.3 gilt $\mu_{\ominus N}(x) = \mu_N(-x)\ \forall x \in \mathbb{R}$. Die Negation einer unscharfen Zahl **N** erfolgt also durch Invertieren des Gipfelpunktes $n \rightarrow -n$ und anschließendes Vertauschen der beiden Teiläste R(u) und L(u). Aus einer ursprünglich positiven Zahl vom Typ LR wird eine negative Zahl vom Typ RL. Es gilt:

$$\ominus < n; \alpha; \beta >_{LR} = \quad < -n; \beta; \alpha >_{RL} . \tag{3.6}$$

Erweiterte Subtraktion: **M**$\ominus$ **N** (mit **M**, **N** > 0)

Die Subtraktion kann als Addition einer negativen Zahl aufgefaßt werden. Es gilt beispielhaft

$$<m; \alpha; \beta>_{LR} \ominus <n; \gamma; \delta>_{RL} = \ <m; \alpha; \beta>_{LR} \oplus <-n; \delta; \gamma>_{LR}$$

$$= \ < m - n; \alpha + \delta; \beta + \gamma >_{LR}. \tag{3.7}$$

Bei (3.7) ist darauf zu achten, daß die zu addierenden Zahlen vom gleichen Typ sind, d.h. bei einem Minuenden vom LR-Typ muß der Subtrahend vom RL-Typ sein.

Beispiel 3.12

Seien **M** $= < 5; 3; 1 >_{LR}$ und **N** $= < 4; 1; 1 >_{RL}$. Dann ist

$$\mathbf{M} \ominus \mathbf{N} \ = \ < 1; 4; 2 >_{LR}.$$

Darstellung für den Fall L(u) = R(u) = max [0, 1 - u]:

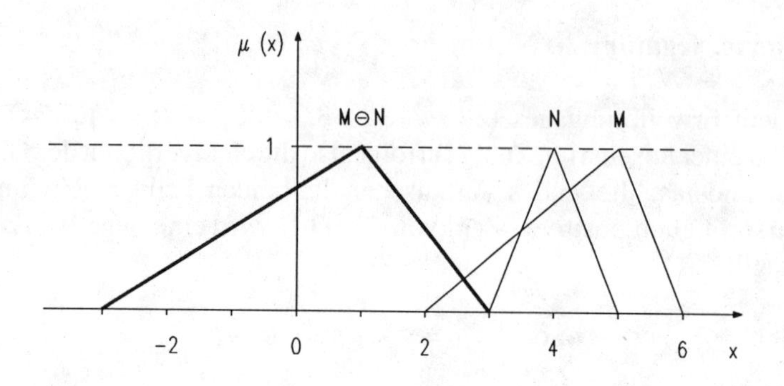

Abb. 3.9. Subtraktion **M** ⊖ **N** (fett) zweier unscharfer Zahlen **M** und **N**.

Erweiterte Multiplikation

Es sollen die Sonderfälle mit positiven bzw. negativen unscharfen Zahlen des gleichen LR-Typs behandelt werden. Falls Multiplikant oder Multiplikator weder positiv noch negativ sind, gilt das Folgende für die entsprechenden Teiläste analog. Es entsteht allerdings erheblich mehr Rechenaufwand.

Erweiterte Multiplikation einer unscharfen Zahl mit einem Skalar

Die Darstellung des Ergebnisses ist abhängig vom Vorzeichen des Skalars. Für den Fall $\lambda < 0$ werden analog zu (3.7) die beiden Teiläste des Ergebnisses vertauscht. Es gilt:

$$\lambda > 0: \quad \lambda \odot < m; \alpha; \beta>_{LR} \; = < \lambda m; \lambda\alpha; \lambda\beta >_{LR} , \tag{3.8a}$$

$$\lambda < 0: \quad \lambda \odot < m; \alpha; \beta>_{LR} \; = < \lambda m; -\lambda\beta; -\lambda\alpha >_{RL} . \tag{3.8b}$$

Erweiterte Multiplikation zweier unscharfer Zahlen ***M, N > 0***

Entsprechend (3.3b) folgt

$$z = x \cdot y = m \cdot n - (m\gamma + n\alpha)\, L^{-1}(h) + \alpha\gamma\, [L^{-1}(h)]^2 . \tag{3.9}$$

Damit führt die Auflösung nach $L^{-1}(h)$ im allgemeinen nicht zum vorgegebenen LR-Typ für $\mathbf{M} \odot \mathbf{N}$. Es können jedoch Näherungsformeln angegeben werden. So ergibt sich beispielsweise:

1. $\alpha\gamma \prec m\gamma + n\alpha$ (quadratischer Ausdruck in (3.9) vernachlässigt):

$$\Rightarrow \quad \mathbf{M} \odot \mathbf{N} \approx < mn; m\gamma + n\alpha; m\delta + n\beta >_{LR}, \tag{3.10}$$

2. $\alpha\gamma \nprec m\gamma + n\alpha$ (quadratischer Ausdruck in (3.9) durch linearen ersetzt)

$$\Rightarrow \quad \mathbf{M} \odot \mathbf{N} \approx < mn; m\gamma + n\alpha - \alpha\gamma; m\delta + n\beta + \beta\delta >_{LR}. \tag{3.11}$$

Die Näherung nach (3.10) gibt den Funktionsverlauf in der Nähe des Gipfelpunktes wieder. Die Näherung nach (3.11) geht auf einen Vorschlag von [Dubois&Prade, 1980] zurück. Wenn der quadratische Term in (3.9) durch einen linearen Term ersetzt wird, läßt sich (3.9) eindeutig nach L^{-1} auflösen. Die approximierte Zugehörigkeitsfunktion vom LR-Typ stimmt dann in den folgenden drei Punkten mit dem tatsächlichen Verlauf von $\mu_{M \odot N}(x)$ überein (was leicht nachzurechnen ist):

$$P_1 = [mn; 1], P_2 = [(m-\alpha)(n-\gamma); L(1)], P_3 = [(m+\beta)(n+\delta); R(1)].$$

Beispiel 3.13

Seien die unscharfen Zahlen $\mathbf{M} = < 3; 1; 2 >_{LR}$ und $\mathbf{N} = < 4; 2; 1 >_{LR}$ mit den beiden Referenzfunktionen $L(u) = R(u) = \max [0, 1 - u]$ gegeben. Als Approximationen für $\mathbf{M} \odot \mathbf{N}$ mit der Forderung nach gleichem LR-Typ ergeben sich nach (3.10) bzw. (3.11)

$$[\mathbf{M} \odot \mathbf{N}]_1 = < 12; 10; 11 >_{LR} \quad \text{bzw.} \quad [\mathbf{M} \odot \mathbf{N}]_2 = < 12; 8; 13 >_{LR}.$$

Den Verlauf der exakten sowie der beiden approximierten Zugehörigkeitsverläufe zeigt die Abbildung 3.8.

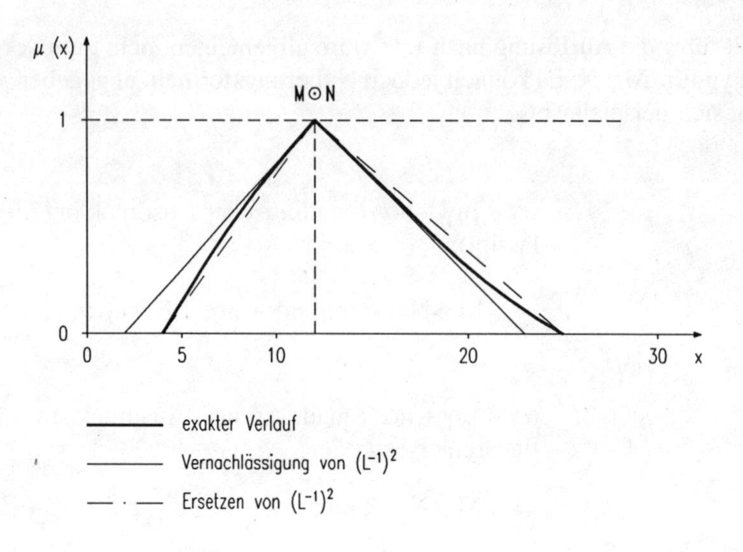

Abb. 3.10. Exakte und approximierte Zugehörigkeitsverläufe bei der erweiterten Multiplikation.

Erweiterte Multiplikation zweier unscharfer Zahlen ($M>0 \wedge N<0$)$\vee$($M<0 \wedge N>0$)

Um die Multiplikation $\mathbf{M} \odot \mathbf{N}$ mit einfachen Formeln durchführen zu können, sollen beide Faktoren vom gleichen LR-Typ sein. Es wird $\mathbf{M} = \langle m; \alpha; \beta \rangle_{LR} > 0$ und $\mathbf{N} = \langle n; \gamma; \delta \rangle_{RL} < 0$ angenommen. Mit der Identität

$$\mathbf{M} \odot \mathbf{N} = \ominus [\mathbf{M} \odot (\ominus \mathbf{N})] \tag{3.12a}$$

ergibt sich analog zu (3.9) und (3.11) die Approximation

$$\langle m; \alpha; \beta \rangle_{LR} \odot \langle n; \gamma; \delta \rangle_{RL} = \langle mn; m\gamma - n\beta + \beta\gamma; m\delta - n\alpha - \alpha\delta \rangle_{RL} . \tag{3.12b}$$

Erweiterte Multiplikation zweier unscharfer Zahlen $\boldsymbol{M, N} < 0$

Wenn beide Faktoren vom gleichen LR-Typ sind, ergibt sich nach (3.12b) die Approximation

$$< m; \alpha; \beta >_{LR} \odot < n; \gamma; \delta >_{LR} = < mn; -m\delta-n\beta-\beta\delta; -m\gamma-n\alpha+\alpha\gamma >_{RL} . \tag{3.13}$$

Erweiterter Kehrwert einer unscharfen Zahl

Der Kehrwert $\mathbf{M}^{-1}$ einer unscharfen Zahl berechnet sich nach dem Erweiterungsprinzip bzw. nach Satz 3.3 zu

$$\mu_{M-1}(x) = \mu_M(1/x) \quad \forall x \in \mathbb{R} \setminus \{0\}. \tag{3.14}$$

Für den Kehrwert $\mathbf{M}^{-1}$ einer positiven LR-Zahl $\mathbf{M} = < m; \alpha; \beta >_{LR}$ gilt damit:

$$\mu_{M-1}(x) = \begin{cases} R\,[(1/x - m) / \beta] & \text{für} \quad x \leq 1/m \\ L\,[(m - 1/x) / \alpha] & \phantom{\text{für}} \quad x \geq 1/m, \end{cases} \tag{3.15a}$$

$$= \begin{cases} R\,[(1 - mx) / \beta x] & \text{für} \quad x \leq 1/m \\ L\,[(mx - 1) / \alpha x] & \phantom{\text{für}} \quad x \geq 1/m. \end{cases} \tag{3.15b}$$

Danach ist $\mathbf{M}^{-1}$ weder eine LR-Zahl noch eine RL-Zahl vom geforderten alten Typ. Ähnlich wie bei der Multiplikation können jedoch auch hier Näherungsformeln angegeben werden.

Näherung für die Umgebung des neuen Gipfelpunktes $x = 1/m$

Es gilt:

$$(x - 1/m) / (\alpha x / m) \approx (x - 1/m) / (\alpha / m^2),$$

$$(m - 1/x) / (\beta x / m) \approx (m - 1/x) / (\beta / m^2),$$

also

$$\mathbf{M}^{-1} = < m; \alpha; \beta >_{LR}^{-1} \approx < 1/m; \beta/m^2; \alpha/m^2 >_{RL}. \tag{3.16}$$

Für den Fall $x > 1/m$ ist diese Näherung stets kleiner als die exakte Lösung, für den Fall $x < 1/m$ stets größer. Sie ist daher linkslastig. Das drückt sich auch in der Berechnung der Stützmengen von $\mathbf{M}^{-1}$ aus:

exakte Lösung: $S(\mathbf{M}^{-1}) = \{x \mid 1/(m+\beta) < x < 1/(m-\alpha)\}$,

Näherung (3.16): $S(\mathbf{M}^{-1}) = \{x \mid 1/m-\beta/m^2 < x < 1/m+\alpha/m^2\}$.

Die obige Behauptung ist mit $1/(m+\beta) > 1/m-\beta/m^2$ und $1/(m-\alpha) > 1/m+\alpha/m^2$ bewiesen.

Für (im Vergleich mit m) große α und β kann wie bei der Multiplikation eine Näherung angegeben werden, die wenigstens in den drei Punkten

$$P_1 = (1/m; 1),\quad P_2 = (1/(m + \beta); R(1)),\quad P_3 = (1/(m - \alpha); L(1))$$

mit der exakten Lösung übereinstimmt. Sie lautet nach [Dubois&Prade, 1980]:

$$\mathbf{M}^{-1} \approx <1/m; \beta/m^2 [1 - \beta/(m + \beta)]; \alpha/m^2 [1 + \alpha/(m - \alpha)] >_{RL}. \tag{3.17}$$

Beispiel 3.14

Sei $\mathbf{M} = < 4; 2; 4 >_{LR}$ mit $L(u) = R(u) = \max [0, 1 - u]$. Dann ergeben sich die folgenden Näherungslösungen für $\mathbf{M}^{-1}$:

Näherung nach (3.16): $\mathbf{M}^{-1} \approx < 0.25; 0.25; 0.125>_{RL}$,

$S(\mathbf{M}^{-1}) = \{x \mid 0 \leq x \leq 0.375\}$,

Näherung nach (3.17): $\mathbf{M'}^{-1} \approx < 0.25; 0.125; 0.25 >_{RL}$,

$S(\mathbf{M'}^{-1}) = \{x \in \mathbb{R} \mid 0.125 \leq x \leq 0.5\}$.

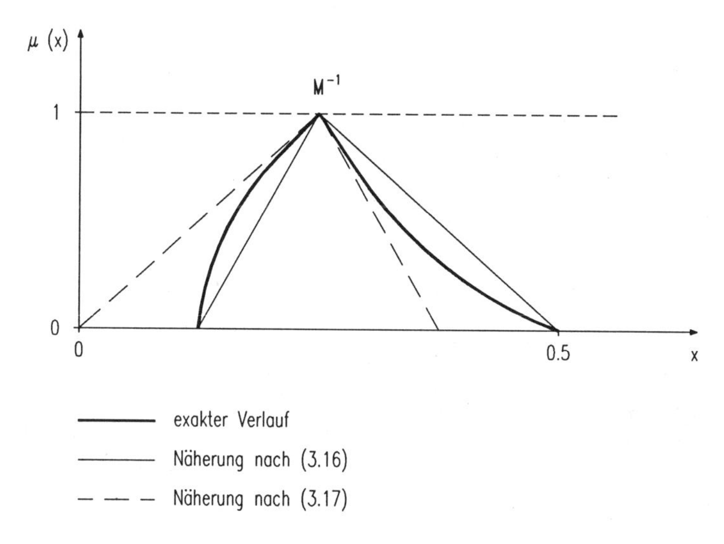

Abb. 3.11. Exakte und approximierte Zugehörigkeitsfunktionen bei der Kehrwertbildung.

Ähnliche Näherungsformeln für die Kehrwertbildung ergeben sich für $\mathbf{M} < 0$ mit der Identität $\mathbf{M}^{-1} = -(-\mathbf{M})^{-1}$.

Erweiterte Division

Es werden beispielhaft Formeln für positive LR-Zahlen angegeben. Aus der Identität

$$\mathbf{N} \oplus \mathbf{M} = \mathbf{N} \odot \mathbf{M}^{-1}$$

folgt mit (3.10) und (3.16)

$$< n;\gamma;\delta >_{LR} \oplus < m;\alpha;\beta >_{RL} \approx < n/m; (n\beta+m\gamma)/m^2; (n\alpha+m\delta)/m^2 >_{LR} \quad (3.18)$$

und mit (3.11) und (3.17)

$$< n;\gamma;\delta >_{LR} \oplus < m;\alpha;\beta >_{RL} \approx$$

$$\approx < n/m; (n\beta+m\gamma)(1-\beta/(m+\beta))/m^2; (n\alpha+m\delta)(1+\alpha/(m-\alpha))/m^2 >_{LR}. \quad (3.19)$$

Beispiel 3.15

Es seien $\mathbf{N} = < 8; 2; 2 >_{LR}$ und $\mathbf{M} = < 4; 1; 2 >_{RL}$ mit den Referenzfunktionen $L(u) = R(u) = \max[0, 1 - u]$ gegeben. Man berechnet die folgenden Näherungen:

Näherung nach (3.18): $\mathbf{N} \oplus \mathbf{M} \approx < 2; 1.5; 1 >_{LR}$,

Näherung nach (3.19): $(\mathbf{N} \oplus \mathbf{M})' \approx < 2; 1; 1.33\ldots >_{LR}$.

Der Verlauf der Zugehörigkeitsfunktionen ist in Abbildung 3.12 dargestellt.

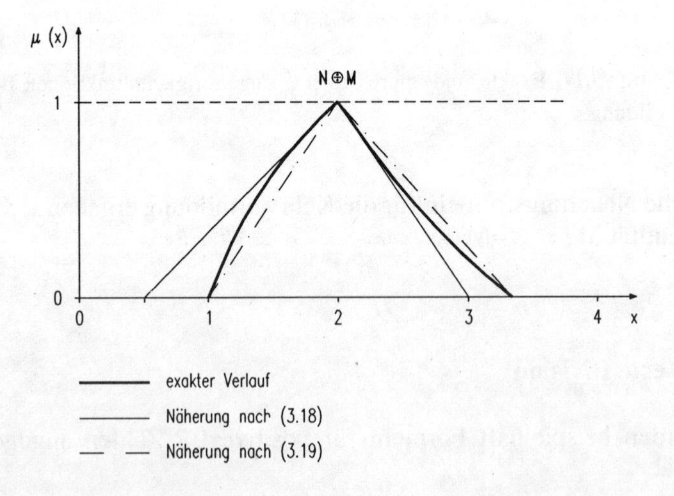

Abb. 3.12. Exakte und approximierte Zugehörigkeitsfunktionen bei Kehrwertbildung.

Um Zugehörigkeitsfunktionen, die beispielsweise durch Meßreihen vorgegeben sind, mit einfachen Mitteln genauer approximieren zu können, wird in vielen Fällen mit unscharfen Intervallen anstelle von unscharfen Zahlen gerechnet. Deshalb soll auch hier eine LR-Darstellung angegeben werden.

Definition 3.9: LR-Intervall

Ein unscharfes Intervall **M** heißt LR-Intervall, wenn sich seine Zugehörigkeitsfunktion darstellen läßt mit

$$\mu_M(x) = \begin{cases} L[(m_1 - x)/\alpha] & x \leq m_1 \\ 1 \qquad \text{für} & m_1 < x \leq m_2 \\ R[(x - m_2)/\beta] & m_2 < x\,. \end{cases}$$

L(u) und R(u) seien geeignete Referenzfunktionen nach Definition 3.8, die Breite $m_2 - m_1$ wird als Toleranzbereich des LR-Intervalls bezeichnet.

Es wird die verkürzte Notation

$$\mathbf{M} = < m_1;\, m_2;\, \alpha;\, \beta >_{LR}$$

verwendet. Daneben ist aber auch eine zweite Darstellungsweise gebräuchlich, die wie folgt geschrieben wird :

$$\mathbf{M'} = [m';\, c';\, \alpha;\, \beta]_{LR}$$

mit $m' = (m_1 + m_2)/2, \quad c' = (m_2 - m_1)/2.$

Beispiel 3.16

Es sei das LR-Intervall $\mathbf{M} = < 2; 4; 1; 2 >_{LR} = [\,3; 1; 1; 2\,]_{LR}$ mit den beiden Teilästen vom Typ L(u) = R(u) = max [0, 1 - u] gegeben. **M** läßt sich wie in Abbildung 3.13 darstellen:

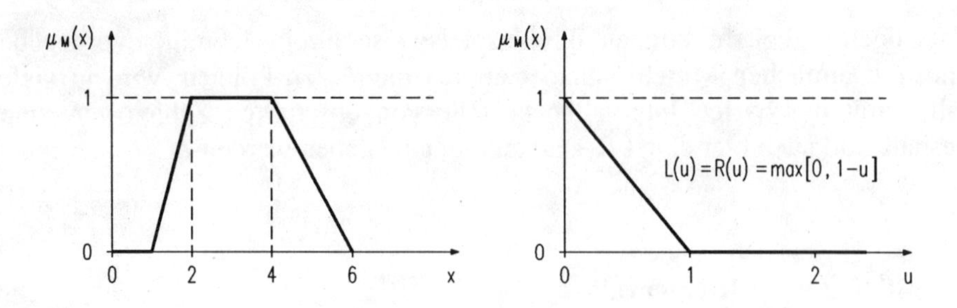

Abb. 3.13. Zugehörigkeitsfunktion und Referenzfunktionen eines LR-Intervalls.

Es gelten beispielhaft folgende Rechenregeln für positive LR-Intervalle:

$$< m_1; m_2; \alpha; \beta >_{LR} \oplus < n_1; n_2; \gamma; \delta >_{LR} = < m_1+n_1; m_2+n_2; \alpha+\gamma; \beta+\delta >_{LR}, \quad (3.20)$$

$$< m_1; m_2; \alpha; \beta >_{LR} \odot < n_1; n_2; \gamma; \delta >_{LR} \approx$$

$$\approx < m_1 n_1; m_2 n_2; m_1\gamma + n_1\alpha - \alpha\gamma; m_2\delta + n_2\beta + \beta\delta >_{LR}. \quad (3.21)$$

Beispiel 3.17

Es seien die beiden LR-Intervalle $\mathbf{M} = < 4; 8; 2; 4 >_{LR}$ und $\mathbf{N} = < 10; 14; 4; 6 >_{LR}$ gegeben. Dann gilt nach (3.20) und (3.21):

$$\mathbf{M} \oplus \mathbf{N} = < 14; 22; 6; 10 >_{LR},$$

$$\mathbf{M} \odot \mathbf{N} = < 40; 112; 28; 128 >_{LR}.$$

Insbesondere bei der Multiplikation, aber auch bei der Addition, können sich nach (3.20) bzw. (3.21) durch Aufweitung der Toleranzbereiche der Faktoren schnell erhebliche Unschärfen ergeben. Für weitergehende Eigenschaften unscharfer Zahlen und erweiterter Operationen wie Differentiation und Integration in unscharfen Zahlenräumen sei auf die Monographien von [Dubois&Prade, 1980], [Klir&Folger, 1988] und [Zimmermann, 1991] verwiesen.

4 Linguistische Ausdrücke

Die Kommunikation von Experten und Benutzern mit einem regelbasierten unscharfen Expertensystem (RES) kann in quasi-natürlicher Sprache auf der Basis von linguistischen Ausdrücken geschehen. Besonders einfache RES stellen unscharfe Regler und Klassifikatoren dar. Sie werden in den Kapiteln 8 und 9 beschrieben. Linguistische Ausdrücke bestehen aus linguistischen Variablen, die miteinander durch linguistische Operatoren verknüpft sind. Die Werte einer linguistischen Variablen werden durch unscharfe Mengen auf eine dazugehörige numerische Werteskala abgebildet und damit quantifiziert; die linguistischen Operatoren werden durch die Verknüpfungsoperatoren für unscharfe Mengen beschrieben. Im folgenden soll diese Transformation näher erläutert werden.

4.1 Linguistische Variablen

Zunächst wird der Begriff "Linguistische Variable" über die Kurzbeschreibung in Kapitel 1.2 hinaus definiert.

Definition 4.1: Linguistische Variable (LV)

Eine linguistische Variable ist ein Mengensystem $V_L = \{A, X, G, B\}$ mit

- einer Menge G syntaktischer Regeln, die (etwa in Form einer Grammatik) die linguistische Diskretisierung von V_L bestimmen und damit die Anzahl und Beschaffenheit der linguistischen Werte von V_L, d.h. der Terme α_i, $i \in \mathbb{N}$, festlegen,

- einer Menge A der aus G resultierenden Terme α_i,
- einer (physikalisch relevanten) Grundmenge X mit den numerischen Elementen $x \in X$,
- einer Menge B semantischer Regeln, die jedem Term seine (physikalische) Bedeutung in Form einer unscharfen Menge $\mathbf{M}_{\alpha_i}$ über der Grundmenge X zuordnen.

Beispiel 4.1

Die Abbildung 4.1 stellt eine mögliche Beschreibung der LV "Helligkeit" dar.

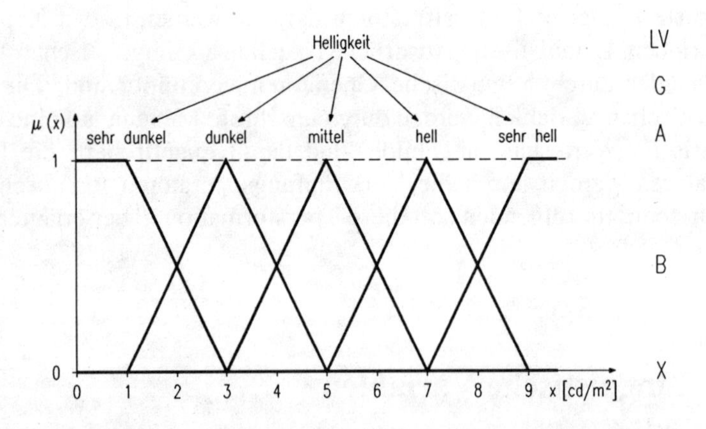

Abb. 4.1. Darstellung der Terme der LV "Helligkeit" über der numerischen Werteskala in [cd/m^2].

Zur LV "Helligkeit" gehört entsprechend der Abbildung 4.1 zunächst die Menge A der möglichen Terme α_i mit

A = {*sehr dunkel, dunkel, mittel, hell, sehr hell*}.

Die Menge G stellt die Regeln dar, nach der die Terme α_i erzeugt werden, d.h. es werden die Terme *dunkel, mittel* und *hell* vorgegeben und die beiden äußeren mit dem Wort *sehr* variiert.

Die Menge B beschreibt die Transformation der durch Anwendung von G entstandenen linguistischen Werteskala in eine mathematisch handhabbare numerische Werteskala mit physikalischer Bedeutung. Jeder Term $\alpha \in A$ wird durch eine unscharfe Menge $\mathbf{M}_\alpha$ über der Grundmenge $X = \{x \in \mathbb{R} \mid 0 \leq x \leq 10\}$ der relevanten numerischen Helligkeitswerte x (in [cd/m²]) beschrieben. $\mathbf{M}_\alpha$ erzeugt die physikalische Bedeutung des Terms α. Die Zugehörigkeitswerte $\mu_\alpha(x)$ können als Grad der Wahrheit dafür angesehen werden, daß ein numerischer Wert x zu α gehört.

Beispielhaft wird die in Abbildung 4.1 dargestellte Transformation des Terms *hell* beschrieben durch die unscharfe Menge

$$\mathbf{M}_{hell} = \{(x; \mu_{hell}(x)) \mid x \in [0, 9], x \in \mathbb{R}\} \text{ mit}$$

$$\mu_{hell}(x) = \begin{cases} 0 & \\ \frac{1}{2}(x - 5) & \text{für} \\ \frac{1}{2}(9 - x) & \end{cases} \begin{array}{l} x \leq 5 \vee x \geq 9 \\ 5 < x < 7 \\ 7 < x < 9 \quad . \end{array}$$

Die Aussage "$x = 6$ cd/m² gehört zum Term *hell*" hat einen Wahrheitswert $\mu_{hell}(6) = \frac{1}{2}$, oder kurz: der Zugehörigkeitswert von $x = 6$ cd/m² zum Term *hell* ist ½.

Beispiel 4.2

Eine linguistische Wertdiskretisierung läßt sich anschaulich für die "Färbung des Regenbogens" beschreiben, die objektiv auf einem kontinuierlichen Wellenlängenspektrum im sichtbaren Bereich des Lichts beruht. Durch subjektives Farbempfinden werden Farben wie *rot*, *orange*, *gelb*, *grün*, *blau* und *violett* extrahiert. Erst diese Quantisierung ermöglicht die Definition und damit das Empfinden einer "Farbe". Sie strukturiert den nach physikalischen Maßstäben kontinuierlichen Begriff durch weitere Phänomene wie "Farbmischung", "Farbübergang", etc. Menschen aus unterschiedlichen Kulturkreisen geben sowohl die Anzahl der wahrgenommenen Regenbogenfarben als auch den dazugehörenden Wellenlängenbereich unterschiedlich an. Das Wesen des kontinuierlichen Farbüberganges läßt dabei in den meisten Fällen keine scharfe Bereichsabgrenzung zu, sondern fordert geradezu unscharfe Übergangsbereiche.

Man veranschauliche sich die Bedeutung der Mengen G, A, B und X auch an diesem Beispiel.

4.2 Linguistische Operatoren

Eine strukturierte Form der LV ergibt sich, wenn die Terme samt Bedeutung algorithmisch bestimmt sind. Es werden dann linguistische Modifikationsoperatoren (kurz: Modifikatoren) der Form *sehr, ziemlich, recht, sehr sehr,* etc. verwendet.

Definition 4.2: Linguistischer Modifikationsoperator

Ein linguistischer Modifikationsoperator ist ein einstelliger Operator auf einer linguistischen Werteskala. Die Anwendung auf einen Term α führt zu einem neuen Term α'.

Wenn der Term α durch eine unscharfe Menge $\mathbf{A} = \{(x; \mu_A(x)\}$ dargestellt wird, dann kann die in Definition 4.2 beschriebene Transformation mit Hilfe der Mengenoperatoren Konzentration CON(**A**), Dehnung DIL(**A**), Komplementbildung $(\mathbf{A})^c$ und Kontrastverstärkung INT(**A**) auf der numerischen Werteskala beschrieben werden. Die Zugehörigkeitsfunktion $\mu_A(x)$ verändert sich dabei für alle $x \in X$ wie folgt:

Konzentration: $$\mu_{CON}(x) = [\mu_A(x)]^2, \quad (4.1)$$

Dehnung: $$\mu_{DIL}(x) = [\mu_A(x)]^{1/2}, \quad (4.2)$$

Komplementbildung: $$\mu_{AC}(x) = 1 - \mu_A(x), \quad (4.4)$$

Kontrastverstärkung: $$\mu_{INT}(x) = \begin{cases} 2[\mu_A(x)]^2 & \text{für } \mu(x) \in [0, 0.5] \\ 1 - 2[1-\mu_A(x)]^2 & \text{sonst.} \end{cases} \quad (4.3)$$

Die Anwendung eines Modifikators auf einen Term α, d.h. die Modifikation von α, kann beispielsweise nach den folgenden Regeln erfolgen (sie sind dann anwendbar, wenn die Lage der Gipfelpunkte oder Toleranzbereiche nicht verschoben werden soll):

sehr α → CON (**A**), (4.5)

sehr sehr α → CON [CON (**A**)], (4.6)

ziemlich α	$\rightarrow$	DIL (**A**),	(4.7)
mehr als α	$\rightarrow$	$\mathbf{MA} = \{(x;\mu_{MA}(x)) \mid \mu_{MA}(x) = \mu_A(x)^{1.25}\}$,	(4.8)
recht α	$\rightarrow$	INT [$\mathbf{MA} \cap$ CON $(\mathbf{A})^c$],	(4.9)
nicht α	$\rightarrow$	$(\mathbf{A})^c$.	(4.10)

Beispiel 4.3

Die Definition der LV "Wahrheit" nach [Baldwin, 1979] geht aus von einer Menge $A_{Wahrheit}$ der möglichen Terme mit

$A_{WAHRHEIT}$ = {*absolut falsch, sehr falsch, falsch, ziemlich falsch, unentschieden, ziemlich wahr, wahr, sehr wahr, absolut wahr*}.

Die Grundmenge $X = \{v \in \mathbb{R} \mid 0 \le v \le 1\}$ wird von den numerischen Wahrheitswerten v gebildet , die im Sinne einer ∞-wertigen Łukasiewicz-Logik alle Werte zwischen 0 (absolut falsch) und 1 (absolut wahr) annehmen können.

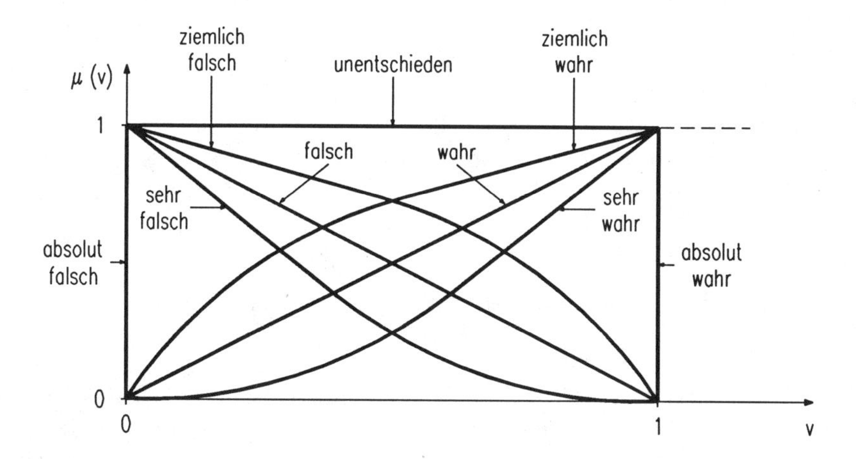

Abb. 4.2. Zugehörigkeitsverläufe für die Terme der LV "Wahrheit" nach [Baldwin, 1979].

Die Zugehörigkeitsfunktionen der Terme auf X berechnen sich zu

$$\mu_{absolut\ wahr}(v) = \begin{cases} 1 & \text{für} \quad v = 1 \\ 0 & \text{sonst,} \end{cases}$$

$$\mu_{absolut\ falsch}(v) = \begin{cases} 1 & \text{für} \quad v = 0 \\ 0 & \text{sonst,} \end{cases}$$

$$\mu_{wahr}(v) = v,$$

$$\mu_{falsch}(v) = 1 - v,$$

$$\mu_{sehr\ wahr}(v) = v^2,$$

$$\mu_{sehr\ falsch}(v) = (1 - v)^2,$$

$$\mu_{ziemlich\ wahr}(v) = v^{1/2},$$

$$\mu_{ziemlich\ falsch}(v) = (1 - v)^{1/2},$$

$$\mu_{unentschieden}(v) = 1.$$

Wenn die Terme einer LV boolsche Ausdrücke der Primärterme (z.B. *wahr*, *falsch*) und deren Modifikatoren darstellen, dann spricht man von boolschen linguistischen Variablen. Dabei kommen die linguistischen Verknüpfungsoperatoren *und* bzw. *oder* zur Anwendung.

Definition 4.3: Linguistische Verknüpfungsoperatoren

Die linguistischen Verknüpfungsoperatoren *und* bzw. *oder* sind zweistellige Operatoren auf einer linguistischen Werteskala und bilden die verbalen Entsprechungen der logischen Operatoren ($\wedge$) bzw. ($\vee$) der Boolschen Algebra. Sie verknüpfen zwei linguistische Terme α und β einer linguistischen Werteskala. Als Ergebnis entsteht ein neuer linguistischer Ausdruck γ.

Die linguistischen Verknüpfungsoperatoren werden mit Hilfe der Operatoren für unscharfe Mengen auf die numerische Welt abgebildet. Wenn die zu verknüpfenden Terme α und β durch die unscharfen Mengen **A** und **B** über korrespondierenden numerischen Grundmengen X_1 und X_2 repräsentiert werden, entsteht durch Verknüpfung von α und β eine unscharfe Menge **C** über $Y=X_1 \times X_2$, die das Verknüpfungsergebnis γ repräsentiert.

Beispiel 4.4

Es sei A_{ALTER} = {*jung*, *alt*, *jung oder alt*, ...}. Für die Zuordnung der linguistischen Operatoren zu den Operatoren für unscharfe Mengen gelte

nicht → Komplementbildung,

und → Durchschnitt,

oder → Vereinigung.

Ferner seien die Terme *jung* und *alt* gegeben mit

$$\mu_{jung}(x) = \begin{cases} 1 & \text{für } x \in [0, 25] \\ [1 + \frac{1}{4}(x - 25)^2]^{-1}, & \text{für } x \in (25, 100] \end{cases}$$

$$\mu_{alt}(x) = \begin{cases} 0 & \text{für } x \in [0, 50] \\ [1 + \frac{1}{4}(x - 50)^{-2}]^{-1}. & \text{für } x \in (50, 100]. \end{cases}$$

Dann werden beispielsweise die boolschen linguistischen Ausdrücke *nicht sehr alt* und *jung oder alt* folgendermaßen umgesetzt:

$$\mu_{nicht\ sehr\ alt}(x) = \begin{cases} 1 & \text{für } x \in [0, 50] \\ 1 - [1 + \frac{1}{4}(x - 50)^{-2}]^{-2} & \text{für } x \in (50, 100], \end{cases}$$

$$\mu_{jung\ oder\ alt}(x) = \begin{cases} 1 & \text{für } x \in [0, 25] \\ [1 + \frac{1}{4}(x - 25)^2]^{-1} & x \in (25, c] \\ [1 + \frac{1}{4}(x - 50)^{-2}]^{-1} & x \in (c, 100] \end{cases}$$

mit $c = \frac{1}{2}(75 + 626^{\frac{1}{2}})$.

Bemerkungen

1. Bei der Transformation der linguistischen Operatoren ist sowohl auf die Reihenfolge der Anwendung als auch auf die Verschachtelung zu achten. So ergibt beispielsweise der Ausdruck *nicht sehr (jung oder alt)* eine andere Zugehörigkeitsfunktion als der Ausdruck *nicht ((sehr jung) oder alt)*. Zur Transformation eines solchen zusammengesetzten Ausdrucks muß also dessen genaue Bedeutung bekannt sein. So selbstverständlich dieser Fakt auch ist, sollte er bei einer Expertenbefragung jedenfalls nicht vergessen werden.

2. Die Sprache ist mit ihren Ausdrücken mitunter grob unlogisch und kann damit das System einer linguistisch definierten Skala stören. Als Beispiel sei der folgende Zusammenhang genannt: ein junger Mann ist jung; ein jüngerer Mann aber ist im Sprachgebrauch älter als ein junger, wenn die Attribute "jünger" und "jung" als absolute Werte angesehen werden. Umgekehrt ist dann ein älterer Mann jünger als ein alter Mann.

3. Nicht nur die Terme selbst müssen wohldefiniert sein, sondern auch die linguistischen Verknüpfungsoperatoren. So ist die Aussage "Ich fahre nach Hamburg, wenn es regnet und wenn es schneit" in der Umgangssprache durchaus gebräuchlich; gemeint ist aber offensichtlich "..., wenn es regnet *oder* schneit".

5 Wahrscheinlichkeit und Möglichkeit

Während die in Kapitel 2.4 beschriebenen Maße die spezielle Unschärfe von unscharfen Mengen miteinander vergleichbar machen, soll es hier um die Fragestellung gehen, wie sehr ein bestimmter Wert zu einer (scharfen) Menge gehört. Als Ausgangsbasis kann eine qualitative (d.h. subjektive) Aussage eines Experten dienen, die es in einen mathematischen Formalismus umzusetzen gilt. Es entsteht die Klasse der unscharfen Maße. Die wichtigsten unscharfen Maße sind die Wahrscheinlichkeit und die Möglichkeit.

Zur mathematischen Formulierung wird von einem Grundbereich X ausgegangen. Sei Q(X) ein System von Teilmengen A_i von X (vgl. Definition 2.3: Potenzmenge). Für $X = \mathbb{N}$ sei z.B. $Q(X) = \{\{1\}, \{1,2\}, \{2,3,4\}\}$. Dann kann ein unscharfes Maß als eine Mengenfunktion $F_Q(A)$ angesehen werden, die das Mengensystem Q(X) auf das Einheitsintervall abbildet: F_Q: $Q(X) \rightarrow [0,1]$. Es entspricht damit der Zugehörigkeitsfunktion μ_A: $X \rightarrow [0,1]$ bei der Festlegung unscharfer Mengen, die die einzelnen Elemente von X bzgl. ihrer Zugehörigkeit zu **A** bewertet.

An die Stelle von Q(X) tritt wegen einer leichteren mathematischen Handhabbarkeit gewöhnlich eine passende σ-Algebra $\mathcal{L}(X)$ über X. Damit sind die folgenden zusätzlichen Bedingungen für $\mathcal{L}(X)$ verbunden:

1. $X \in \mathcal{L}(X)$,
2. $A \in \mathcal{L}(X) \quad \Rightarrow \quad A^c \in \mathcal{L}(X)$,
3. $A_i \in \mathcal{L}(X),\ i = 1,\ldots,n \quad \Rightarrow \quad \cup_i A_i \in \mathcal{L}(X)$.

Bei der Einführung unscharfer Maße geht man nun davon aus, daß die zu bemessenden Mengen $A \in \mathcal{L}(X)$ bestimmte Ereignisse darstellen. Jedem Ereignis A wird dann ein Maßwert F(A) zugeordnet. Eine σ-Algebra $\mathcal{L}(X)$ wird auch als Ereignisraum auf dem Ergebnisraum X bezeichnet.

Beispiel 5.1

Sei X = {1, 2, 3, 4, 5, 6} die Menge der möglichen Ergebnisse x beim Würfeln mit einem Würfel, auf der ein Mengensystem $\mathcal{L}(X)$ = {∅, {1 3,5}, {2, 4, 6}, X} mit den Ereignissen "ungültig", "ungerade Zahl", "gerade Zahl" und "gültig" definiert ist. $\mathcal{L}(X)$ stellt eine σ-Algebra über der Grundmenge X = {1, 2, 3, 4, 5, 6} dar. Dem Ereignis A = {1, 3, 5}, d.h. "ungerade Zahl", kann ein Maß F(A) zugeordnet werden, das darüber Auskunft gibt, inwiefern ein bestimmter Würfelzug mit dem Ergebnis x zum Ereignis A führt. Für ein hypothetisches, zunächst unbekanntes Würfelergebnis x kann sowohl ein Wahrscheinlichkeitswert $F_1(A) = 0.5$ als auch ein Möglichkeitswert $F_2(A) = 1$ angegeben werden. Bei fehlendem Wissen um den physikalischen Hintergrund könnte ein *Experte* jedoch auch aus seiner (vermeintlichen) Erfahrung heraus den Möglichkeitswert $F^*(A) = 0.9$ festlegen. Dieser *subjektiven* Entscheidung ist Rechnung zu tragen; sie spiegelt das persönliche Expertenwissen um die Handhabung eines Prozesses wider (z.B. eine Asymmetrie des Würfels), das aufgrund gewonnener Erfahrungen nicht notwendigerweise explizites Systemwissen voraussetzt.

Definition 5.1: Unscharfes Maß

Eine Mengenfunktion F(A) heißt unscharfes Maß auf $\mathcal{L}(X)$, wenn für alle $A_i \in \mathcal{L}(X)$ gilt:

1. $F(\emptyset) = 0$ und $F(X) = 1$, [Normierung]
2. $A_1 \subseteq A_2 \Rightarrow F(A_1) \leq F(A_2)$, [Monotonie]
3. $A_1 \subseteq A_2 \subseteq \ldots \Rightarrow \lim_{n \to \infty} F(A_n) = F(\lim_{n \to \infty} A_n)$ [Stetigkeit]

Bei Angabe von X, $\mathcal{L}$ und F ist das Ergebnis der Bemessung eindeutig festgelegt. Dann bildet [X, $\mathcal{L}$, F] einen unscharfen Maßraum.

Bemerkungen

1. Definition 5.1(2) bedeutet, daß der Maßwert nicht fallen kann, wenn die Menge erweitert wird.
2. Für endliche Grundbereiche ist Definition 5.1(3) nicht zwingend notwendig, um eine sinnvolle Theorie unscharfer Maße aufzubauen.

Aus Definition 5.1 folgt für zwei Mengen $A_1, A_2 \in \mathfrak{L}(X)$ unmittelbar:

Satz 5.1 1. $F(A_1 \cup A_2) \geq \max\,[F(A_1), F(A_2)]$,

2. $F(A_1 \cap A_2) \leq \min\,[F(A_1), F(A_2)]$.

Definition 5.2: Wahrscheinlichkeit

Eine Funktion $P: \mathfrak{L}(X) \to [0, 1]$ heißt Wahrscheinlichkeit auf $\mathfrak{L}(X)$, wenn für alle $A_i \in \mathfrak{L}(X)$ gilt:

1. $P(A_i) \geq 0$,
2. $P(X) = 1$,
3. $\forall i \neq j: A_i \cap A_j = \varnothing \Rightarrow P(\cup_i A_i) = \sum_i P(A_i)$.

Für endliche Grundmengen X läßt sich die Bedingung 3 (Additionsprinzip) abschwächen zu

3'. $A_1, A_2 \in \mathfrak{L}(X), A_1 \cap A_2 = \varnothing \Rightarrow P(A_1 \cup A_2) = P(A_1) + P(A_2)$.

Die so definierte Wahrscheinlichkeit stellt ein spezielles unscharfes Maß dar. Die Einschränkung besteht darin, daß die Monotonieforderung für allgemeine unscharfe Maße durch die stärkere Additivitätsforderung ersetzt wurde.

Jedem Ereignis A aus $\mathfrak{L}(X)$ wird nach Definition 5.2 eine Wahrscheinlichkeit P(A) zugeordnet, die sich für endliche oder abzählbar unendliche Grundbereiche (z.B. $\mathbb{N}$) als Summe der Wahrscheinlichkeiten $P(\{x\})$ der Einzelereignisse $\{x\}$ schreiben läßt als

$$P(A) = \sum_{x \in A} P(\{x\}). \tag{5.1}$$

Mit Hilfe der charakteristischen Funktion $\mu_A(x)$ von A auf der Grundmenge X wird (5.1) umgeformt zu

$$P(A) = \Sigma_{x \in X} \mu_A(x)\ P(\{x\}). \tag{5.2}$$

In Integralschreibweise kann P(A) ausgedrückt werden als

$$P(A) = \int_X \mu_A(x)\, dP(x) = \int_X \mu_A(x)\, p(x)\, dx, \tag{5.3}$$

wobei p(x) die Wahrscheinlichkeitsdichteverteilung ist.

[Zadeh, 1968] verallgemeinerte (5.2) auf die Wahrscheinlichkeit unscharfer Ereignisse, indem er $\mu_A(x)$ auch als Zugehörigkeitsfunktion einer unscharfen Menge **A** interpretierte. Dies bedeutet die Einführung der Wahrscheinlichkeit für die Terme α einer linguistischen Variablen. Die Gleichungen (5.2) und (5.3) beschreiben wegen

$$\Sigma_{x \in X} P(\{x\}) = P(X) = 1 \text{ bzw.} \tag{5.5}$$

$$\int_X p(x)\, dx = 1 \tag{5.6}$$

eine mit der Wahrscheinlichkeit gewichtete Mittelwertbildung der Zugehörigkeitsfunktion $\mu_A(x)$ über dem Grundbereich X. Die Wahrscheinlichkeit P(**A**) einer unscharfen Menge **A** läßt sich daher als mittlerer Zugehörigkeitswert der Elemente $x \in X$ zu **A** deuten.

Der beschriebene Ansatz kann dahin erweitert werden, daß durch Mittelung aus mehreren (von verschiedenen Experten entworfenen) Zugehörigkeitsfunktionen μ_A für denselben Term α "wahrscheinliche Funktionsverläufe" aufgestellt werden. Zu diesem Zweck führte [Hirota, 1977] Wahrscheinlichkeitsmengen **A** ein, bei denen die Zugehörigkeitsfunktionen $\mu_A(x,\omega)$ für einen Term sowohl von den Elementen x des Grundbereichs X als auch von den Elementen ω eines Stichprobenraums Ω (hier den Experten ω) abhängen. Wegen (5.5) lassen sich leicht durch Mittelung eine Erwartungsfunktion

$$E(\mu_A)(x) = \int_\Omega \mu_A(x,\omega)\, dP(\omega) \quad \forall x \in X \tag{5.7}$$

und eine Varianzfunktion

$$V(\mu_A)(x) = \int_\Omega [\mu_A(x,\omega) - E(\mu_A)(x)]^2 \, dP(\omega) \qquad \forall x \in X \qquad (5.8)$$

für **A** angeben. Auf diese Art und Weise entstehen Zugehörigkeitsfunktionen mit einer meßbaren "Sicherheit".

Definition 5.3: Möglichkeit

Eine Funktion Π: $\mathcal{L}(X) \rightarrow [0, 1]$ heißt Möglichkeit auf $\mathcal{L}(X)$, wenn für alle $A_i \in \mathcal{L}(X)$, i=1,...,n gilt:

1. $\Pi(\emptyset) = 0$,
2. $\Pi(X) = 1$,
3. $\Pi(\cup_i A_i) = \sup_i \Pi(A_i)$.

Für endliche Mengen X läßt sich die Bedingung 3 abschwächen zu

3'. $A_1, A_2 \in \mathcal{L}(X), A_1 \cap A_2 = \emptyset \Rightarrow \Pi(A_1 \cup A_2) = \max[\Pi(A_1), \Pi(A_2)]$.

Die so definierte Möglichkeit ist genau dann ein spezielles unscharfes Maß, wenn X endlich ist. Hier ist die Monotonieforderung für allgemeine unscharfe Maße durch die stärkere Supremumforderung ersetzt.

Jedem Ereignis $A \in \mathcal{L}(X)$ wird nach Definition 5.3 eine Möglichkeit $\Pi(A)$ zugeordnet, die sich mit Hilfe der charakteristischen Funktion $\mu_A(x)$ von $A \subseteq X$ wie folgt ausdrücken läßt:

$$\Pi(A) = \sup_{x \in A} \Pi(\{x\}) = \sup_{x \in X} [\mu_A(x) \, \Pi(\{x\})] \qquad (5.9)$$

Aus (5.9) und Definition 5.3(2) folgt unmittelbar

$$\sup_{x \in X} \Pi(\{x\}) = 1. \qquad (5.10)$$

Mit Definition 5.3 (3') wird dem ersten Teil von Satz 5.1 der kleinstmögliche Wert zugeordnet. Also ist die Aussage "das Ereignis ist möglich" die im Sinne der unscharfen Maßtheorie schwächste Formulierung über die Realisierung des Ereignisses.[1]

Satz 5.2

Die Wahrscheinlichkeitswerte P(A) auf der Grundmenge X können als untere Grenze für die Möglichkeitswerte Π(A) angesehen werden, d.h.

$$\Pi(A) \geq P(A) \quad \forall A \in \mathcal{L}(X).$$

Nach (5.9) muß daher gelten:

$$\Pi(\{x\}) \geq P(\{x\}) \quad \forall x \in X.$$

Beispiel 5.2

Es soll die scharfe Aussage A: "Karl ißt x Brötchen zum Frühstück" hinsichtlich Möglichkeit und Wahrscheinlichkeit bemessen werden. Als Grundmenge wird die Menge $X = \{0, 1, 2, 3, 4, 5\}$ mit den numerischen Ergebnissen $x \in X$ angenommen. Es sollen Einzelereignisse $A_0 = \{0\}$, $A_1 = \{1\}$, $A_2 = \{2\}$, …, $A_5 = \{5\}$ bemessen werden. Wie entstehen die Maßgrößen?

Möglichkeit:

durch subjektive Einschätzung des Verhaltens der Person Karl sowie der aktuellen Prozeßsituation (Kühlschrank leer),

Wahrscheinlichkeit:

durch statistische Auswertung des Ereignisses über einen längeren Zeitraum bei gleichbleibender Prozeßsituation.

---

[1] Es handelt sich hier um die mathematische Beschreibung einer *subjektiven* Beurteilung der Möglichkeit eines Ereignisses und nicht um die *objektive physikalische* Möglichkeit.

Eine Prognose kann zu folgender Tabelle führen:

x	0	1	2	3	4	5
$\Pi(\{x\})$	1	1	1	0.6	0.3	0.1
$P(\{x\})$	0.1	0.2	0.5	0.1	0.1	0 .

Die Größe $P(\{x\})$ kann dabei in ihrer Objektivität gegenüber $\Pi(\{x\})$ leicht angezweifelt werden, da während der Datenerfassung kaum eine gleichbleibende Prozeßsituation garantiert werden kann. Für eine Voraussage ohne genaue Kenntnis der Prozeßsituation sollte daher im Sinne einer subjektiv eingeschätzten Worst-Case-Behandlung die Möglichkeitsverteilung $\pi(x) = \Pi(\{x\})$ herangezogen werden, die auch als normalisierte Zugehörigkeitsfunktion einer unscharfen Menge $A = \{(x;\mu_A(x)) \mid x \in A\}$ aufgefaßt werden kann; sie gibt für die einzelnen Elemente x die Möglichkeit an, der Menge A anzugehören. Aussagen über die Wahrscheinlichkeit würden dagegen einen vollständigen Systemüberblick und die damit zusammenhängenden Erfahrungen notwendig machen.

Beispiel 5.3

In Bsp. 5.2 könnte sich die Frage stellen, wie groß die Möglichkeit ist, daß Karl drei, vier oder fünf Brötchen ißt. Mit Definition 5.3 (3) und $A = \cup_{x \in A} \{x\}$ ist

$$\Pi(A) = \Pi(\cup_{x \in A} \{x\}) = \sup_{x \in A} \pi(x)).$$

$$A = \{3, 4, 5\} \Rightarrow \Pi(A) = 0.6 .$$

Die Möglichkeit $\Pi(A)$ für den Eintritt des Ereignisses A wird mit 0.6 bewertet. Die Wahrscheinlichkeit P(A) ergibt sich dagegen nach Definition 5.2 (3) zu

$$P(A) = \Sigma_{x=3,4,5} P(\{x\}) = 0.2 < \Pi(A).$$

Zusammenfassend gilt für $\Pi(\{x\})$ und $P(\{x\})$

$$\Sigma_{x \in X} P(\{x\}) = 1 \quad \text{und} \quad \sup_{x \in X} \Pi(\{x\}) = 1,$$

aber offensichtlich nicht notwendigerweise $\Sigma_{x \in X} \Pi(\{x\}) = 1$.

Neben Wahrscheinlichkeit und Möglichkeit können auch andere unscharfe Maße definiert bzw. deren Verlauf in Form von Verteilungsfunktionen gegeben sein, z.B.

- die "garantierte Möglichkeit" als Maß dafür, wie sehr alle x zu A gehören:

$$\Delta(A) = \inf_{x \in A} \pi(x), \tag{5.11}$$

- die "Notwendigkeit" als Maß dafür, wie sehr jeder Wert außerhalb von A nicht zu A gehört:

$$N(A) = 1 - \Pi(A^c) = \inf_{x \notin A} [1 - \pi(x)], \tag{5.12}$$

- die "potentielle Gewißheit" als Maß dafür, wie sehr jeder Wert außerhalb von A nicht garantiert zu A gehört, d.h. wie sehr wenigstens ein Wert im Komplement von A mit einem niedrigen Möglichkeitswert existiert:

$$\nabla(A) = 1 - \Delta(A^c) = 1 - \sup_{x \notin A} \pi(x). \tag{5.13}$$

Während $\Delta(A)$ nach (5.11) die Möglichkeiten aller Werte in A berücksichtigt, beurteilt N(A) nach (5.12) die Gewißheit für $x \in A$ über die Unmöglichkeit aller Werte außerhalb von A. $\nabla(A)$ berechnet sich nach (5.13) aus der Abwesenheit einer garantierten Möglichkeit zu A^c. Sowohl $\Pi(A)$, $\Delta(A)$, N(A) als auch $\nabla(A)$ benutzen ausschließlich die qualitativen Operatoren "sup", "inf" und "1 - (.)". Dies deutet darauf hin, daß die Rangordnung der Möglichkeitswerte von besonderer Bedeutung ist. Nach [Dubois&Prade, 1992] gilt für normalisierte $1 - \pi(x)$ und $\pi(x)$ die Ungleichung

$$\max [N(A), \Delta(A)] \leq \min [\Pi(A), \nabla(A)]. \tag{5.14}$$

Durch Interpretation der möglichen Ereignisse A können die angegebenen Maße beispielsweise angewendet werden zur Bewertung

- der Ergebnisse einer Qualitätsprüfung,
- des Krankheitsverlaufs eines Patienten,
- der Notwendigkeit eines manuellen Eingriffs in einen Prozeß.

Zur Modellierung von Meßergebnissen, die ohne Garantie einer gleichbleibenden Prozeßumgebung zustande gekommen sind, oder von subjektiven Einschätzungen von Prozeßzuständen werden das Möglichkeitsmaß $\Pi(A)$ und das dazu duale Notwendigkeitsmaß $N(A)$ am häufigsten angewendet.

6 Unscharfe Relationen

In den vorangehenden Kapiteln wurde die Umsetzung von linguistischen Termen und entsprechenden Verknüpfungsperatoren in einen mathematisch faßbaren Raum diskutiert. Damit kann das Verhalten von technischen Systemen zunächst qualitativ, nach der Umsetzung quantitativ durch unscharfe Mengen beschrieben werden. Gleiches gilt für die Ein- und Ausgangsgrößen der Systeme. In diesem Kapitel sollen nun die Grundlagen dafür gelegt werden, bei Vorgabe solcher unscharfen Informationen Schlußfolgerungen zu ziehen. Diese Aufgabenstellung entsteht beispielsweise dann, wenn ein regelbasiertes Expertensystem auf Eingangswerte reagieren soll, für die in den Regeln keine Ausgangswerte explizit angegeben sind. Die Problematik ist von grundsätzlicher Natur, da die Anzahl der Regeln stets begrenzt ist. Die Spezialfälle regelbasierter unscharfer Regler und Klassifikatoren werden in den folgenden Kapiteln 7, 8 und 9 näher beschrieben.

Der Vorgang beim Schlußfolgern kann als "Approximatives Schließen" bezeichnet werden. Um die Methodik zu verstehen, wird zunächst der Begriff "Unscharfe Relation" eingeführt.

6.1 Eigenschaften

Der klassische Begriff einer Relation (z.B. "≥", "=", ...) läßt sich direkt in den Bereich unscharfer Mengen übertragen. Relationen werden beispielsweise beim Reglerentwurf und bei der Klassifizierung verwendet. Zweistellige unscharfe Relationen sind unscharfe Mengen, die entweder entsprechend einer unscharfen Auswahlvorschrift die (scharfen) Elemente des kartesischen Produkts $X \times Y$ bewerten oder zwei Variablen mit unscharfen Werten (unscharfe Variablen) auf einem Grundbereich $X \times Y$ miteinander vergleichen.

Es soll zunächst der erste Fall behandelt werden.

Definition 6.1: Unscharfe Relation zwischen scharfen Mengen

Seien $X_1, \ldots, X_n \subseteq \mathbb{R}$ Grundmengen mit dem kartesischen Produkt $X_1 \times \ldots \times X_n$. Dann heißt die Abbildung

$$\mathbf{R}: X_1 \times \ldots \times X_n \rightarrow [0, 1]$$

eine n-stellige unscharfe Relation zwischen den scharfen Werten $x_1, \ldots, x_n$. $\mathbf{R}(x_1, \ldots, x_n)$ kann durch eine Zugehörigkeitsfunktion μ_R: $(x_1, \ldots, x_n) \rightarrow [0,1]$ beschrieben und damit als unscharfe Menge auf $X_1 \times \ldots \times X_n$ angesehen werden. = $\{(x_1, \ldots, x_n); \mu_R(x_1, \ldots, x_n)\}$

Beispiel 6.1

Auf $X_1 \times X_2 = \mathbb{R}^2$ kann eine zweistellige unscharfe Relation $\mathbf{R}_{<<}(x_1, x_2)$: *viel kleiner als* wie folgt definiert werden:

$$\mu_{R<<}(x_1, x_2) = \begin{cases} 0 & \text{für } x_1 \geq x_2 \\ [1 + (x_2 - x_1)^{-2}]^{-1} & \text{für } x_1 < x_2 . \end{cases}$$

Die Zugehörigkeitsfunktion $\mu_{R<<}(x_1, x_2)$ zur Bewertung der Wertepaare (x_1, x_2) kann im Bereich $-1.4 < x_1 < 1.4$, $-1.4 < x_2 < 1.4$ entsprechend Abbildung 6.1 dargestellt werden.

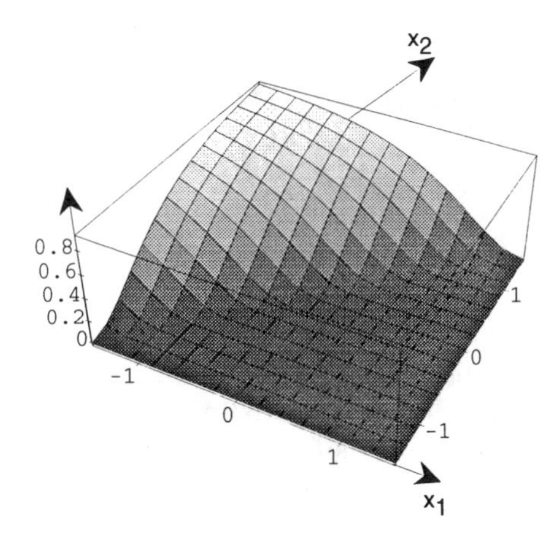

Abb. 6.1. Ausschnitt aus der Zugehörigkeitsfunktion der unscharfen Relation $\mathbf{R}_{<<}(x_1, x_2)$: *viel kleiner als*.

Für endlich abzählbare Stützmengen können zweistellige unscharfe Relationen auch mit Hilfe von Zugehörigkeitsmatrizen dargestellt werden.

Beispiel 6.2

Darstellung der unscharfen Relation $\mathbf{R}_{>>}(x_1,x_2)$: *wesentlich größer als* (>>) auf dem kartesischen Produkt $X_1 \times X_2 = \{6, 15, 30\} \times \{1, 2, 5, 10\}$:

$\mu_{R>>}(x_1, x_2)$:

x_1 \ x_2	1	2	5	10
6	0.5	0.1	0	0
15	1	0.5	0.2	0.1
30	1	0.9	0.5	0.3

Bemerkung

Die Zugehörigkeitswerte unscharfer Relationen werden unter Berücksichtigung der physikalischen Einheiten im zugrundeliegenden kartesischen Produktraum durch subjektive Einschätzung festgelegt. Dazu kann eine Basisaussage wie z.B. die folgende dienen: "Ein Temperaturwert T in [K] ist für die Funktionalität eines Halbleiterbauelements *gefährlicher als* ein Luftfeuchtigkeitswert F in [mbar]." Die Zugehörigkeitswerte für die Relation $\mathbf{R}_g$: *gefährlicher als* werden dann durch Einschätzung der Basisaussage bei Variation der Wertepaare (T, F) festgelegt.

In vielen Fällen ist es sinnvoll, unscharfe Relationen auch zwischen unscharfen Mengen zu definieren. Es können dann auch linguistische Werte (bzw. Terme; z.B. *groß, schnell, heiß, ...*) über den Produkträumen $X_1 \times \ldots \times X_n \subseteq \mathbb{R}^n$ miteinander verglichen werden. Die Terme werden dabei als unscharfe Mengen aufgefaßt. Eine Relation zwischen ihnen wird auf der Basis des kartesischen Produkts für unscharfe Mengen gebildet. Deshalb soll im folgenden Definition 6.1 erweitert werden.

Definition 6.2: Unscharfe Relation zwischen unscharfen Mengen

Seien $X_1,\ldots,X_n \subseteq \mathbb{R}$ Grundmengen, auf denen die unscharfen Mengen $\mathbf{A}_i = \{(x_i; \mu_i(x_i)) \mid x_i \in X_i, i=1,\ldots n\}$ definiert sind. Dann heißt die Abbildung

$$\mathbf{R}: \mathbf{A}_1,\ldots,\mathbf{A}_n \rightarrow [0,1]$$

eine n-stellige unscharfe Relation zwischen den unscharfen Mengen $\mathbf{A}_i$, falls $\forall(x_1, \ldots, x_n) \in X_1 \times \ldots \times X_n$ gilt: $\mathbf{R} \subseteq \mathbf{A}_1 \otimes \ldots \otimes \mathbf{A}_n$, für n=2 beispielsweise

$$\mu_R(x_1, x_2) \leq \mu_{KP}(x_1, x_2) = \min\,[\mu_A(x_1), \mu_B(x_2)].$$

$\mathbf{R}(\mathbf{A}_1,\ldots,\mathbf{A}_n)$ bildet wieder eine unscharfe Menge. Im Fall n=2 ist

$$\mathbf{R}(\mathbf{A}_1, \mathbf{A}_2) = \{((x_1, x_2); \mu_R(x_1, x_2)) \mid (x_1, x_2) \in X_1 \times X_2\}.$$

Bemerkung

Sowohl das kartesische Produkt $\mathbf{A}_1 \otimes \mathbf{A}_2$ zweier unscharfer Mengen $\mathbf{A}_1 \in \mathbf{P}(X_1)$ und $\mathbf{A}_2 \in \mathbf{P}(X_2)$ als auch die darauf anwendbaren unscharfen Relationen lassen sich in einem von x_1, x_2 und $\mu_{KP}(x_1, x_2)$ aufgespannten Raum als gekrümmte Fläche darstellen. Die Bedingung in Definition 6.2 fordert nun, daß alle denkbaren unscharfen Relationen auf $X_1 \times X_2$ im unscharfen kartesischen Produkt enthalten sind. Die entsprechenden Flächen müssen also bezüglich ihrer Zugehörigkeitswerte unterhalb derjenigen des kartesischen Produkts $\mathbf{A}_1 \otimes \mathbf{A}_2$ liegen oder damit übereinstimmen. Das kartesische Produkt ist die bezüglich der Inklusion größtmögliche Verknüpfung von $\mathbf{A}_1$ und $\mathbf{A}_2$. Für den Fall zweier scharfer Mengen A_1 und B_2, d.h. für $\mu_1(x_1)$, $\mu_2(x_2) \in \{0,1\}$, reduziert sich die Einschränkung in Definition 6.2 auf die Bedingung $\mu_R(x_1,x_2) \leq 1$.

Beispiel 6.3

Es seien die Terme *schnell* und *kalt* zur Charakterisierung der linguistischen Variablen "Fließgeschwindigkeit" und "Temperatur" einer Kühlflüssigkeit auf den diskretisierten Grundbereichen V[m] = {1,2, 3, 4, 5} und T[°C] = {0, 100, 200, 300, 400, 500} gegeben. Der Term *schnell* sei durch $\mathbf{V}_{schnell} = \{(1;0), (2;0.3), (3;0.9), (4;1), (5;1)\}$, der Term *kalt* durch $\mathbf{T}_{kalt} = \{(100;1), (200;1), (300;0.7), (400;0.2), (500;0)\}$ repräsentiert; die Zugehörigkeitsfunktionen der beiden Terme sind in Abbildung 6.2 dargestellt.

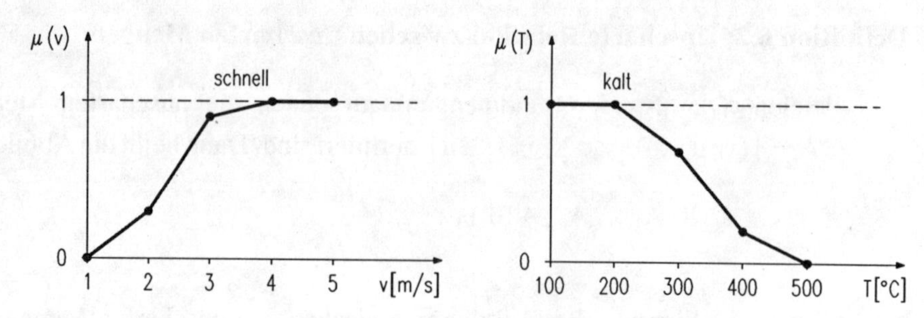

Abb. 6.2. Zugehörigkeitsfunktionen der beiden Terme *schnell* und *kalt.*

Das kartesische Produkt von $\mathbf{V}_{schnell}$ und $\mathbf{T}_{kalt}$ ergibt sich dann zu

$\mu_{kp}(v,T)$:

v \ T	100	200	300	400	500
1	0	0	0	0	0
2	0.3	0.3	0.3	0.2	0
3	0.9	0.9	0.7	0.2	0
4	1	1	0.7	0.2	0
5	1	1	0.7	0.2	0 .

$\mu_{kp}(v,T)$ kann als ZGF aktueller Zustandswerte (v, T) zu einer *schnellfließenden* und zugleich *kalten* Kühlflüssigkeit interpretiert werden. Abbildung 6.3 zeigt eine 3D-Darstellung.

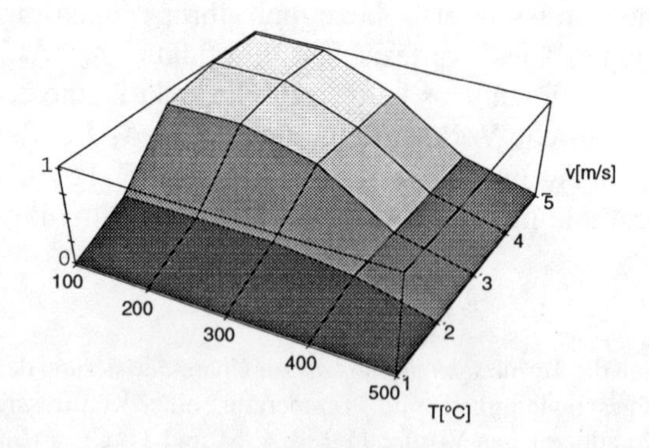

Abb. 6.3. 3D-Darstellung des kartesischen Produkts im Geschwindigkeits-Temperatur-Raum: *schnellfließende* und zugleich *kalte* Flüssigkeit.

Auf dem kartesischen Produkt kann ein Experte nun beispielsweise eine unscharfe Relation $\mathbf{R}(\mathbf{V}_{schnell}, \mathbf{T}_{kalt})$ = "Die Flüssigkeit fließt - relativ gesehen -eher *schnell* als daß sie *kalt* ist" bilden:

$\mu_R(v, T)$:

v \ T	100	200	300	400	500
1	0	0	0	0	0
2	0.2	0	0	0	0
3	0.6	0.2	0	0	0
4	0.8	0.6	0.1	0	0
5	1	0.9	0.6	0	0 .

Diese unscharfe Relation ist in Abbildung 6.4 als 3D-Graphik dargestellt. Damit ist ein unmittelbarer Vergleich zwischen dem kartesischen Produkt $\mathbf{V}_{schnell} \otimes \mathbf{T}_{kalt}$(Abbildung 6.2) und der unscharfen Relation $\mathbf{R}(\mathbf{V}_{schnell}, \mathbf{T}_{kalt})$ möglich.

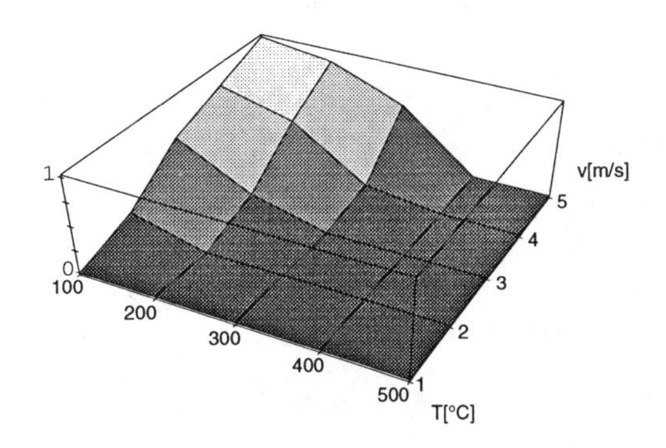

Abb. 6.4. 3D-Darstellung der unscharfen Relation $\mathbf{R}(\mathbf{V}_{schnell}, \mathbf{T}_{kalt})$: eher *schnellfließende* als *kalte* Flüssigkeit.

Unscharfe Relationen nach Definition 6.1 und Definition 6.2 stellen unabhängig davon, ob sie sich auf scharfe oder unscharfe Variablen beziehen, unscharfe Mengen dar. Ihre Schreibweise kann vereinheitlicht werden, indem zur Darstellung der Bezugsvariablen grundsätzlich die Namen der dazugehörigen Grundbereichselemente verwendet werden. Die Schreibweise unscharfer Relationen $\mathbf{R}(x_1, \ldots, x_n)$ zwischen scharfen Variablen $x_1 \in X_1, \ldots, x_n \in X_n$ bleibt dann erhalten, während unscharfe Relationen $\mathbf{R}(u_1, \ldots, u_n)$ zwischen unscharfen Variablen $u_1, \ldots, u_n$ auf den Grundbereichen $X_1, \ldots, X_n$ ebenfalls als $\mathbf{R}(x_1, \ldots, x_n)$ geschrieben werden. Im folgenden wird diese einheitliche Schreibweise verwendet, außer wenn explizit auf die unscharfen Bezugsgrößen hingewiesen werden soll oder wenn die Bezugsgrößen einer Relation bereits an anderer Stelle genannt wurden und nicht von wesentlicher Bedeutung sind; dann wird auf ihre Darstellung verzichtet, um den Zugang durch eine einfache Schreibweise zu erleichtern.

Definition 6.3: Durchschnitt und Vereinigung unscharfer Relationen im selben Produktraum

Seien $\mathbf{R}(x_1, \ldots, x_n)$ und $\mathbf{Z}(x_1, \ldots, x_n)$ zwei unscharfe Relationen im selben Produktraum. Durchschnitt ($\cap$) und Vereinigung ($\cup$) von **R** und **Z** sind dann als Verknüpfungsoperatoren für alle $(x_1, \ldots, x_n)$ auf einem gemeinsamen Grundbereich $X_1 \times \ldots \times X_n$ definiert durch:

$$\mu_{R \cap Z}(x_1, \ldots, x_n) = \min\left\{\mu_R(x_1, \ldots, x_n), \mu_Z(x_1, \ldots, x_n)\right\},$$

$$\mu_{R \cup Z}(x_1, \ldots, x_n) = \max\left\{\mu_R(x_1, \ldots, x_n), \mu_Z(x_1, \ldots, x_n)\right\}.$$

Beispiel 6.4

Es seien die beiden unscharfen Relationen **R** und **Z** als subjektive Einschätzungen eines Experten über einen Vergleich der scharfen Werte von x und y gegeben mit

R(x,y) = "x *ist größer als* y" :

x \ y	1	2	5	10
4	1	0.9	0.1	0
8	1	1	0.6	0.1
15	1	1	1	0.6 ,

Z(x,y) = "x *ist ungefähr gleich* y":

x \ y	1	2	5	10
4	0.1	0.4	0.9	0.1
8	0	0	0.5	0.8
15	0	0	0.1	0.6 .

Die Zugehörigkeitswerte von Durchschnitt **R**∩Z und Vereinigung **R∪Z** ergeben sich dann zu

$\mu_{R\cup Z}(x,y)$:

x \ y	1	2	5	10
4	1	0.9	0.9	0.1
8	1	1	0.6	0.8
15	1	1	1	0.6

$\mu_{R\cap Z}(x,y)$:

x \ y	1	2	5	10
4	0.1	0.4	0.1	0
8	0	0	0.5	0.1
15	0	0	0.1	0.6

Die Ergebnisse lassen sich wie folgt interpretieren:

R∪Z: "x ist *größer* oder *ungefähr gleich* y",

R∩Z: "*x* ist *größer* und zugleich *ungefähr gleich* y".

6.2 Verkettung unscharfer Relationen

Im nächsten Schritt sollen auch unscharfe Relationen aus unterschiedlichen Produkträumen miteinander verknüpft werden, so daß durch Nacheinanderausführen eine neue unscharfe Relation auf einem verketteten Produktraum entsteht.

Die "Komposition" bzw. "Verkettung" unscharfer Relationen stellt eine Erweiterung der Verkettung scharfer Relationen nach Definition 2.9 dar und ist allgemein in der Entscheidungstheorie, speziell beim Reglerentwurf und bei der automatischen Klassifizierung wichtig. Die Unschärfe der Ergebnisrelation entsteht durch die Unschärfe der zu verkettenden Relationen und durch die Verkettungsregel selbst, wobei für die quantitative Umsetzung unterschiedliche Berechnungsvorschriften denkbar sind. Im Gegensatz zu Definition 2.9 und (2.4) werden sich deren Ergebnisse allerdings jetzt unterscheiden. Am häufigsten wird die Max-Min-Verkettung angewendet, die sich direkt als Erweiterung von (2.4) ergibt und im folgenden definiert wird.

Definition 6.4: Max-Min-Verkettung (Max-Min-Komposition)

Die Max-Min-Verkettung ($\circ_{MM}$) der unscharfen Relationen

$$\mathbf{R}_1(x,y) = \{[(x,y); \mu_1(x,y)] \mid (x,y) \in X \times Y\},$$

$$\mathbf{R}_2(y,z) = \{[(y,z); \mu_2(y,z)] \mid (y,z) \in Y \times Z\}$$

liefert als Ergebnis eine unscharfe Menge $\mathbf{R}_{12}(x,z) = \mathbf{R}_1(x,y) \circ_{MM} \mathbf{R}_2(y,z)$ mit

$$\mathbf{R}_{12}(x,z) = \{((x,z); \max_y \min[\mu_1(x,y), \mu_2(y,z)]) \mid (x,y,z) \in X \times Y \times Z\}.$$

$\mathbf{R}_1 \circ_{MM} \mathbf{R}_2$ stellt eine unscharfe Relation nach Definition 6.1 im Produktraum X×Z dar, d.h. also zwischen Werten x und z.

Für den Fall, daß $\mathbf{R}_1$ und $\mathbf{R}_2$ als Zugehörigkeitsmatrizen darstellbar sind, kann zur Max-Min-Verkettung das zur Matrizenmultiplikation bekannte Verfahren angewendet werden, wobei die Multiplikation durch die Minimumbildung und die Summation durch die Maximumbildung zu ersetzen sind.

Beispiel 6.5

Es seien die beiden unscharfen Relationen $\mathbf{R}_1(x,y)$ und $\mathbf{R}_2(y,z)$ als subjektive Einschätzungen über einen Vergleich der scharfen Werte von x, y und z durch die folgenden Zugehörigkeitsmatrizen gegeben:

["x *ist größer als* y"] : $\mu_1(x,y)$:

x \ y	1	2	5	10
2	0.9	0.5	0.1	0
5	1	0.9	0.5	0.1
10	1	1	0.9	0.5

,

["y *ist ungefähr gleich* z"] : $\mu_2(y,z)$:

y \ z	1	5	10	20
1	1	0.1	0	0
2	0.9	0.2	0	0
5	0.1	1	0.5	0.1
10	0	0.2	1	0.3

.

Das numerische Ergebnis $\mathbf{R}(x,z) = \mathbf{R}_1(x,y) \circ_{MM} \mathbf{R}_2(y,z)$ der Max-Min-Verkettung berechnet sich nach Definition 6.4 wie folgt:

$\mu_{R1}(x,y)$:

y \ z	1	5	10	20
1	1	0.1	0	0
2	0.9	0.2	0	0
5	0.1	1	0.5	0.1
10	0	0.2	1	0.3

x \ y	1	2	5	10
2	0.9	0.5	0.1	0
5	1	0.9	0.5	0.1
10	1	1	0.9	0.5

↑

$\mu_{R1}(x,y)$

x \ z	1	5	10	20
2	0.9	0.2	0.1	0.1
5	1	0.5	0.5	0.1
10	1	0.9	0.5	0.3

↓

$\mu_R(x,z) = \mu_{R1}(x,y) \circ_{MM} \mu_{R2}(y,z)$

Ähnlich wie im Fall der Verkettung scharfer Relationen nach Kapitel 2.1 läßt sich das Ergebnis $\mathbf{R}(x,z)$ interpretieren als

"x *ist größer als* y und zugleich y *ist ungefähr gleich* z".

Als Ergebnis entsteht also eine Aussage darüber, inwiefern x größer ist als z. Wenn die physikalischen Einheiten von x, y und z unterschiedlich sind, dann ist diese Interpretation wie in Beispiel 6.3 auszulegen.

Neben der Max-Min-Verkettung wird gelegentlich auch die Max-Prod-Verkettung ($\circ_{MP}$) verwendet. Bei Verwendung des Schemas zur Matrizenmultiplikation bleibt dann die Bildung des inneren Produkts erhalten, während die Summation durch die Bildung des Maximums zu ersetzen ist. Damit berechnet sich $\mathbf{R}_1 \circ_{MP} \mathbf{R}_2$ zu

$$\mathbf{R}_1 \circ_{MP} \mathbf{R}_2 = \left\{ [(x,z); \max_y \left(\mu_{R1}(x,y) \cdot \mu_{R2}(y,z)\right)] \mid (x,y,z) \in X{\times}Y{\times}Z \right\}.$$

Ein weiteres Verfahren ist die Max-Average-Verkettung ($\circ_{MA}$), bei der die Produktbildung durch eine Mittelwertbildung und die Summation durch die Maximum-Bildung ersetzt wird. Dann berechnet sich $\mathbf{R}_1 \circ_{MA} \mathbf{R}_2$ zu

$$\mathbf{R}_1 \circ_{MA} \mathbf{R}_2 = \left\{ [(x,z); \tfrac{1}{2} \cdot \max_y \left(\mu_{R1}(x,y) + \mu_{R2}(y,z)\right)] \mid (x,y,z) \in X{\times}Y{\times}Z \right\}.$$

Wenn für $\mathbf{R}_1$ und $\mathbf{R}_2$ die Zahlenwerte nach Beispiel 6.5 vorgegeben sind, ergeben sich die beiden Zugehörigkeitsmatrizen $\mu_{MP}(x,z)$ und $\mu_{MA}(x,z)$ zu

$\mu_{MP}(x,z)$:

x \ z	1	5	10	20
2	0.9	0.1	0.05	0.01
5	1	0.5	0.25	0.05
10	1	0.9	0.5	0.15

$\mu_{MA}(x,z)$:

x \ z	1	5	10	20
2	0.95	0.55	0.5	0.45
5	1	0.75	0.55	0.5
10	1	0.95	0.75	0.5 .

An diesem Beispiel sieht man, daß sich die Verkettungsergebnisse in Abhängigkeit vom gewählten Verkettungsverfahren deutlich unterscheiden können. Das Max-Average-Verfahren belegt eine gewisse Außenseiterrolle, da die Variabilität der Zugehörigkeitswerte hier offensichtlich erheblich geringer ist als bei den beiden anderen Verfahren und damit die Mengenbeschreibung unschärfer wird.

Wenn die Zugehörigkeitsfunktion $\mu(x,z)$ als Möglichkeitsverteilung aufgefaßt wird und eine Worst-Case-Betrachtung angestellt werden soll, dann ist unter den drei vorgestellten Verfahren das Max-Average-Verfahren den beiden anderen vorzuziehen. In der Regel wird allerdings - z.B. aus Gründen der Berechnungsgeschwindigkeit - das Max-Min-Verfahren verwendet.

7 Unscharfe regelbasierte Expertensysteme

Regelbasierte Expertensysteme (RES) modellieren statt des zu bedienenden Systems einen Experten, der dieses handhaben kann. Damit wird das Expertenwissen für Nichtexperten zugänglich, die so unter Mithilfe von RES Entscheidungen treffen können.

7.1 Allgemeiner Aufbau

Allgemein können eine Reihe von Anforderungen an RES gestellt werden:

- die Kommunikation mit Experten und Benutzern soll in *natürlicher* Sprachumgebung erfolgen (standardisierte Fachsprache),

- das RES soll seine Entscheidungen in ähnlicher Weise treffen wie Menschen, damit die Entscheidungsfindung leicht rekonstruierbar und nachvollziehbar wird,

- eine Entscheidungsfindung soll auch bei unzureichenden Eingangsinformationen gewährleistet sein, d.h. die Reaktionweise des RES auf nicht in der Wissensbasis gespeicherte Eingangsbedingungen soll determiniert sein,

- es soll die Möglichkeit zur Wissenserweiterung durch Lernen bestehen,

- fachspezifisches Wissen und Methoden zur Problemlösung sollen logisch voneinander getrennt sein.

Eine allgemeine Blockstruktur eines RES ist in Abb. 7.1 dargestellt. Das eigentliche RES ist dabei mit einem gestrichelten Rahmen gekennzeichnet und "kommuniziert" sowohl mit dem Experten als auch mit dem Anwender.

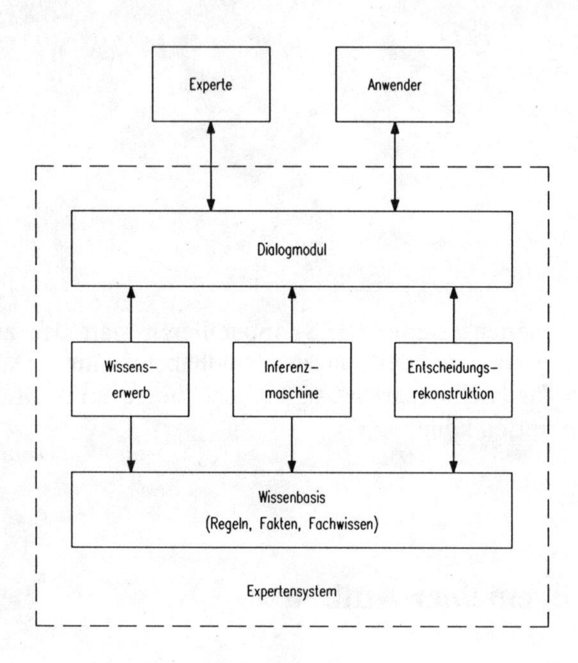

Abb. 7.1. Blockstruktur eines regelbasierten Expertensystems (nach [Zimmermann, 1991]).

Dialogmodul

Das RES kann sowohl vom Benutzer, der Wissen abfragt, als auch vom Experten, der Wissen erzeugt, mit Hilfe dieses Moduls zum "Dialog" aufgefordert werden.

Wissensbasis

Die Grundlage eines RES bildet die Wissensbasis. Sie beinhaltet das gesamte zur Verfügung stehende Fachwissen. Dieses unterscheidet man nach deklarativem und prozeduralem Wissen: Das deklarative Wissen beschreibt die vom Experten verwendeten Objekte (grundsätzliche Fakten wie <$u_i = A_i$>, Konzepte, Bedeutungen von Termen, ...) sowie deren Beziehungen untereinander. Es wird in der Datenbasis gespeichert. Das prozedurale Wissen beschreibt die Möglichkeiten, mit den Objekten der Datenbasis durch Regeln wie IF $u_i = A_i$ THEN $v_i = B_i$ Schlußfolgerungen zu ziehen. Diese Regeln stellen ausgewählte (und für besonders wichtig angesehene) Präzedenzfälle dar. Sie werden in der Regelbasis bzw. Regelbank gespeichert.

Beispiel 7.1

In einem medizinischen RES können die verschiedenen Fachärzte als Experten ihres spezifischen Fachgebiets angesehen werden, deren Fachwissen dem betreuenden Arzt zugänglich gemacht werden soll. Das deklarative Wissen besteht u.a. aus den Objekten "mögliche Krankheiten", "Erklärungen für Krankheitsverläufe", " Krankheitssymptome und Symptome bei Medikamenteneinnahme". Das prozedurale Wissen besteht in den gespeicherten Lösungsmöglichkeiten und -wegen, bei Vorgabe erkannter oder vermuteter Symptomen Schlußfolgerungen über die ursächlichen Krankheiten des Patienten sowie deren Zusammenwirken zu ziehen.

Bei RES besteht die Regelbasis also aus einer Reihe von "Produktionsregeln" der Form

IF <Bedingungsteil> THEN <Konsequenzenteil> .

Wir werden später sehen, wie diese Produktionsregeln mit Hilfe unscharfer Relationen ausdrückbar sind. Es seien einige grundsätzliche Eigenschaften genannt:

- sie sind quasi-natürlichsprachlich,
- die Wissensbasis ist durch Addition von Regeln leicht erweiterbar,
- die Bedingungs- und Konsequenzenteile können mit Hilfe logischer Beziehungen aus mehreren Teilen zusammengesetzt sein.

Zur Unterstützung von Experten und Benutzer kann das Dialogmodul benutzerfreundliche Regeleditoren und/oder eine automatische Eingabefehler-Überprüfung enthalten.

Es existieren auch Möglichkeiten zur verketteten Wissenspeicherung, die eine Aufteilung in prozedurales und deklaratives Wissen vermeiden.

Wissenserwerb

Zum Wissenserwerb ist in der Regel ein eigenes Modul in das RES integriert. Es übernimmt sowohl eine geführte Expertenbefragung als auch möglicherweise automatische Lernstrategien, die auf dem eingegebenen Wissen aufbauen und neues Wissen erzeugen.

Inferenz-Maschine (engl.: inference engine)

Die Inferenz-Maschine beinhaltet schließlich die Methoden, um die einzelnen Regeln der Wissensbasis unter gegebenen Prozeßvoraussetzungen zu verknüpfen und für konkrete Vorgabewerte Schlußfolgerungen zu ziehen.

Unscharfe RES beruhen auf qualitativen (unscharfen) Expertenaussagen und damit auf (scharf) gespeichertem qualitativem Wissen. Ein wesentliches Konzept ist neben dem Einsatz von linguistischen Variablen und Operatoren die Methode des "Approximativen Schließens". Diese soll in den folgenden beiden Kapiteln unter Zuhilfenahme von unscharfen Relationen genauer vorgestellt werden.

Entscheidungsrekonstruktion

Um die Entscheidungen des RES für den Experten nachprüfbar und für den Anwender nachvollziehbar zu machen, kann zusätzlich ein Modul zur Entscheidungsrekonstruktion implementiert werden.

7.2 Approximatives Schließen

Ein bedeutendes Problem bei regelbasierten Systemen - Regler oder Klassifikator - besteht darin, die aktuellen Eingabewerte mit den gespeicherten Regeln zu verknüpfen und daraus Ausgebewerte zu bestimmen, Folgerungen zu ziehen, oder kurz: zu "schließen". Ein für diese Aufgabe häufig verwendeter Lösungsansatz ist der "Modus-Ponens" der Binärlogik: hier wird auf der Basis einer Implikation ("IF...THEN...-Regel" bzw. "$\Rightarrow$") und einer Prämisse (Wertvorgabe für die

Bedingung der Implikation) geschlossen. Die Schlüsse können mit Hilfe von unscharfen Relationen quantitativ umgesetzt werden. Der Modus-Ponens stellt eine Tautologie dar, daß heißt eine logische Beziehung, die stets wahr ist.

Modus Ponens

Zur Veranschaulichung der Methode seien zunächst zwei Variablen u und v mit möglichen numerischen Werten x_0 und y_0 angenommen. Die Aussagen "$u = x_0$" bzw. "$v = y_0$" (oder kurz "x_0" bzw. "y_0") seien entweder wahr oder falsch. Eine Folgerung kann mit Gewißheit nur dann getroffen werden, wenn die Bedingung der Implikation von der Prämisse erfüllt wird. Dann ergibt sich folgendes Schema:

Implikation	:	IF $u = x_0$ THEN $v = y_0$
Prämisse	:	$u = x_0$
Folgerung	:	$v = y_0$,

oder in Kurzschreibweise:

$$[(x_0 \Rightarrow y_0) \wedge x_0] \rightarrow y_0 \,. \qquad (7.1)$$

Der einfache Pfeil ($\rightarrow$) soll auf den Prozeß des Schließens hindeuten, wird ansonsten aber wie eine Implikation behandelt. Der Modus-Ponens kann folgendermaßen interpretiert werden: unter der Voraussetzung, daß die Expertenregel "$x_0 \Rightarrow y_0$" wahr ist, kann bei Vorgabe von x_0 die Folgerung y_0 getroffen werden. Es stellt sich allerdings die Frage, welches Ergebnis v die Regel bei Vorgabe einer allgemeinen Prämisse "$u = x_1$" mit $x_1 \neq x_0$ erzeugen soll.

Weiterhin könnte auch der Wahrheitswert der Implikation, d.h. der Produktionsregel, in Frage gestellt werden. In diesem Fall läßt sich (7.1) folgendermaßen interpretieren: wenn die Implikation "$x_0 \Rightarrow y_0$" wahr ist und ebenfalls die Prämisse x_0 wahr ist, kann gefolgert werden, daß auch y_0 wahr ist. Der Wahrheitswert der Implikation ist umgekehrt nur dann mit Gewißheit falsch, wenn $u = x_0$, aber $v \neq y_0$ ist; die anderen Wahrheitszustände sind unbestimmt. Um diesen "binärlogischen" Konflikt zu beheben, wird im allgemeinen die mit Gewißheit falsche Aussage über den Wahrheitszustand verallgemeinert entsprechend einer Äquivalenz

$$[x_0 \Rightarrow y_0] \Leftrightarrow [\neg(x_0 \wedge \neg y_0)] \Leftrightarrow [\neg x_0 \vee y_0] \qquad (7.2)$$

Es entsteht die folgende Wahrheitstabelle für die Implikation (1=wahr, 0=falsch):

x_0	y_0	$x_0 \Rightarrow y_0$
0	0	1
0	1	1
1	0	0
1	1	1 .

Die beiden ersten Zeilen der obigen Tabelle sind mit dem subjektiven logischen Empfinden nicht vereinbar, da bei einer für die Implikation irrelevanten Prämisse gefolgert wird. Sie werden durch Postulieren der Gültigkeit von (7.2) definiert. Eine entsprechende Vorgehensweise kann bei technischen Systemen nur unter Berücksichtigung umfangreicher Vorsichtsmaßnahmen angewendet werden.

Bemerkungen

1. Für die Folgerung (7.1) läßt sich auf analoge Weise eine Wahrheitstabelle aufstellen.
2. Neben dem beschriebenen Problem treten in der kartesischen Logik auch Paradoxa auf. So kann beispielsweise der Wahrheitswert der Aussage A: "ich lüge immer" nicht eindeutig festgelegt werden; denn falls A wahr wäre, müßte "ich" auch bei der Formulierung von A lügen, womit A falsch wäre, und umgekehrt .

Erweiterter Modus Ponens

Beim approximativen Schließen auf der Basis unscharfer Regeln und Fakten wird dagegen von einem "erweiterten Modus-Ponens" auf der Basis gradueller numerischer Wahrheitswerte der Aussagen mit möglichen Zwischenwerten $v \in [0,1]$ im Einheitsintervall ausgegangen. Zur Veranschaulichung der Methode werden zwei linguistische Variablen u und v mit den linguistischen Werten α und β sowie daraus leicht modifizierten Werten α' und β'' auf den Grundbereichen X und Y angenommen. Die einfache bzw. doppelte Hochkommaschreibweise soll darauf aufmerksam machen, daß α' und β'' mit unterschiedlichen Modifikationsvorschriften aus α und β hervorgehen. Diese unscharfen Werte seien mit Hilfe von unscharfen Mengen bzw. Zahlen $\mathbf{A}(x)$, $\mathbf{B}(y)$, $\mathbf{A}'(x)$, $\mathbf{B}''(y)$ auf die physikalische

Welt abgebildet.[1] Bei Vorgabe einer Implikation und einer dazugehörenden Prämisse entsteht das folgende Schema:

Implikation	:	IF $u = \alpha$ THEN $v = \beta$
Prämisse	:	$u = \alpha'$
Folgerung	:	$v = \beta''$,

oder in Kurzschreibweise:

$$[(\alpha \Rightarrow \beta) \wedge \alpha'] \rightarrow \beta''. \tag{7.3}$$

Die Unschärfe der Folgerung β'' ist einerseits auf die Unschärfen von α, β und α' zurückzuführen, andererseits auch auf den Folgerungsalgorithmus an sich, d.h. auf die Umsetzung des erweiterten Modus-Ponens in einen mathematischen Formalismus.

Beispiel 7.2

Es soll ein System zur automatischen Bestimmung des Kirschengeschmacks aus Meßwerten - wie beispielsweise der Kirschenfarbe - entwickelt werden. Als Expertenaussage sei bekannt: *rote Kirschen sind süß*, d.h.:

IF Kirschenfarbe u = *rot* THEN Geschmack v = *süß*,

Die Terme *rot* und *süß* sind mit Hilfe unscharfer Mengen **A**(x) und **B**(y) auf eine Farb- bzw. Geschmacksskala abgebildet. Bei Vorgabe einer sehr roten Kirsche entsteht die folgende prinzipielle Situation:

Implikation	:	IF u = *rot* THEN v = *süß*
Prämisse	:	u = *sehr rot*
Folgerung	:	v = *mehr als süß* .

[1] Die Angabe von Argumenten (x) oder (y) für die unscharfen Mengen soll verdeutlichen, auf welchem Grundbereich diese definiert sind. Bei scharfem Prämissenwert $u = x_0$ wird x_0 als Singleton interpretiert.

Die Unschärfe der Folgerung "Geschmack v = *mehr als süß* " entsteht durch das Zusammenwirken der vorgegebenen Unschärfen der Terme *rot*, *süß* und *sehr rot* mit der Tatsache, daß die Bedingung "Kirschenfarbe u = *rot* " der Implikation nur graduell von der Prämisse erfüllt wird. Die Folgerung beinhaltet eine mehrfache Unschärfe.

Ohne Zusatzaussagen können in einem solchen System leicht Fehlschlüsse gezogen werden (ersetze z.B. *süß* durch *gutschmeckend*: die Kirsche könnte in diesem Fall bereits zu rot sein, um noch gut zu schmecken). Das obige Beispiel zeigt die Notwendigkeit an, zur Vermeidung von Fehlschlüssen bzw. Instabilitäten bei der Prozeßbeschreibung eine möglichst alle Grundzustände beschreibende Regelbank anzulegen, d.h. eine hinreichende Anzahl repräsentativer Einzelregeln. Das Erstellen einer solchen Regelbank ist eines der wesentlichen Probleme beim Einsatz unscharfer Methoden und läßt sich nicht generalisieren, sondern muß problemspezifisch durchgeführt werden. Dazu sind, wie beschrieben, Expertenaussagen heranzuziehen. Eine weitere Möglichkeit besteht darin, daß der Entwickler das Verhalten eines zu untersuchenden Systems solange durch Variation der Parameter studiert, bis er selbst zum Experten wird und in der Lage ist, dieses durch verbale Aussagen zu beschreiben.

7.3 Schließen mit Hilfe unscharfer Relationen

Bei gleichzeitiger Vorgabe einer zweistelligen scharfen Relation R zwischen zwei Variablen x,y und des einen - ebenfalls scharfen - Variablenwertes entsteht eine Relationalgleichung, die den Wertebereich des zweiten Variablenwertes einschränkt. Der vorgegebene Wert kann dann als scharfe Schranke bzw. Beschränkung für die zweite Variable angesehen werden. Als Konsequenz der entsteht eine Lösungsmenge, deren charakteristische Funktion selbst als Beschränkung für ihren Grundbereich angesehen werden kann.

Beispiel 7.3

Es sei die zweistellige scharfe Relation $R_>$: *größer als* zwischen den Variablen x und y gegeben mit $R_>(x, y) = \{(x, y) \in \mathbb{R}^2 \mid x > y\}$. Bei Vorgabe von $x_0 = 18$ wird der Wertebereich B(y) von y eingeschränkt auf

$$B(y) = \{y \in \mathbb{R} \mid y < 18\}.$$

Unscharfe Relationen stellen unscharfe Beziehungen zwischen den beteiligten Variablen her. So stellt beispielsweise die zweistellige unscharfe Relation $\mathbf{R}_{\approx}$ (x,y): *ungefähr gleich* zwischen zwei linguistischen Werten u und v eine Beziehung darüber her, wie sehr die Zugehörigkeitswerte von u an den möglichen Stellen x mit den Zugehörigkeitswerten von v an den Stellen y übereinstimmen. Die Festlegung des einen linguistischen Variablenwertes (z.B. von u) beschränkt den Wertebereich der anderen Variablen (z.B. von v) unscharf. Die Unschärfe kann sowohl durch die Unschärfe der Relation als auch durch Vorgabe eines unscharfen Wertes entstehen.

Definition 7.1: Unscharfe Schranke

Sei $\mathbf{R}(x,y) \in \mathbf{P}(X \times Y)$ eine unscharfe Relation zwischen zwei Variablen u und v. Dann wird durch die Wertzuweisung für u mit einem scharfen Wert aus dem Grundbereich X oder einer unscharfen Menge auf X eine unscharfe Schranke $\mathbf{B}(y)$ als elastische Begrenzung des Lösungsraums von v festgelegt. $\mathbf{B}(y)$ bestimmt den Grad der Möglichkeit dafür, daß $y \in Y$ ein Wert von v ist, falls $x \in X$ ein Wert von u ist.

Zunächst soll der Sonderfall behandelt werden, daß die Unschärfe der Schranke bei Vorgabe eines scharfen Wertes für u allein durch die Unschärfe der Relation entsteht. Sei dazu $\mathbf{R} \in \mathbf{P}(X \times Y)$ eine unscharfe Relation zwischen zwei Variablen u und v. Dann wird durch die Wertzuweisung $u = x_0$ mit $x_0 \in X$ eine unscharfe Schranke $\mathbf{B}(y) = \mathbf{R}(x_0,y)$ für den Lösungsraum von v erzeugt. Umgekehrt kann dies auch so interpretiert werden, daß einem scharfen Wert x_0 eine unscharfe Menge $\mathbf{B}(y)$ zugeordnet wird. Mit β als linguistischer Entsprechung von $\mathbf{B}(y)$ läßt sich die unscharfe Relation $\mathbf{R}$ deshalb an der Stelle $u=x_0$ durch eine Regel der Form

$$\text{IF } u=x_0 \text{ THEN } v=\beta$$

ausdrücken, bei der $\mathbf{R}$ nicht explizit in Erscheinung tritt.[1] Diese Zuordnung ist aber nicht eineindeutig, da bei Vorgabe von unterschiedlichen Werten x_0 durchaus identische unscharfe Schranken $\mathbf{B}(y)$ entstehen können. Eine unscharfe Relation führt daher zwar eindeutig auf eine IF...THEN...-Regel, nicht aber umgekehrt.

---

[1] Bei Anwendungen wie unscharfen Reglern werden IF...THEN...- Produktionsregeln vorgegeben, und es besteht die Aufgabe, dazugehörige unscharfe Relationen **R** zu finden.

Bei expliziter Vorgabe von **R** führt ein Eingabewert $u=x_1 \neq x_0$ zur Folgerung v=**B''**.

Beispiel 7.4

Gegeben seien die numerischen Variablen "Eingangsspannung" u und "Ausgangsspannung" v eines Systems, die Menge X = {0, 1, 2, 3} der möglichen Eingangsspannungswerte x, die Menge Y = {1, 2, 5, 10, 15} der möglichen Ausgangsspannungswerte y sowie die unscharfe Relation $\mathbf{R}_{<<}(x,y)$: *wesentlich kleiner als* mit der Zugehörigkeitsfunktion

$\mu_{R<<}(x,y)$: x \ y	1	2	5	10	15
0	0.3	0.5	1	1	1
1	0.1	0.4	1	1	1
2	0	0.3	0.9	1	1
3	0	0.1	0.8	0.9	1

Durch Vorgabe des scharfen Wertes $x_0 = 2$ für u wird durch die Unschärfe von $\mathbf{R}_{<<}(x,y)$ der Wertebereich von v nach Maßgabe der Zeile [x = 2] von $\mathbf{R}_{<<}(x,y)$ eingeschränkt. Der unscharfe Wert **B''**(y) von v ergibt sich damit (als unscharfe Schranke für den Wertebereich von v) zu

$$\mathbf{B}''(y) = \{(y;\mu_B(y)) \mid (1;0), (2; 0.3), (5; 0.9), (10;1), (15;1)\}.$$

Die Folgerung v=**B''**(y) stellt den unscharfen Ausgangswert eines unscharfen Systems, dessen Übertragungsverhalten durch die unscharfe Relation $\mathbf{R}_{<<}(x,y)$ charakterisiert wird, für den scharfen Eingangswert x_0 dar.

Bemerkungen

1. In Beispiel 7.4 entsteht eine ähnliche Situation wie bei der Regelauswertung in Beispiel 1.7, allerdings berechnet sich die unscharfe Ausgangsgröße aus der scharfen Eingangsgröße jetzt unter Heranziehung einer unscharfen Relation anstelle einer IF...THEN...-Regel. Damit stellt sich die Frage, ob bzw. wie sich diese Regeln in unscharfe Relationen transformieren lassen, um das heuristische Vorgehen in Beispiel 1.7 mathematisch zu begründen.

2. Falls für alle $x_0 \in X$ Folgerungen $\mathbf{B}_{x0(y)}$ bekannt sind, läßt sich eine entsprechende unscharfe Relation $\mathbf{R}_{(x,y)}$ auf $X \times Y$ exakt konstruieren.

3. Die Zugehörigkeitsfunktion $\mu_B(y)$ jeder unscharfen Menge $\mathbf{B}_{(y)} \in \mathbf{P}(Y)$ kann - ähnlich wie eine Filterfunktion - immer auch als unscharfe Schranke für den Wertebereich einer Variablen v betrachtet werden, deren Variabilitätsbereich der gesamte Grundbereich Y ist.

Eine verallgemeinerte Folgerung entsteht dann, wenn auch der Eingabewert für u unscharf ist. Sei also $\mathbf{R} \in \mathbf{P}(X \times Y)$ eine vorgegebene unscharfe Relation zwischen u und v und $\mathbf{A'} \in \mathbf{P}(X)$ der unscharfe Wert von u. Die resultierende Folgerung $v = \mathbf{B''}(y)$ wird dann doppelt unscharf bestimmt durch $\mathbf{A'}(x)$ und $\mathbf{R}(x,y)$.

[Zadeh, 1973] weist auf die Möglichkeit hin, jede unscharfe Menge $\mathbf{A'}(x)$ als einstellige unscharfe Relation auf X zu interpretieren, und schlägt für die Berechnung der entstehenden doppelten Unschärfe für $\mathbf{B''}(y)$ die Max-Min-Verkettung $\mathbf{A'}(x) \circ_{MM} \mathbf{R}(x,y)$ nach Definition 6.4 vor. Die Zugehörigkeitsfunktion $\mu_{B''}(y)$ von $\mathbf{B''}(y)$ ergibt sich dann zu

$$\mu_{B''}(y) = \max_x \min [\mu_{A'}(x), \mu_R(x,y)]. \qquad (7.4)$$

Beispiel 7.5

Es seien die Eingangsspannung u, die Ausgangsspannung v, der Grundbereich $X = \{1, 2, 3, 4\}$ für die möglichen Ein- und Ausgangsspannungswerte $x,y \in X$, sowie das Übertragungsverhalten eines Systems in Form einer unscharfen Relation **R**: "u *ist ungefähr gleich* v" wie folgt als Matrix gegeben:

$\mu_R(x,y)$: x \ y	1	2	3	4
1	1	0.4	0	0
2	0.4	1	0.4	0
3	0	0.4	1	0.4
4	0	0	0.4	1 .

Bei Vorgabe einer unscharfen Eingangsspannung u = *klein*, ausgedrückt durch die unscharfe Menge

$$\mathbf{A'} = \{(1; 1), (2; 0.6), (3; 0.2), (4; 0)\},$$

kann die Berechnung der Zugehörigkeitswerte von $\mathbf{B''}(y)$ in Matrixschreibweise dargestellt werden.

x \ y	1	2	3	4
1	1	0.4	0	0
R→ 2	0.4	1	0.4	0
3	0	0.4	1	0.4
4	0	0	0.4	1

x	1	0.6	0.2	0

↑
A'

y	1	0.6	0.4	0.2

↓
$\mathbf{B''} = \mathbf{A} \circ_{MM} \mathbf{R}$

Die unscharfe Schranke **B''** für die möglichen Werte y der Ausgangsspannung v ergibt sich zu

B'' = {(1;1), (2;0.6), (3;0.4), (4;0.2)}.

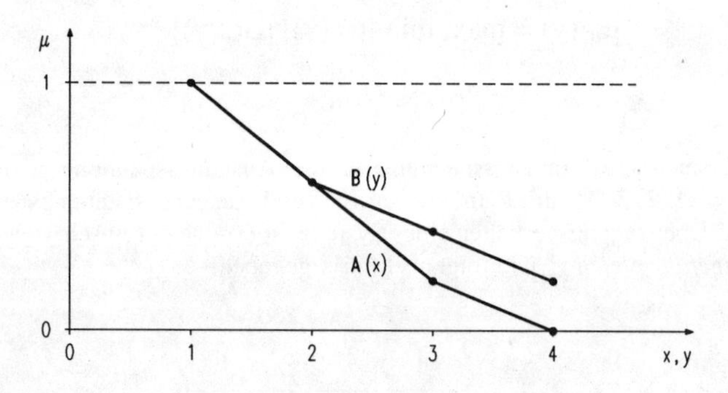

Abb. 7.2. Zugehörigkeitsfunktionen von Eingangsmenge **A'** und Ausgangsmenge **B''**.

Dieses Ergebnis kann folgendermaßen interpretiert werden:

R(x,y) : u und v sind *ungefähr gleich groß*
A'(x) : u ist *klein*

B''(y) : v ist *ziemlich klein*

Daneben können auch die weiteren in Kapitel 6.2 beschriebenen Verknüpfungen zur Verkettung unscharfer Relationen verwendet werden. Eine verallgemeinerte Vorgehensweise zum Schlußfolgern bei unscharfen Aussagen kann in Anlehnung an [Delgado, 1990] wie folgt vorgeschlagen werden. Zur Berechnung von **B''**(y) bei Vorfgabe von **A'**(x) sind nach dieser Verkettungsregel die folgenden Schritte auszuführen:

1. Die linguistischen Terme α und α' werden als unscharfe Mengen **A** und **A'** auf dem Grundbereich X ausgedrückt, β als unscharfe Menge **B** auf dem Grundbereich Y (**B''** ist zunächst unbekannt),

2. eine Implikationsverknüpfung **I**(**A**,**B**) wird ausgesucht, die für alle $(x,y) \in X \times Y$ die Regel $\alpha \rightarrow \beta$ in eine unscharfe Relation $\mathbf{R_I}(x,y)$ umsetzt:

$$\mathbf{R_I}(x,y) = \mathbf{I}[\mathbf{A}(x),\mathbf{B}(y)], \tag{7.5}$$

3. **R**(x,y) wird unter Berücksichtigung von **A'**(x) und unter der Maßgabe "für alle $x \in X$ und $y \in Y$ sollen **A'**(x) *und* **R**(x,y) gelten" in eine Relation $\mathbf{R_T}(x,y)$ überführt:

$$\mathbf{R_T}(x,y) = \mathbf{A'}(x) \,\square\, \mathbf{R_I}(x,y), \tag{7.6}$$

wobei $\square\ \forall y \in Y$ eine Repräsentation des *und* bezüglich der x-Werte ist,

4. **B''**(y) wird für alle $y \in Y$ nach der folgenden Formel bestimmt:

$$\mathbf{B''}(y) = \text{hgt}_{x \in X}\,[\mathbf{R_T}(x,y)]. \tag{7.7}$$

Mit (7.5) bis (7.7) erzeugt die Regel $\alpha \rightarrow \beta$ bei Vorgabe von α' die unscharfe Schranke **B''**(y) für die möglichen Werte von v mit

$$\mathbf{B''}(y) = \text{hgt}_{x \in X}\,[\mathbf{A'}(x) \,\square\, \mathbf{I}[\mathbf{A}(x),\mathbf{B}(y)]]$$

An **B''**(y) wird nun die Forderung $\mathbf{B''}(y) \subset \mathbf{B}(y)$ gestellt, d.h. es kann keine Schlußfolgerung für solche Werte des Grundbereichs gezogen werden, die von der Regel nicht entsprechend abgedeckt sind; das bedeutet $\mu_{B''}(y) \leq \mu_B(y)$.

Zur Realisierung des verallgemeinerten Modus-Ponens sind zwei Entscheidungen zu treffen: erstens, welche Implikationsrelation, und zweitens, welcher Operator (□) zur Darstellung des *und* zu verwenden sind; dabei sollte die Wahl von (□) in Abhängigkeit von der Wahl der Implikationsverknüpfung erfolgen. Zahlreiche Kombinationsmöglichkeiten werden beispielsweise bei [Tilli, 1991] diskutiert. Im folgenden werden einige interessante Varianten vorgestellt.

Fallbeispiel nach [Mamdani, 1975]

Eine sehr einfache Implikationsrelation $\mathbf{R_M}$ benutzt das kartesische Produkt $\otimes$ und wurde von Mamdani vorgeschlagen; sie berechnet sich zu

$$\mathbf{R_M} = \mathbf{A} \otimes \mathbf{B}\,. \tag{7.8}$$

Damit ergibt sich die Zugehörigkeitsfunktion $\mu_M(x,y)$ zu

$$\mu_M(x,y) = \min\,[\mu_A(x), \mu_B(y)]\,. \tag{7.9}$$

Als Repräsentation des *und* in (7.6) wird in diesem Fall der Durchschnitt verwendet; die Schlußfolgerung $\mathbf{B''}(y)$ berechnet sich dann entsprechend (7.4) durch Max-Min-Verkettung von $\mathbf{A'}$ und $\mathbf{R_M}$. Mit (7.5), (7.6) und (7.7) entsteht die Zugehörigkeitsfunktion $\mu_{MB''}(y)$ mit

$$\begin{aligned}
\mu_{MB''}(y) &= \sup_{x\in X} \min\,[\mu_{A'}(x), \mu_M(x,y)] \\
&= \sup_{x\in X} \min\,[\mu_{A'}(x), \min\,[\mu_A(x), \mu_B(y)]] \\
&= \sup_{x\in X} \min\,[\min\,[\mu_{A'}(x), \mu_A(x)], \mu_B(y)] \\
&= \sup_{x\in X} \min\,[\mu_{A'\cap A}(x), \mu_B(y)] \\
&= \min\,[\sup_{x\in X}\,[\mu_{A'\cap A}(x)], \mu_B(y)] \le \mu_B(y)\,.
\end{aligned} \tag{7.10}$$

Für $\beta_M = \sup_{x\in X}\,[\mu_{A'\cap A}(x)] = \mathrm{hgt}\,(\mathbf{A'}\cap\mathbf{A}) = 1$, wenn also der Bedingungsteil in (7.5) vollständig erfüllt ist, ist die Schlußfolgerung $\mathbf{B''} = \mathbf{B}$; andernfalls gilt mit $\beta_M \in [0,1]$:

$$\mu_{MB''}(y) = \min\,[\beta_M, \mu_B(y)]. \tag{7.11}$$

Der Faktor β_M heißt auch "Aktivierungsgrad" der Regel. Die Formel (7.11) beschreibt damit die Max-Min-Inferenz-Methode, wie sie bereits in Beispiel 1.7 anhand eines einfachen Reglerverhaltens vorgestellt wurde. Dort lagen allerdings zwei Regeln vor, deren unscharfe Teilfolgerungen dann mit Hilfe des Vereinigungsoperators zur endgültigen Schlußfolgerung verknüpft wurden. Wenn in (7.10) und (7.11) der Min-Operator durch das algebraische Produkt ersetzt wird, entsteht die Max-Prod- (bzw. Max-Dot-) Inferenz-Methode (siehe auch Kap. 8.2).

Beispiel 7.6

Von einem Experten sei eine Produktionsregel IF u=α THEN v=β gegeben, die bei Wertvorgabe u=**A** eine Konsequenz v=**B** darstellt. Dabei seien u und v zwei linguistische Variablen und

$$\mathbf{A} = \{(1;0.3), (2;0.6), (3;1), (4;0)\}, \mathbf{B} = \{(1;0.2), (2;1), (3;0.6), (4;0.3)\} .$$

Gesucht sei der unscharfe Wert **B''** von v bei Wertvorgabe von u mit

$$\mathbf{A'} = \{(1;1), (2;0.5), (3;0.4), (4;0.1)\}.$$

Mit der Implikationsdarstellung $I(\mathbf{A},\mathbf{B}) = \mathbf{A} \otimes \mathbf{B}$ ergibt sich $\mu_{RI}(x,y) = \min [\mu_A(x),\mu_B(y)]$ zu

$\mu_{RI}(x,y)$:

x \ y	1	2	3	4
1	0.2	0.3	0.3	0.3
2	0.2	0.6	0.6	0.3
3	0.2	1	0.6	0.3
4	0	0	0	0.

Die Zugehörigkeitsfunktion von $\mathbf{R}_T(x,y)$ berechnet sich bei Verwendung des Min-Operators mit $\mu_{RT}(x,y) = \min_{x \in X} [\mu_{A'}(x), \mu_{RI}(x,y)]$ zu

$\mu_{RT}(x,y)$:

x \ y	1	2	3	4
1	0.2	0.3	0.3	0.3
2	0.2	0.5	0.5	0.3
3	0.2	0.4	0.4	0.3
4	0	0	0	0.

Damit ergibt sich $\mathbf{B''}(y) = \sup_{x \in X} \mathbf{R}_T(x,y)$ zu

$$\mathbf{B''}(y) = \{(1;0.2), (2;0.5), (3;0.5), (4;0.3)\}.$$

Fallbeispiel nach Kleene-Dienes (siehe [Trillas, 1992])

Aus der Äquivalenz $[A \Rightarrow B] \Leftrightarrow [A^C \vee B]$ der Binärlogik entsteht durch Analogieschluß eine alternative Implikationsrelation $\mathbf{R}_{KD}$. Da die einfache Anwendung der Vereinigung einen identischen Grundbereich voraussetzt, ist hier ebenfalls die Bildung eines kartesischen Produkts notwendig. Dann ergibt sich in Erweiterung von (7.8)

$$\mathbf{R}_{KD} = (\mathbf{A}^C \otimes Y) \cup (X \otimes \mathbf{B}) \,. \tag{7.12}$$

Damit berechnet sich die Zugehörigkeitsfunktion $\mu_{KD}(x,y)$ zu

$$\begin{aligned} \mu_{KD}(x,y) &= \max\,[\min\,[1 - \mu_A(x), 1], \min\,[1, \mu_B(y)]] \\ &= \max\,[1 - \mu_A(x), \mu_B(y)] \;. \end{aligned} \tag{7.13}$$

Wenn hier wie für (7.9) das beschränkte Produkt für die Repräsentation des *und* in (7.6) eingesetzt wird, ergibt sich mit $\sup_{x \in X} [\mu_{A'}(x)] = 1$, d.h. normalisiertem **A'**, für die Schlußfolgerung $\mu_{KDB''}(y)$:

$$\begin{aligned} \mu_{KDB''}(y) &= \sup_{x \in X} \max\,[0, \mu_{A'}(x) + \max\,[1 - \mu_A(x), \mu_B(y)] - 1] \\ &= \sup_{x \in X} \max\,[0, \max\,[\mu_{A'}(x) - \mu_A(x), \mu_{A'}(x) + \mu_B(y) - 1]] \\ &= \max\,[0, \max\,[\sup_{x \in X} [\mu_{A'}(x) - \mu_A(x)], \\ &\qquad\qquad \sup_{x \in X} [\mu_{A'}(x) + \mu_B(y) - 1]\,]] \\ &= \max\,[\sup_{x \in X} [\mu_{A'}(x) - \mu_A(x)],\; \mu_B(y)] \,. \end{aligned}$$

Mit $\beta_{KD} = \sup_{x \in X} [\mu_{A'}(x) - \mu_A(x)]$ folgt daraus

$$\mu_{KDB''}(y) = \max\,[\beta_{KD},\; \mu_B(y)] \,. \tag{7.14}$$

Im Fall $\sup_{x \in X} [\mu_{A'}(x) - \mu_A(x)] \le \mu_B(y)$, also für eine hinreichende Übereinstimmung zwischen den Prämissen **A** und **A'**, gilt für die Schlußfolgerung $\mu_{KDB''}(y) = \mu_B(y)$, $\forall y \in Y$, d.h. also **B''** = **B**. Dies läßt sich anschaulich so interpretieren, daß in Erweiterung von (7.11) ein gewisser Fangbereich für die Regelgültigkeit entsteht.

Fallbeispiel nach Reichenbach

Wenn in (7.12) die Vereinigung durch die arithmetische Summe ersetzt wird, läßt sich durch Analogieschluß auch die folgende Implikationsrelation $\mathbf{R_R}$ herleiten:

$$\mathbf{R_R} = (\mathbf{A}^c \otimes Y) + (X \otimes \mathbf{B}). \tag{7.15}$$

Sie ist u.a. unter dem Namen "Reichenbach-Implikation" bekannt und besitzt die Zugehörigkeitsfunktion

$$\begin{aligned}\mu_R(x,y) &= \min[1 - \mu_A(x), 1] + \min[1, \mu_B(y)] - \\ &\quad - \min[1 - \mu_A(x), 1] \cdot \min[1, \mu_B(y)] \\ &= 1 - \mu_A(x) + \mu_B(y) - (1 - \mu_A(x)) \cdot \mu_B(y) \\ &= 1 - \mu_A(x) + \mu_A(x) \cdot \mu_B(y) .\end{aligned} \tag{7.16}$$

Als Repräsentation des *und* wird in diesem Fall das beschränkte Produkt verwendet; die Schlußfolgerung $\mathbf{B''}(y)$ berechnet sich dann mit (7.5), (7.6) und (7.7) wie folgt:

$$\begin{aligned}\mu_{RB''}(y) &= \sup_{x \in X} \max[0, \mu_{A'}(x) - \mu_A(x) + \mu_A(x) \cdot \mu_B(y)] \\ &= \max[0, \sup_{x \in X} [\mu_{A'}(x) - \mu_A(x) + \mu_A(x) \cdot \mu_B(y)]]\end{aligned}$$

Falls $\sup_{x \in X} [\mu_A(x)] = 1$, d.h. **A** ist normalisiert ist, gilt

$$\mu_{RB''}(y) \leq \max[0, \sup_{x \in X} [\mu_{A'}(x) - \mu_A(x)] + \mu_B(y)] .$$

Mit $\beta_R = \sup_{x \in X} [\mu_{A'}(x) - \mu_A(x)]$ ergibt sich dann

$$\mu_{RB''}(y) \leq \max[0, \beta_R + \mu_B(y)] . \tag{7.17}$$

Die Forderung $\forall y \in Y: \mu_{RB''}(y) \leq \mu_B(y)$ ist nur sicher erfüllt, wenn $\forall x \in X: \beta_R \leq 0$. Dies ist in der Praxis bei beliebigem $\mathbf{A'}(x)$ nicht einzuhalten.

Fallbeispiel nach Łukasiewicz

Wenn in (7.12) die Vereinigung durch die beschränkte Summe ersetzt wird, läßt sich durch Analogieschluß die folgende Implikationsrelation $\mathbf{R}_L$ herleiten:

$$\mathbf{R}_L = (\mathbf{A}^c \otimes Y) \sqcup (X \otimes \mathbf{B}). \tag{7.18}$$

Als Zugehörigkeitsfunktion berechnet man dann

$$\mu_L(x,y) = \min[1, 1 - \mu_A(x) + \mu_B(y)], \tag{7.19}$$

Als Repräsentation des *und* in (7.6) wird in diesem Fall das beschränkte Produkt verwendet; die Schlußfolgerung **B''**(y) berechnet sich dann mit (7.5), (7.6) und (7.7) sowie $\sup_{x \in X} \mu_{A'}(x) = 1$ wie folgt:

$$\begin{aligned}\mu_{LB''}(y) &= \sup_{x \in X} \max[0, \mu_{A'}(x) + \min[1, 1-\mu_A(x) + \mu_B(y)] - 1] \\ &= \sup_{x \in X} \max[0, \min[\mu_{A'}(x), \mu_{A'}(x) - \mu_A(x) + \mu_B(y)]] \\ &= \max[0, \min[\sup_{x \in X} \mu_{A'}(x), \\ &\qquad \sup_{x \in X}[\mu_{A'}(x) - \mu_A(x)] + \mu_B(y)]] \\ &= \max[0, \min[1, \sup_{x \in X}[\mu_{A'}(x) - \mu_A(x)] + \mu_B(y)]]\end{aligned}$$

Mit $\beta_L = \sup_{x \in X}[\mu_{A'}(x) - \mu_A(x)]$ berechnet sich die unscharfe Schlußfolgerung endlich zu

$$\mu_{LB''}(y) = \max[0, \min[1, \beta_L + \mu_B(y)]]. \tag{7.20}$$

Die Forderung $\forall y \in Y$: $\mu_{LB''}(y) \leq \mu_B(y)$ ist für (7.20) nur dann sicher erfüllt, wenn $\forall x \in X$: $\beta_L \leq 0$. Die entsprechende Forderung $\forall x \in X$: $\mu_{A'}(x) \leq \mu_A(x)$ ist wie bei (7.17) in der Praxis nur schwer einzuhalten.

Fallbeispiel nach Zadeh

Die Mamdani-Implikationsrelation stellt eine Vereinfachung der Zadeh-Implikationsrelation $\mathbf{R}_Z$ dar, die wie folgt definiert ist:

$$\mathbf{R}_Z = (\mathbf{A} \otimes \mathbf{B}) \cup (\mathbf{A}^c \otimes Y) . \tag{7.21}$$

Die Lesart für (7.21) ist

IF u = **A** THEN v = **B** ELSE v = Y.

Damit berechnet sich die Zugehörigkeitsfunktion $\mu_Z(x,y)$ zu

$$\begin{aligned} \mu_Z(x,y) &= \max [\min [\mu_A(x), \mu_B(y)], \min [1 - \mu_A(x), 1]] \\ &= \max [1 - \mu_A(x), \min [\mu_A(x), \mu_B(y)]] . \end{aligned} \tag{7.22}$$

Die Zadeh-Implikation wird zusammen mit dem beschränkten Produkt eingesetzt. Die Formel zur Bestimmung der Schlußfolgerung läßt sich analog zu den obigen Fällen berechnen. Nach [Tilli, 1991] entstehen in bestimmten Situationen Folgerungen, die mit dem logischen Empfinden nicht korrelieren. Aus diesem Grund wird die Zadeh-Implikation hier nicht weiterverfolgt.

Fallbeispiel Gödel-Implikation

Neben den empirisch begründeten Implikationsformeln soll an dieser Stelle auch die Gödel-Implikationsrelation $\mathbf{R}_G$ angegeben werden, deren Eigenschaften im Kapitel 7.4 genauer beschrieben werden. Sie wird in Zusammenhang mit dem Durchschnitt eingesetzt. Als Zugehörigkeitsfunktion $\mu_G(x,y)$ wird verwendet:

$$\mu_G(x,y) = \begin{cases} 1 & \text{für } \mu_A(x) \leq \mu_B(y) \\ \mu_B(y) & \text{sonst} . \end{cases} \tag{7.23}$$

Die Zugehörigkeitsfunktion der Schlußfolgerung **B''** ergibt sich damit zu

$$\mu_{GB''}(y) \quad = \sup_{x\in X} \min \left[\mu_{A'}(x), \begin{cases} 1 & \text{für } \mu_A(x) \le \mu_B(y) \\ \mu_B(y) & \text{sonst} \end{cases} \right], \tag{7.24}$$

Das approximative Schließen mit Hilfe der Gödel-Implikation wird im Kapitel 7.4 weitergehend für mehrere vorgegebene Regeln beschrieben. Andere Implikationsrelationen findet man beispielsweise bei [Mizumoto&Zimmermann, 1982] und [Tilli, 1991]. In Kapitel 8.2 sind ferner zwei Inferenz-Methoden angeführt, die die Bestimmung von unscharfen Relationen umgehen und beim Reglerentwurf angewendet werden.

Eine andere Methode zum Schlußfolgern besteht darin, mit Hilfe des Erweiterungsprinzips den Modus-Ponens einer mehrwertigen Łukasiewicz-Logik auf Terme der linguistischen Variable "Wahrheit" zu übertragen. Dieser Ansatz ist nützlich, wenn der numerische Wahrheitswert v der Implikation graduell vor-gegeben ist mit $v \in [0,1]$. Es können ferner auch Methoden zum Schlußfolgern angewendet werden, die statt des Modus-Ponens den Modus-Tollens, den Syllogismus oder die Kontraposition der Binärlogik zugrunge legen:

$$\text{Modus-Tollens:} \quad [(A \Rightarrow B) \wedge \neg B] \rightarrow \neg A, \tag{7.25}$$

$$\text{Syllogismus:} \quad [(A \Rightarrow B) \wedge (B \Rightarrow C)] \rightarrow (A \Rightarrow C), \tag{7.26}$$

$$\text{Kontraposition:} \quad (A \Rightarrow B) \rightarrow (\neg B \Rightarrow \neg A). \tag{7.27}$$

Diese Methoden des approximativen Schließens führen zu jeweils anderen Ergebnissen; die konkrete Wahl ist eher heuristisch begründet, und eine einheitliche theoretische Grundlage fehlt. Zur genaueren Diskussion sei auf [Baldwin, 1979], [Mizumoto&Zimmermann, 1982] und [Zimmermann, 1991] verwiesen.

Wenn in einem unscharfen RES - Regler oder Klassifikator - mehrere Regeln zur Beschreibung des Systemverhaltes vorgegeben sind, dann entsteht ein Relationalgleichungssystem, das es zu lösen gilt. Dazu werden zwei prinzipiell unterschiedliche Methoden angewendet: entweder wird nach einer einheitlichen Übertragungsrelations **R**(x,y) gesucht, die das Gesamtsystem bestimmt, oder bei Vorgabe eines Eingangswertes u=**A'**(x) werden zunächst Teilfolgerungen v=$\mathbf{B}_i''$(y) für die einzelnen Regeln (i) berechnet, die zur Schlußfolgerung **B**(y) zu verknüpfen sind.

Der Sachverhalt des Schlußfolgerns auf der Basis von Einzelfolgerungen kann mit Hilfe eines Schemas verdeutlicht werden, das eine Erweiterung der Abbildung nach Beispiel 1.7 (Kühlventil) darstellt: die Vorgabe eines ursprünglich scharfen Eingangswertes ist hier durch die eines unscharfen Wertes zu ersetzen. Damit verändert sich der "Aktivierungsgrad" β_i der aktuellen Regel, was eine entsprechende Veränderung der Ausgangsmenge für diese Regel bedeutet. Bei Berücksichtigung mehrerer Regeln verändert sich auch der scharfe Ausgabewert. Ein solches Beispiel wird in Kapitel 7.4 dargestellt.

Vertrauenswert

In praktischen Fällen setzt sich die Regelbasis aus 5 bis 100 Regeln zusammen, die durchaus von unterschiedlichen Experten stammen können. Daraus ergibt sich unmittelbar, daß die einzelnen Regeln einen unterschiedlichen "Vertrauenswert" besitzen können. Selbst bei nur einem einzigen zu Rate gezogenen Experten sollte bei der Regelauswertung beispielsweise der Einfluß einer unterschiedlich stark ausgeprägten Perzeption visueller und akustischer Reize auf die Regelformulierung berücksichtigt werden. Aus diesem Grund sollte für jede Regel ein Vertrauenswert q_i zur "inversen Wichtung" eingeführt werden; am einfachsten geschieht dies durch Modifikation der aktuellen Aktivierungsgrade β_i, nach der sich die neuen Aktivierungsgrade β_i* wie folgt berechnen:

$$\beta_i^* = q_i \, \beta_i \, . \tag{7.28}$$

Mit der Einführung von Vertrauenswerten entsteht unmittelbar die neue Aufgabe, diese quantitativ festzulegen. Anschaulich betrachtet führt dies zu der Fragestellung, wie die Beiträge der einzelnen Regeln zum Gesamtergebnis zu wichten sind. Diese Abschätzung ist offensichtlich sehr problemspezifisch und sollte vom Entwickler sehr sorgfältig durchgeführt werden.

Bei einfachen RES wie Reglern oder Klassifikatoren kann auch deren Signalübertragungsverhalten durch Variation der Vertrauenswerte optimiert werden. Außerdem besteht die Möglichkeit, die Vertrauenswerte in einem automatischen Lernprozeß einzustellen. Der Einsatz von neuronalen Netzwerken für diesen Zweck wird beispielsweise von [Wakami, 1992] beschrieben. In den folgenden Kapiteln soll allerdings trotz Wichtigkeit auf diese Modifikation der Regelaktivierungsgrade zugunsten einer übersichtlichen Beschreibung der prinzipiellen Vorgänge verzichtet werden.

Der Entwickler hat zu prüfen, ob die verwendeten Methoden zu vernünftigen Schlußfolgerungen führen, d.h. es ist zu ermitteln, ob das System den menschlichen Experten bei seinen Folgerungen bzw. Entscheidungsfindungen hinreichend ersetzen kann. In komplexen Systemen läßt sich dies nicht immer vollständig überprüfen. Daher sollten maschinell arbeitende Expertensysteme nur in Fällen eingesetzt werden, in denen sie in redundante Entscheidungsprozesse eingebettet sind und die endgültigen Entscheidungen von menschlichen Experten getroffen werden (zu diesem Thema siehe auch [Puppe, 1988]).

7.4 Unscharfe Relationalgleichungssysteme

In den meisten Fällen wird das unscharfe RES mehrere Eingangsgrößen $u_1, \dots, u_m$ und Ausgangsgrößen $v_1, \dots, v_k$ aufweisen. Diese können zu den Eingangsvektoren $u = (u_1, \dots, u_m)$ und $v = (v_1, \dots, v_k)$ zusammengefaßt werden.[1] Um die prinzipiellen Zusammenhänge zu verdeutlichen, soll hier von skalaren Größen u und v ausgegangen werden. Es sei also eine unscharfe Regel mit zunächst unbekannter unscharfer Relation **R** nach (7.5) und einer Verknüpfung $\circ_T$ nach (7.6) gegeben:

$$\text{IF } u = \mathbf{A} \text{ THEN } v = \mathbf{B} \quad \leadsto \quad \mathbf{B} = \mathbf{A} \circ_T \mathbf{R} . \qquad (7.29)$$

Das Expertenwissen wird nun in Form einer Regelbank vorliegen, die eine Vielzahl von Einzelregeln beinhaltet. Es sei also eine Regelbank

$$\text{IF } u = \mathbf{A}_i \text{ THEN } v = \mathbf{B}_i \qquad (7.30)$$

mit n einzelnen Produktionsregeln gegeben. Auch sie soll auf beliebige Eingangswerte mit einem bestimmten Ausgabewert reagieren. Deshalb liegt es nahe, das Übertragungsverhalten des RES durch eine einzige, regelbankspezifische unscharfe Relation **R** zu beschreiben. Damit ist das folgende Relationalgleichungssystem zu lösen:

$$\mathbf{B}_i = \mathbf{A}_i \circ_T \mathbf{R}, \quad i = 1, \dots, n . \qquad (7.31)$$

---

[1] In den Prämissen der Regeln mögen dabei ausschließlich Durchschnittsoperatoren vorliegen; Vereinigungsoperatoren seien durch Erzeugen zusätzlicher Regeln eliminiert.

Als Verknüpfungsoperatoren ($\circ_T$) sind die in Kapitel 6.2 vorgestellten Operatoren zur Verkettung unscharfer Relationen denkbar.

Man versteht jede Produktionsregel nach (7.31) als eine Wertzuweisung $u = \mathbf{A}_i$, die durch eine Wertzuweisung $v = \mathbf{B}_i$ hervorgerufen wird und durch welche die (das unscharfe RES konstituierende) unscharfe Relation **R** bewirkt wird. **R** beschreibt damit, wie das unscharfe RES auf die in der Regelbank definierten Eingangswerte reagieren soll und stellt eine Art unscharfe Übertragungsfunktion dar, die als Regelbank nach (7.30) vom Experten vorgegeben ist. Zur Berechnung von **R** sind die in Kapitel 7.3 vorgestellten Implikationsoperatoren heranzuziehen. Dabei ist es denkbar, entweder schon im Ansatz eine gemeinsame Relation **R** zu postulieren, oder zunächst für jede einzelne Regel nach eine eigene Relation $\mathbf{R}_i$ aufzustellen und diese anschließend zu einer regelbankspezifischen Relation **R** zu verknüpfen. Das genaue Vorgehen wird in Kapitel 8.2 erläutert.

Darüberhinaus soll das RES natürlich auch auf nicht explizit festgelegte Eingangswerte **A'** reagieren. Man setzt dann entsprechend (7.4)

$$v = \mathbf{A}' \circ_T \mathbf{R} . \tag{7.32}$$

Das Relationalgleichungssystem (7.32) ist nicht in allen Fällen in dem Sinn lösbar, daß eine gemeinsame unscharfe Relation **R** für die Verknüpfung $\circ_T$ existiert. Ein solcher Fall kann beispielsweise dann auftreten, wenn sich mehrere Produktionsregeln widersprechen. Es muß dann darum gehen, die entstehenden Fehler für besonders wichtige Aussagen bzw. Zustände minimal zu halten. Zu diesem Zweck können beispielsweise die Regeln zu Gruppen geordnet und für diese Gruppen getrennte unscharfe Relationen berechnet werden. Dann entsteht ein System mehrerer parallelel arbeitender Inferenzmaschinen.

Einige der unscharfen Ausgangswerte lassen sich u. U. zu neuen, gemeinsamen unscharfen Werten zusammenfassen und als zusätzliche Eingangsgröße in die Inferenzmaschine einspeisen. Dieser Vorgang entspricht einer Erweiterung von Schaltnetzen auf Schaltwerke in der Digitaltechnik, wie sie beispielsweise von [Giloi&Liebig, 1980] beschrieben wird. Er kann als Basis für den Aufbau von gedächtnisbehafteten Zustandsreglern dienen.

Es sei zunächst eine unscharfe Relation **R** nach (7.5) und eine Verknüpfung $\circ_T$ nach (7.6) gegeben:

$$\text{IF } u = \mathbf{A}_i \text{ THEN } v = \mathbf{B}_i \quad \rightsquigarrow \quad \mathbf{B}_i = \mathbf{A}_i \circ_T \mathbf{R} . \tag{7.33}$$

Zur Auflösung einer einzelnen Relationalgleichung kann eine der in Kapitel 7.3 beschriebenen Implikationsrelationen verwendet werden. Da es sich bei (7.33) um ein Relationalgleichungssystem handelt, existieren ebenso mehrere mögliche unscharfe Relationen **R'**, **R''**,... anstelle einer eindeutigen Lösung. Man kann nach [Bandemer, 1990] für $(\circ_T) = (\circ_{MM})$ zeigen, daß die Lösungsmenge $\mathfrak{R} = \{\mathbf{R} \in \mathbf{P}(X \times Y) \mid \mathbf{B} = \mathbf{A} \circ_{MM} \mathbf{R}\}$ bezüglich der Inklusion unscharfer Mengen ein sogenannter "oberer Halbverband" ist, d.h. mit je zwei Lösungen **R'**, **R''** ist auch die Vereinigung $\mathbf{R}' \cup \mathbf{R}''$ Lösung von (7.33):

$$\mathbf{R}', \mathbf{R}'' \in \mathfrak{R} \quad \Rightarrow \quad \mathbf{R}' \cup \mathbf{R}'' \in \mathfrak{R}. \tag{7.34}$$

$\mathbf{R}' \cup \mathbf{R}''$ ist die bzgl. der Inklusion kleinste Lösung von (7.33), die **R'** und **R''** beinhaltet. Deshalb kann die Lösungsmenge $\mathfrak{R}$ höchstens ein bzgl. $\subseteq$ maximales Element - die größte Lösung von (7.33) - enthalten. Die Berechnung einer optimalen unscharfen Implikationsrelation zur Lösung des unscharfen Relationalgleichungssystems wird auf diese größte Lösung zurückgeführt.

Vereinfachende Ansätze, die beispielsweise das kartesische Produkt verwenden und insbesondere im Bereich Reglerentwurf zum Einsatz kommen, werden in Kapitel 8.2 näher erläutert. Zur optimalen Lösung von (7.33) soll in Anlehnung an (7.23) eine neue mengenalgebraische Verknüpfung definiert werden.

Definition 7.2: Gödel-Verknüpfung ★

Seien $\mathbf{A} \in \mathbf{P}(X)$ und $\mathbf{B} \in \mathbf{P}(Y)$. Dann ist die Verknüpfung $\mathbf{A} \star \mathbf{B} \in \mathbf{P}(X \times Y)$ definiert durch

$$\mu_{A \star B}(x, y) = \begin{cases} 1 & \text{für} \quad \mu_A(x) \leq \mu_B(y) \\ \mu_B(y) & \phantom{\text{für}} \quad \mu_A(x) > \mu_B(y) \end{cases} .$$

Satz 7.1

Falls $\mathbf{R} = \mathbf{A} \star \mathbf{B}$ eine Lösung von $\mathbf{B} = \mathbf{A} \circ_{MM} \mathbf{R}$ ist, dann ist es gleichzeitig die bzgl. Inklusion größte Lösung. Andernfalls ist $\mathbf{B} = \mathbf{A} \circ_{MM} \mathbf{R}$ nicht lösbar [Gottwald, 1984].

Beispiel 7.7

Seien $\mathbf{A} = \{(1; 0.9), (2; 1), (3;0.7)\}$ und $\mathbf{B} = \{(1; 1), (2;0.4), (3;0.8), (4;0.7)\}$. Die bzgl. der Inklusion größte Lösung $\mathbf{R}_{max}$ für $\mathbf{B} = \mathbf{A} \circ_{MM} \mathbf{R}$ ergibt sich nach Satz 7.1 zu $\mathbf{R}_{max} = \mathbf{A} \star \mathbf{B}$ mit

$\mu_{Rmax}(x, y)$:

x \ y	1	2	3	4
1	1	0.4	0.8	0.7
2	1	0.4	0.8	0.7
3	1	0.4	1	1

Eine andere Lösung ist z.B. durch $\mathbf{R}^*$ gegeben mit

$\mu_{R^*}(x, y)$:

x \ y	1	2	3	4
1	0	0.4	0.8	0
2	1	0	0	0
3	0	0	0	0.7

Eine Probe ergibt in beiden Fällen leicht $\mathbf{B} = \mathbf{A} \circ_{MM} \mathbf{R}_{max} = \mathbf{A} \circ_{MM} \mathbf{R}^*$.

Das Expertenwissen wird nun in Form einer Regelbank vorliegen, die eine Vielzahl von Einzelregeln beinhaltet. Das Relationalgleichungssystem ist nicht in allen Fällen in dem Sinn lösbar, daß eine gemeinsame unscharfe Relation **R** für die Verknüpfung $\circ_T$ existiert. Ein solcher Fall kann beispielsweise dann auftreten, wenn sich mehrere Produktionsregeln widersprechen. Es muß dann darum gehen, die entstehenden Fehler für besonders wichtige Aussagen bzw. Zustände minimal zu halten. Für den Fall $(\circ_T) = (\circ_{MM})$ läßt sich wie im folgenden Satz 7.2 beschrieben eine bezüglich der Inklusion optimale Lösung angeben.

Satz 7.2

Ein Relationalgleichungssystem $\mathbf{B}_i = \mathbf{A}_i \circ_{MM} \mathbf{R}$ ist genau dann nach **R** auflösbar, wenn

$$\mathbf{C} = \bigcap_{i = 1, \ldots, n} [\mathbf{A}_i \star \mathbf{B}_i]$$

eine Lösung ist. Dann ist **C** gleichzeitig die bzgl. der Inklusion größte eine Lösung ist. Dann ist **C** gleichzeitig die bzgl. der Inklusion größte Lösung für **R**. Falls keine Lösung existiert, ist **C** eine besonders günstige Näherungslösung [Bandemer, 1990].

Beispiel 7.8

Ein unscharfer Regler soll die "Farbstoffzugabe" v zu einer Flüssigkeit in Abhängigkeit von deren "Fließgeschwindigkeit" u regeln. Es ist die folgende Regelbank gegeben:

(1): IF u = *schnell* THEN v = *viel* ,

(2): IF u = *langsam* THEN v = *wenig* ;

dabei seien U = {1, 2, 3} und V = {10, 20, 30} die Grundbereiche für die lingustischen Variablen u und v, $x \in U$ und $y \in V$ die Elemente. Die Terme seien auf U bzw. V abgebildet mit

schnell: $\mathbf{A}_1 = \{(1;0),(2;0.5),(3;1)\}$,

langsam: $\mathbf{A}_2 = \{(1;1),(2;0.4),(3;0)\}$,

viel: $\mathbf{B}_1 = \{(10;0),(20;0.6),(30;1)\}$,

wenig: $\mathbf{B}_2 = \{(10;1),(20;0.3),(30;0)\}$.

Wie groß ist der unscharfe Ausgangswert **B''** des Reglers, wenn ein unscharfer Eingangswert **A'** = {(1;0.1), (2;1), (3;0)} anliegt? Um diese Frage zu beantworten, wird die Regelbank durch ein unscharfes Relationalgleichungssystem $\mathbf{B}_i = \mathbf{A}_i \circ \mathbf{R}$ dargestellt. Bei Anwendung der Gödel-Verknüpfung entsteht das folgende Relationalgleichungssystem:

$$\mathbf{B}_1 = \mathbf{A}_1 \circ_{MM} \mathbf{R},$$

$$\mathbf{B}_2 = \mathbf{A}_2 \circ_{MM} \mathbf{R}.$$

Zur Auflösung nach **R** werden zunächst die zu verknüpfenden unscharfen Relationen $\mathbf{C_1} = \mathbf{A_1} \bigstar \mathbf{B_1}$ und $\mathbf{C_2} = \mathbf{A_2} \bigstar \mathbf{B_2}$ berechnet:

$\mu_{C1}(x, y)$:

x \ y	10	20	30
1	1	1	1
2	0	1	1
3	0	0.6	1 ,

$\mu_{C1}(x, y)$:

x \ y	10	20	30
1	1	0.3	0
2	1	0.3	0
3	1	1	1 .

Die bezüglich der Inklusion größte Lösung **R** berechnet sich dann nach

$$\mathbf{R} = \mathbf{C_1} \cap \mathbf{C_2}$$

mit der folgenden Zugehörigkeitsmatrix $\mu_R(x, y)$:

$\mu_R(x, y)$:

x \ y	10	20	30
1	1	0.3	0
2	0	0.3	0
3	0	0.6	1 .

Der unscharfe Ausgangswert v = **B''** der Regelbank als Antwort auf den unscharfen Eingangswert u = **A'** berechnet sich mit $\mu_{B''}(y) = \max_{x \in U} \min [\mu_{A'}(y), \mu_R(x, y)]$ zu **B''** = {(10;0.1), (20;0.3), (30;0)} entsprechend

			$\mu_R(x,y)$:	1	0.3	0
				0	0.3	0
				0	0.6	1
0.1	1	0		0.1	0.3	0
	↑				↓	
	$\mu_{A'}(x)$				$\mu_{B''}(y)$	.

8 Fuzzy-Regelung

Die Theorie unscharfer Mengen wird seit langem auch zur Lösung komplexer Steuerungs- und Regelungsaufgaben herangezogen. Eine der ersten beschriebenen und ausgeführten Anwendungen stellt die Steuerung einer Dampfmaschine im Laborbetrieb nach [Mamdani, 1975] dar. Seitdem wurden einige vom Aufbau her unterschiedliche Methoden beschrieben, die jedoch alle auf dem RES-Prinzip beruhen. Ein unscharfer Regler stellt dabei eine sehr einfache Ausführung eines RES dar:

- die Wissensrepräsentation erfolgt durch IF ... THEN ...- Regeln,
- diese Regeln werden vom Entwickler für eine spezielle, begrenzte Aufgabe explizit formuliert und betreffen damit alle die aktuelle Aufgabenstellung,
- die Eingangsgrößen stellen Beobachtungen an technischen Systemen dar, die Ausgangsgrößen sind die Regelgrößen.

Der unscharfe Regler bildet die Eingangsgrößen auf der Basis einer unscharfen Systembeschreibung direkt auf die Eingangsgrößen ab. Er kann damit auch als ein erweiterter Kennfeldregler aufgefaßt werden. [1] Das Kennfeld stellt eine gekrümmte Fläche in einem Raum dar, der durch die Eingangs- und Ausgangsgrößen aufgespannt wird. Die Regeln definieren einzelne Stützpunkte dieser Fläche, die es durch Interpolation so zu vervollständigen gilt, daß auch nicht vorgegebene Eingangswertkombinationen zu eindeutigen Ausgangswerten führen. Die im Kapitel 7.3 vorgestellten Methoden des approximativen Schließens lassen sich auch als spezielle Interpolationsverfahren auffassen, die das Berechnen einer Kennfeldfläche überflüssig machen.

---

1 siehe auch [Preuß, 1992].

8.1 Richtlinien zum Reglerentwurf

Ein grundsätzliches Blockschaltbild für einen einfachen Regelkreis ist in Abbildung 8.1 dargestellt. Es umfaßt den zu regelnden Prozeß, die Meßsensoren und den Regler. Bei Vorgabe eines Sollwertes d_{soll} für den Ausgangswert des Prozesses wird die Differenz $x = d_{soll} - d_{meß}$ zum gemessenen Ausgangswert $d_{meß}$ über den Regler als Stell- oder Korrekturgröße y auf den Eingang des Prozesses rückgekoppelt. Der Regler ist so zu bemessen, daß diese den Meßwert an den Sollwert anzugleichen sucht. Dabei sollte in manchen Fällen zusätzlich eine mögliche Meßabweichung $\xi = d_{ist} - d_{meß}$ berücksichtigt werden. Als anschauliches Beispiel kann man sich die Leerlaufregelung eines Motors vorstellen.

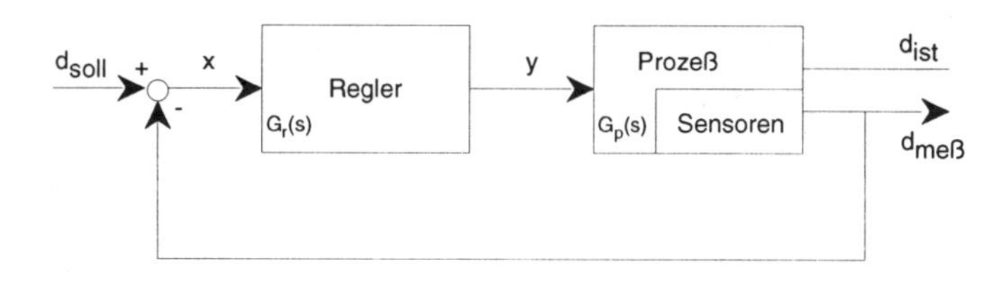

Abb. 8.1. Blockschaltbild eines einfachen Regelkreises.

Alle in Abbildung 8.1 dargestellten Größen können auch Vektoren sein. Die Systembeschreibung kann sowohl im Zeitbereich wie auch im Laplace-Bereich stattfinden. Ein allgemeines Entwurfsschema für einfache konventionelle Regler im Laplace-Bereich kann wie folgt angegeben werden:

1. Ermittlung (und Vereinfachung, z.B. Linearisierung) der Übertragungsfunktion $G_p(s) = d_{meß}(s)/y(s)$ des Prozesses,

2. Bestimmung einer geeigneten Reglerübertragungsfunktion $G_r(s) = y(s)/x(s)$ unter Einhaltung von Bedingungen wie Stabilität, Realisierbarkeit, etc.,

3. Überprüfung des Prozesses und Optimierung des Reglers.

Das Blockschaltbild eines unscharfen Reglers kann wie in Abbildung 8.2 dargestellt werden. Seine Wirkungsweise unterscheidet sich dabei von einem scharfen Kennfeldregler durch die linguistische Formulierung von Expertenwissen über die Bedienung des Prozesses; dabei muß dessen Systemverhalten nicht vollständig bekannt sein. Das Expertenwissen drückt aus, wie bei welchen Ausgangswerten x_i des zu regelnden Prozesses dessen Eingangswerte y_i zu variieren sind. Während bei herkömmlichen Kennfeldreglern die einzelnen Regeln Punkte im Raum der Eingangs- und Ausgangsgrößen darstellen, bilden die unscharfen Regeln überlappende, bewertete Gebiete. Man spricht auch von "unscharfen Punkten". Die Kennfeldinterpolation zur Bestimmung der Ausgangsgrößen bei beliebigen, nicht in den Regeln festgelegten Prämissen wird von der Inferenzmaschine geleistet. Diese arbeitet auf der Basis einer unscharfen Regelbank und erzeugt unscharfe Ausgangssignale durch approximatives Schließen. Unter der Voraussetzung scharfer Prozeßgrößen und unscharfer Reglergrößen müssen Transformationen durchgeführt werden, die man als Fuzzifikation und Defuzzifikation bezeichnet.

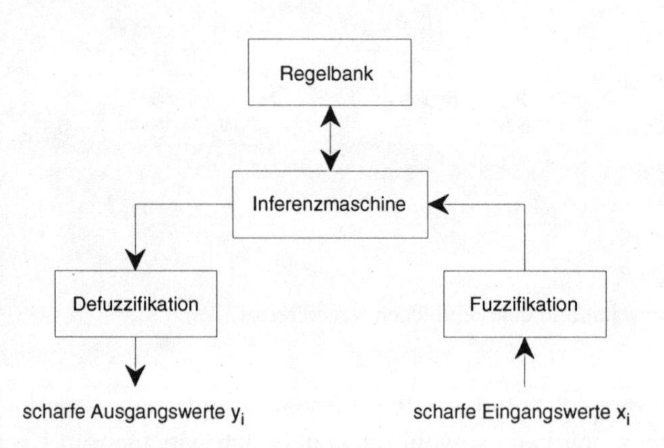

Abb. 8.2. Prinzipieller Aufbau eines unscharfen Reglers.

Zur Enwicklung eines unscharfen Reglers kann nach dem folgenden Entwurfsschema vorgegangen werden:

1. Festlegung der Ein- undAusgangsgrößen:

   ↪ Welche Prozeßgrößen sollen beobachtet und welche Stellgrößen sollen verändert werden?

2. Festlegung der Zustandsschnittstelle:

   ↪ Wie sollen die zum Punkt 1 gehörenden linguistischen Variablen durch Terme bzw. unscharfe Mengen dargestellt werden?

3. Erstellen der Regelbank:

   ↪ Welche Zusammenstellung von Regeln beschreibt hinreichend genau die möglichen Prozeßzustände?

4. Festlegung der Methoden zur Fuzzifikation und Defuzzifikation,

5. Festlegung der Inferenz-Methode:

   ↪ Nach welchen Gesetzen werden die Eingangswerte des unscharfen Reglers auf die Stellwerte abgebildet?

Zunächst sind durch physikalische Überlegungen und Expertenbefragung die Punkte 1 bis 3 zu klären. Dies wird im allgemeinen in einem iterativen Prozeß geschehen, der die Ergebnisse des einen Punkts zur Bewertung eines anderen heranzieht. Obwohl die dabei anzustellenden Recherchen (wie z.B. Fragebogenaktion, grobe Systemanalyse, ...) einen nicht unerheblichen Teil der Entwurfsarbeit darstellen können, sind sie doch sehr projektgebunden und können nicht allgemein behandelt werden. Einige Überlegungen zum Formulieren standardisierter Fragen und klarer linguistischer Variabler wurden schon von Zadeh angestellt und werden weitergehend beispielsweise von [Bandemer, 1990] und [Zimmermann, 1991] erläutert. Sie sollen hier nicht näher behandelt werden. Es besteht auch die Möglichkeit, selbst das System bedienen zu lernen, damit zum Experten zu werden und die Erkenntnisse linguistisch - und damit eben nicht mathematisch - zu formulieren.

Beim Festlegen der Regelbank sollten einige Hinweise beachtet werden, die beispielsweise von [Pedrycz, 1989] und [Gariglio, 1990] beschrieben werden:

Vollständigkeit und Regelüberlappung

Um das Reglerverhalten eindeutig festlegen zu können, soll durch die Regelbank für jeden Eingangsgrößenvektor ein Ausgangsgrößenvektor bestimmt sein. Dazu müssen sich die Zugehörigkeitsfunktionen im relevanten Grundbereich X überlappen. Sie sollen sich jedoch nach Möglichkeit nicht widersprechen, weder direkt noch im Zusammenspiel. Die Schnittpunkte sollen zwischen benachbarten unscharfen Mengen, die jeweils benachbarte Terme beschreiben, bei Zugehörigkeitswerten von $\mu(x_i) = 0.5$ liegen. Nicht überlappende Mengen können zu abrupten Änderungen der Steuergröße führen. Umgekehrt kann eine Überlappung aber auch zu ungewünschten Kontrollaktionen führen. Eine Abhilfe schafft die Vorgabe, daß zur Berechnung der aktuellen Kontrollaktionen auch vergangene Kontrollaktionen herangezogen werden. In diesem Fall spricht man von prädiktiver unscharfer Logik (siehe auch [Yasunobu&Miyaoto, 1985]). Mit prädiktiver Logik könnte die erste Regel in Beispiel 1.6 umgeschrieben werden in

IF [Temperatur = *niedrig*

AND Kühlventil = *halb offen*]

THEN Kühlventil = *halb offen* .

Stabilität

Nach Untersuchungen von [Kickert, 1975] können über Berechnungen im Frequenzbereich Aussagen zur Stabilität eines Reglers getroffen werden. Als Voraussetzung dafür muß das Reglerverhalten allerdings sehr stark eingeschränkt werden, z.B. durch Linearisierung. Algorithmen zur Stabilitätsanalyse bei allgemeinen unscharfen Regelungen stellen eine entscheidende theoretische Lücke dar, da das Übertragungsverhalten des zu regelnden Prozesses nach Vorgabe nicht oder nur unvollständig bekannt ist. Die von Kickert angegeben Bedingungen erscheinen deshalb nicht besonders praktikabel, da für diese Fälle bereits hinreichend viele Lösungsmöglichkeiten im Bereich der "klassischen" Regelungstechnik bestehen. Der einzige sichere Weg, ein stabiles Reglerverhalten zu erreichen, ist ein iterativer Durchlauf des Entwurfsschemas nach Seite 142/143 (Punkte 1 bis 5, dabei 3 nur eventuell).

Der Punkt 4 des Entwurfsschemas (Fuzzifikation und Defuzzifikation) wird im folgenden beschrieben, während der Punkt 5 (Inferenz-Methode) wegen seiner besonderen Wichtigkeit herausgehoben und in Kapitel 8.2 erläutert wird.

Fuzzifikation

Die Eingangswerte des Reglers werden durch Sensoren (z.B. Dehnungsmeßstreifen, Inkrementalgeber, ...) aus den Ausgangssignalen der Regelstrecke abgeleitet. Wenn sie als hinreichend genau angesehen werden können, erfolgt ihre Transformation direkt wie in Beispiel 1.6. Danach entstehen Zugehörigkeitsvektoren, deren Dimension sich aus der Anzahl der Terme der entsprechenden linguistischen Variablen ergibt. Die Inferenzmaschine verarbeitet in diesem Fall die Zugehörigkeitsvektoren weiter. Durch ungenaue (z.B. preisgünstige) Sensoren können auch Meßungenauigkeiten entstehen, die als bewertete Fehlerintervalle zu berücksichtigen sind. Diese werden nach Maßgabe meßtechnischer Überlegungen (bzw. subjektiver Einschätzungen) mit einer Möglichkeitsfunktion $\mu(x)$ belegt. In diesem Fall muß die Inferenzmaschine unscharfe Eingangsgrößen weiterverarbeiten.

Beispiel 8.1

Die Ausgangsspannung eines Gleichstromgenerators diene als Maß für die Drehgeschwindigkeit einer belasteten Antriebswelle. Bei Nenndrehzahl entstehe die Spannung $U_{Nenn} = 5$ [V] mit einer systembedingten Fehlerspannung von ± 1 [V]. Sie dient als Eingangssignal für einen unscharfen Regler. Wenn nach der bisherigen Erfahrung, aber ohne detaillierte Kenntnis der Lastmomente der Antriebswelle, der Spannungswert $x = 5$ besonders häufig aufgetreten ist, dann erscheint der Übergang von einer scharfen Zahl $x = 5$ über ein Intervall $x' = [4, 6]$ auf eine unscharfe Zahl $x'' =$ *ungefähr 5* als bewertetes Intervall plausibel. Die in Abbildung 8.3 angegebenen Kurvenverläufe lassen sich auch als Möglichkeitsverteilung dafür interpretieren, wie sehr die Werte x des Grundbereichs X als Ausgangswerte auftreten können.[1]

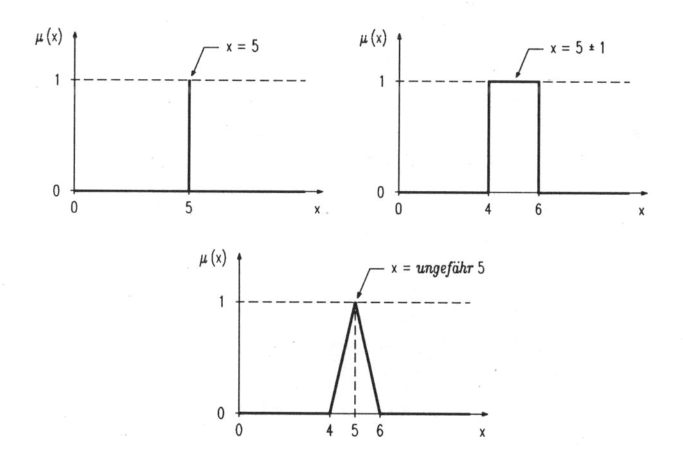

Abb. 8.3. Eine alternative Möglichkeit zur Definition des Begriffs "Fuzzifikation": Erweiterung der scharfen Zahl $x = 5$ zu einem Intervall $x' = [4,6]$, Übergang zu einer unscharfen Zahl $x'' =$ *ungefähr 5* durch Intervallbewertung.

---

[1] Zum Aufstellen einer Wahrscheinlichkeitsverteilung müßten die Prozeßbedingungen bekannt sein. Andernfalls muß eine Worst-Case-Behandlung erfolgen. Es gilt: was wahrscheinlich ist, muß auch möglich sein, aber nicht umgekehrt.

Man kann auch im Fall nach Beispiel 8.1 von "Fuzzifikation" des scharfen Eingangswertes x sprechen, da der numerische Wert x = 5 auf die unscharfe Zahl bzw. den linguistischen Wert x'' = *ungefähr 5* abgebildet wird. Die Berechnung der Regel-Aktivierungsgrade bei unscharfen Eingangswerten erfordert die Verknüpfung unscharfer Mengen.

Defuzzifikation

Es sind mehrere Methoden üblich, aus den unscharfen Ausgangsgrößen **B**(y) der Inferenz-Maschine scharfe Stellwerte y_0 zu gewinnen. Die wichtigsten sollen im folgenden beschrieben werden.

1. *Max-Methode*
Als Stellwert wird dasjenige y_0 über y ausgewählt, für das $\mu_B(y_0)$ maximal ist. Im Fall mehrerer lokaler Maxima $y_1, \ldots, y_m$ mit $\mu_B(y_1) = \ldots = \mu_B(y_m)$ bzw. eines Maximum-Plateaus zwischen y_1 und y_m (z.B. nach Anwendung der Max-Min-Inferenz-Methode) können die beiden folgenden Methoden angewendet werden.

2. *Links- (Rechts-) Max-Methode*
Als Stellwert y_0 wird das kleinste (größte) y_j, $j = 1, \ldots, m$, ausgewählt.

3. *Mittelwert-Max-Methode*
Als Stellwert y_0 wird der arithmetische Mittelwert $y_0 = 1/m \sum_{j=1,\ldots,m} y_j$ der lokalen Maxima gewählt.

4. *Centroiden-Methode*
Als Ausgangswert y_0 wird der Abzissenwert des Schwerpunktes der Fläche unterhalb der Zugehörigkeitsfunktion $\mu_B(y)$, $y \in Y$, berechnet. Danach ergibt sich bei Integration über Y

$$y_0 = \frac{\int_Y y\, \mu_B(y)\, dy}{\int_Y \mu_B(y)\, dy} . \tag{8.1}$$

Da die numerische Integration sehr aufwendig ist, und dies speziell bei Echtzeitanwendungen zu Rechenzeitproblemen führen kann, wird

(8.1) meistens durch eine Summenformel angenähert. Eine einfache Möglichkeit besteht darin, einen gewichteten Mittelwert der Zentralwerte $\ddot{y}_i$ der Ausgangsmengen $\mathbf{B}_i(y)$ der einzelnen Regeln (i) zu verwenden. Als Gewichte werden die Aktivierungsgrade β_i der Regeln (i) verwendet. Bei n Regeln berechnet sich y_0 dann zu

$$y_0 \approx \frac{\sum_{i=1,\ldots,n} \beta_i \ddot{y}_i}{\sum_{i=1,\ldots,n} \beta_i} . \tag{8.2}$$

Das Ergebnis (8.2) ist exakt, wenn als Konseqeunzterme Singletons oder nicht überlappende Zugehörigkeitsfunktionen zum Einsatzkommen. Bei der Centroiden-Methode sollten die Zugehörigkeitsfunktionen der beiden unscharfen Randmengen über den numerischen Ausgangsgrößenbereich hinaus fortgesetzt werden, da sonst die Randwerte selbst nicht angenommen werden können (der Flächenschwerpunkt kann nicht auf einer vertikalen Begrenzungslinie der Fläche liegen).

5. *Modifizierte-Centroiden-Methode*
   Die Integration bei 4 wird nur in den Bereichen mit $\mu_B(y) > \alpha$, $\alpha \in [0,1]$, $y \in Y$, durchgeführt. Dabei stellt α einen Parameter zur Unterdrückung von Rauscheffekten dar.

6. *Lineare Defuzzifikation*
   Bei den oben vorgestellten Methoden zur Defuzzifikation liefern theoretisch alle Regeln der Regelbank einen Beitrag zur resultierenden unscharfen Gesamtmenge. Im Gegensatz dazu wird bei der linearen Defuzzifikation nur die Regel mit dem größten Aktivierungsgrad berücksichtigt. Dies führt zu einer Vereinfachung der Defuzzifikation. Für die Stellgröße y_0 ergibt sich dann der Abzissenwert entweder des linken oder des rechten Teilastes von $\mathbf{B}_j$ mit $\mu_{Bj}(y) = \beta_j$. Die aktuelle Auswahl hängt von den konkreten Systembedingungen ab und kann beispielsweise Vorsichtsmaßregeln berücksichtigen.

Bei Vorhandensein einer Regelbank mit mehreren Regeln besteht grundsätzlich die Möglichkeit, entweder die Teilergebnisse der Einzelregeln zu akkumulieren und anschließend zu defuzzifizieren, oder umgekehrt.

8.2 Reglerverhalten

Max-Min-Inferenz-Methode

Im Gegensatz zu der in Kapitel 7.4 beschriebenen Methode zur Lösung von unscharfen Relationalgleichungssystemen mit Hilfe der Gödel-Transformation beschreibt [Mamdani, 1975] einen sehr viel einfacheren näherungsweisen Ansatz. Danach werden die Relationalgleichungen zunächst einzeln gelöst und anschließend aus den Teillösungen eine Gesamtlösung erzeugt. In den einzelnen Lösungsansätzen wird die Gödel-Verknüpfung $\bigstar$ entsprechend (7.8) durch das kartesische Produkt $\otimes$ ersetzt:

$$\mathbf{R}_i = \mathbf{A}_i \otimes \mathbf{B}_i \,. \tag{8.6}$$

Diese regelspezifischen Einzellösungen $\mathbf{R}_i$ werden durch Vereinigungsbildung über alle Regeln zum Gesamtergebnis $\mathbf{R}$ zusammengefaßt (jede Regel (i) kann einen gleichwichtigen Beitrag zum Ergebnis liefern):

$$\mathbf{R} = \cup_i \mathbf{R}_i = \cup_i [\, \mathbf{A}_i \otimes \mathbf{B}_i \,] \,. \tag{8.7}$$

Der Ausgangswert $v = \mathbf{B''} = \mathbf{A'} \circ_{MM} \mathbf{R}$ dieses Reglers für einen Eingangswert $u = \mathbf{A'}$ ergibt sich wegen der nach (2.14) geltenden Distributivität

$$\mathbf{A'} \circ_{MM} [\cup_i [\mathbf{R}_i]] = \cup_i [\mathbf{A'} \circ_{MM} \mathbf{R}_i] \tag{8.8}$$

unter Zuhilfenahme der Max-Min-Inferenzmethode (7.10) für Einzelregeln zu

$$\begin{aligned} \mu_{B''}(y) &= \max_{x \in X} \min \{ \mu_{A'}(x), \max_{i=1,\ldots,n} [\min [\mu_{Ai}(x)], \mu_{Bi}(y)] \} \\ &= \max_{i=1,\ldots,n} \{ \max_{x \in X} \min [\min [\mu_{A'}(x), \mu_{Ai}(x)], \mu_{Bi}(y)] \} \\ &= \max_{i=1,\ldots,n} \{ \min [\beta_i , \mu_{Bi}(y)] \} \end{aligned} \tag{8.9}$$

mit $\beta_i = \max_{x \in X} \min [\mu_{A'}(x), \mu_{Ai}(x)] = \text{hgt}\, [\mathbf{A'} \cap \mathbf{A}]$ als Aktivierungsgrad der Regel (i). Eventuell scharfe Eingangswerte $\mathbf{A'}$ können als Singleton aufgefasst werden.

Ein sehr einfaches Beispiel stellt das Beispiel 1.7 mit zwei Regeln, einer Eingangsgröße u = Temperatur (T) und einer Ausgangsgröße v = Ventilstellung (V) dar. Der scharfe Eingangswert T_{EIN} = 18°C kann dabei als unscharfes Singleton $\mathbf{T}_{EIN}$ aufgefaßt werden. Mit (8.9) ergibt sich $\mu_{AUS}(\varphi) = \mu_{EIN \circ R}(\varphi)$ wie folgt:

$$\mu_{EIN \circ R}(\varphi) = \max_{i=1,2} \{ \min [\mathrm{hgt}(\mathbf{T}_{EIN} \cap \mathbf{T}_i), \mu_{\varphi_i}(\varphi)] \},$$

$$= \max_{i=1,2} \{ \min [\mu_{Ti}(T_{EIN}), \mu_{\varphi i}(\varphi)] \}$$

$$\text{mit } \mathbf{T}_1 = \mathbf{T}_{\mathbf{niedrig}},\ \mathbf{T}_2 = \mathbf{T}_{\mathbf{mittel}},\ \varphi_1 = \varphi_{\mathbf{halb\ offen}} \text{ und } \varphi_2 = \varphi_{\mathbf{fast\ offen}}.$$

Die Minimumbildung begrenzt die Zugehörigkeitsfunktionen φ_1 und φ_2 auf die resultierenden Aktivierungsgrade β_1 und β_2 der Regeln (1) und (2). Die Maximumbildung für die Werte aus beiden Regeln wird für alle relevanten Ventilstellungen φ ausgeführt, so daß die Beiträge der beiden Regeln zum resultierenden unscharfen Ausgangswert vereinigt werden.[1] Die Defuzzifikation dieses unscharfen Wertes erfolgt mit Hilfe der Centroidenmethode nach (8.1). Es ergibt sich der Stellwert φ_{AUS} = 70%.

Bemerkung

Wenn im obigen Beispiel die beiden Terme der Kühlventilstellung Singletons mit den Werten φ_1 und φ_2 sind, würde sich der defuzzifizierte Ausgangswert φ_{AUS} nach der folgenden sehr einfachen Formel berechnen:

$$\varphi_{AUS} = \frac{\mu_{T1}(T_{EIN}) \cdot \varphi_1 + \mu_{T2}(T_{EIN}) \cdot \varphi_2}{\mu_{T1}(T_{EIN}) + \mu_{T2}(T_{EIN})}$$

Eine erweiterte Aufgabenstellung zeigt das folgende Beispiel 8.4. Dabei wird die Ausgangsgröße v von zwei Eingangsgrößen u_1 und u_2 mit unscharfen Werten beeinflußt. Es liegen wie in Beispiel 1.7 zwei Regeln vor.

---

[1] Diese anschauliche Darstellung der Max-Min-Inferenz-Methode zur Lösung von Relationalgleichungssystemen mit Hilfe von Aktivierungsgraden der Einzelregeln ist wegen (8.7) äquivalent zur Berechnung mittels einheitlicher Übertragungsrelation.

Beispiel 8.4

Der scharfe Stellwert φ_{AUS} der Öffnung φ eines Kühlventils soll in Abhängigkeit von gemessenen scharfen Werten T_{EIN} und F_{EIN} der beiden Eingangsgrößen "Temperatur" und "relative Luftfeuchtigkeit" nach der Max-Min-Inferenz-Methode eingestellt werden. Dazu liegen zwei Regeln in linguistischer Form vor, wobei die verwendeten Terme der linguistischen Variablen u_1 = Temperatur (T), u_2 = relative Luftfeuchtigkeit (F) und v = Ventilöffnung (φ) durch unscharfe Mengen repräsentiert werden. Diese Regeln lauten:

IF T = *niedrig* OR F = *niedrig* THEN φ = *mittel*,

IF T = *niedrig* AND F = *hoch* THEN φ = *halb geschlossen*.

Es werden eine Temperatur $T_{EIN} \approx 20$ [°C] und eine relative Luftfeuchtigkeit $F_{EIN} \approx 50\%$ gemessen und der Abbildung 8.4 entsprechend mit bewerteten Toleranzen versehen.

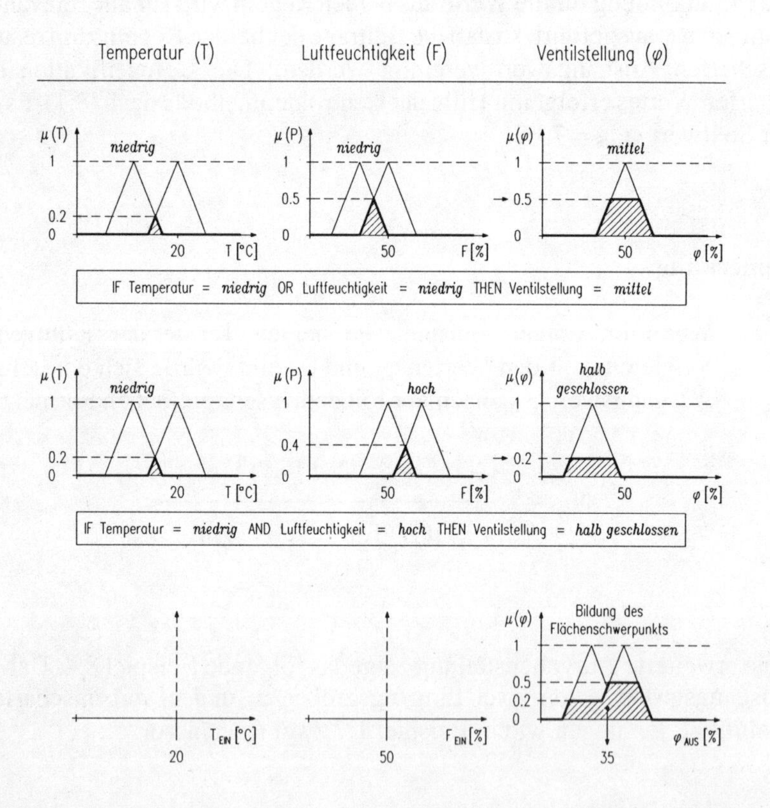

Abb. 8.4. Max-Min-Inferenz-Methode für unscharfe Eingangsgrößen: ein Kühlventil wird in Abhängigkeit von den aktuellen Temperatur- und Luftfeuchtigkeitswerten eingestellt.

Damit entstehen die unscharfen Eingangswerte $\mathbf{T}_{EIN}$ und $\mathbf{F}_{EIN}$. Zur Berechnung des dazugehörenden Stellwerts $\varphi_{AUS}(\approx 20, \approx 50)$ werden zunächst die Aktivierungsgrade β_1 und β_2 der beiden Regeln bestimmt. Die Abhängigkeit der Ventilstellung von T und F wird beim resultierenden Aktivierungsgrad β_1 der ersten Regel (OR-Verknüpfung innerhalb des Bedingungsteils) durch Maximumbildung und beim resultierenden Aktivierungsgrad β_2 der zweiten Regel (AND-Verknüpfung innerhalb der Prämisse) durch Minimumbildung von berücksichtigt. Damit ergibt sich

$$\beta_1 = \max\,[\mathrm{hgt}\,(\mathbf{T}_{EIN} \cap \mathbf{T}_{niedrig}),\ \mathrm{hgt}\,(\mathbf{F}_{EIN} \cap \mathbf{F}_{niedrig})] = 0.5 \text{ und}$$

$$\beta_2 = \min\,[\mathrm{hgt}\,(\mathbf{T}_{EIN} \cap \mathbf{T}_{niedrig}),\ \mathrm{hgt}\,(\mathbf{F}_{EIN} \cap \mathbf{F}_{hoch})] = 0.2 \ .$$

Die Reaktionen $\mu_1(\varphi)$ und $\mu_2(\varphi)$ der beiden Regeln auf die Eingangswerte $\mathbf{T}_{EIN}$ und $\mathbf{F}_{EIN}$ berechnen sich damit zu

$$\mu_1(\varphi) = \min\,[\beta_1, \mu_{\varphi mittel}(\varphi)] = \min\,[0.5, \mu_{\varphi mittel}(\varphi)] \text{ und}$$

$$\mu_2(\varphi) = \min\,[\beta_2, \mu_{\varphi\, halb\ geschlossen}(\varphi)] = \min\,[0.2, \mu_{\varphi\, halb\ geschlossen}(\varphi)],$$

und der unscharfe Ausgangswert $\mu_{12}(\varphi)$ zu

$$\mu_{12}(\varphi) = \max\left\{\min\,[\beta_1, \mu_{\varphi 1}(\varphi)],\ \min\,[\beta_2, \mu_{\varphi 2}(\varphi)]\right\}.$$

Der unscharfe Ausgangswert wird durch eine unscharfe Ausgangsmenge repräsentiert, aus der man den benötigten scharfen Stellwert φ_{AUS} durch Defuzzifikation gewinnt. Mit Hilfe der Centroidenmethode ergibt sich dieser zu $\varphi_{AUS} = 35\%$. In Abbildung 8.4 ist diese Rechenvorschrift als Diagramm dargestellt.

Max-Prod-Inferenz-Methode

Einen anderen Weg zur Vereinfachung der Gödel-Inferenz-Methode nach Kapitel 7.4 beschritten [Holmblad&Østergaard, 1982] bei der Regelung eines Zementbrennofens, indem sie in (8.7) eine Multiplikation zur Berechnung des kartesischen Produkts verwendeten. Der Ausgangswert $v = \mathbf{B}''$ des Reglers ergibt sich dann zu

$$\mathbf{B}'' = \cup_i\,[\beta_i \cdot \mathbf{B}_i] = \cup_i\,\big[[\mathrm{hgt}\,(\mathbf{A}' \cap \mathbf{A}_i)] \cdot \mathbf{B}_i\big]. \tag{8.10a}$$

mit der Zugehörigkeitsfunktion

$$\mu_{B''}(y) = \max_{i=1,\dots,n}\{\beta_i \cdot \mu_{Bi}(y)\}. \tag{8.10b}$$

Dieses Verfahren beschreibt die Max-Prod-Inferenz-Methode zur Lösung von Relationalgleichungssystemen.

Während die beschriebenen Verfahren nach dem Prinzip "Akkumulation nach Fuzzifikation" arbeiten, werden die Teilergebnisse bei den beiden folgenden heuristischen Methoden zunächst fuzzifiziert und anschließend akkumuliert. Dieses Vorgehen läßt sich damit motivieren, daß nur so eine Wichtung der Teilergebnisse in Abhängigkeit von der Häufigkeit des Auftretens gewährleistet ist.

Tsukamoto-Inferenz-Methode

Voraussetzung für dieses Verfahren ist die Verwendung monotoner Zugehörigkeitsfunktionen für die Stellgrößen entsprechend Abbildung 8.5. Es entstehen direkt numerische Teilergebnisse, die nicht fuzzifiziert werden müssen.

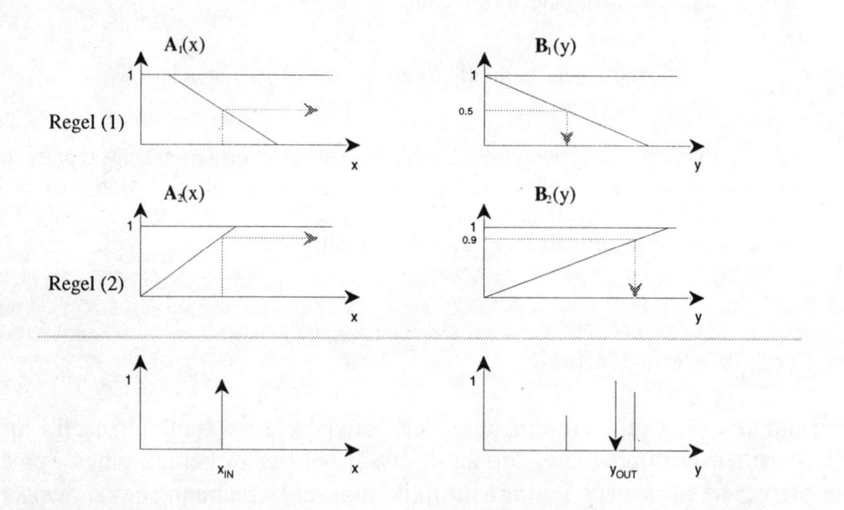

Abb. 8.5. Tsukamoto-Inferenz-Methode mit zwei Regeln und einer Eingangsgröße.

Die Aktivierungsgrade β_i der Einzel-Regeln berechnen sich zu

$$\beta_i = \mu_{Ai}(x_{IN}) . \tag{8.11}$$

Die numerischen Teilergebnisse für die einzelnen Regeln ergeben sich durch Anwendung der Umkehrabbildung μ_{Ai}^{-1} der Zugehörigkeitsfunktion zu

$$y_i = \mu_{Ai}^{-1}(\beta_i)\,, \tag{8.12}$$

Das Gesamtergebnis berechnet sich dann durch gewichtete Mittelwertbildung zu

$$y_i = \frac{\Sigma_i (\beta_i\, y_i)}{\Sigma_i (\beta_i)}\,. \tag{8.13}$$

Sugeno-Inferenz-Methode

Die Sugeno-Inferenz-Methode ist beispielhaft für zwei Regeln und einer Eingangsgröße in Abbildung 8.6 dargestellt.

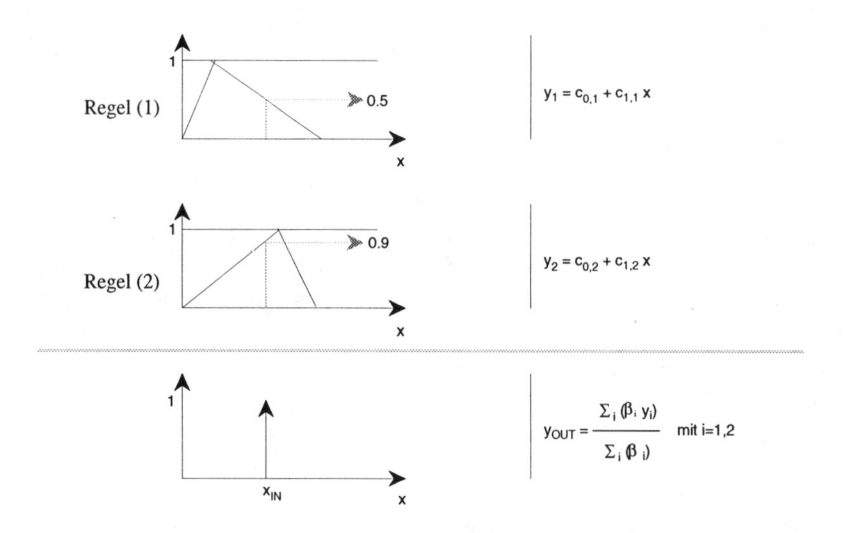

Abb. 8.6. Sugeno-Inferenz-Methode mit zwei Regeln und einer Eingangsgröße.

Im Gegensatz zu den bisher behandelten Regeln lesen sich die Sugeno-Typ-Regeln folgendermaßen:

$$\text{IF } u = \mathbf{A}_i \text{ THEN } y_i = s_{0,i} + s_{1,i}\, x_{IN} \tag{8.14}$$

Am Ausgang werden also direkt numerische Werte produziert, die Linearkombination der Eingangswerte (im obigen Beispiel nur x_{IN}) darstellen. Die Aktivierungsgrade β_i der Regeln (i) berechnen sich durch Fuzzifikation der Eingangswerte zu

$$\beta_i = \mu_{Ai}\,(x_0), \tag{8.15}$$

die Teilergebnisse der einzelnen Regeln sind bereits im Konsequenzenteil angegeben mit

$$y_i = \Sigma_k\,(s_{k,i}\, x_k), \tag{8.16}$$

wobei der Laufindex k gleich der Anzahl der zu berücksichtigenden Eingangsgrößen im Bedingungsteil ist, im Beispiel nach Abbildung 8.16 also k=1. Wie bei der Tsukamoto-Inferenz-Methode ergibt sich das Gesamtergebnis durch gewichtete Mittelwertbildung zu

$$y_{OUT} = \frac{\Sigma_i\,(\beta_i\, y_i)}{\Sigma_i\,(\beta_i)}\ . \tag{8.17}$$

Es bleibt festzustellen, daß dieses Ergebnis bereits numerisch vorliegt und nicht fuzzifiziert werden muß, um eine scharfe Stellgröße zu erhalten. Die Freiheitsgrade $s_{k,i}$ sind einzustellen. Die Optimierung kann sehr effektiv beispielsweise mit Hilfe von Genetischen Algorithmen oder in einem Lernprozeß mittels Künstlicher Neuronaler Netzwerke geschehen [Bothe, 1995].

Wenn nur die konstanten Parameter $s_{0,i}$ ungleich null sind, also $y_i = s_{0,i}$ gilt, ergibt sich das gleiche Ausgangsergebnis wie bei der Max-Min- oder Max-Prod-Inferenzmethode, wenn dort in den Regeln als Konsequenzenterme nur Singletons $s_{0,i}$ auftreten. Eine vertiefende Diskussion findet man beispielsweise bei [Buckley, 1993].

Bei der Konstruktion der Regelbank kann auch der Fall auftreten, daß sich in bestimmten Prozeßsituationen nach Kombination einiger Produktionsregeln Widersprüche ergeben. Wenn zur Beschreibung anderer Zustände nicht auf einzelne Regeln verzichtet werden soll, muß es darum gehen, die entstehenden Widersprüche für besonders wichtige Aussagen bzw. Zustände minimal zu halten. Zu diesem Zweck können beispielsweise die Regeln zu Gruppen geordnet und für diese Gruppen getrennte unscharfe Relationen berechnet werden. Damit entsteht ein System mehrerer parallel arbeitender unscharfer Inferenz-Maschinen. Im folgenden soll ein Prinzipbeispiel für diesen Fall vorgestellt werden.

Beispiel 8.5

Es soll ein PD-Regler[1] konzipiert werden, der die vier Meßgrößen x_1, x_2, x_3 und x_4 in zwei Stellgrößen y_1 und y_2 umsetzt. Die Eingangsgrößen werden zunächt durch Bildung der Sympathievektoren fuzzifiziert. Die Weiterverarbeitung kann wie in Abbildung 8.7 dadurch geschehen, daß die Regelbank in zwei parallel arbeitende Inferenz-Maschinen aufgeteilt wird. Zur Berechnung der Stellgrößen werden dabei auch die ersten Ableitungen der Eingangsgrößen x_1 und x_2 berücksichtigt. Die Inferenz-Maschinen liefern unscharfe Zwischenergebnisse, die für y_1 mit Hilfe eines Maximumoperators zusammengefaßt werden. Nach Defuzzifikation entstehen die scharfen Stellwerte y_1 und y_2; für y_1 gilt der gesamte, für y_2 nur der zweite Regelsatz.

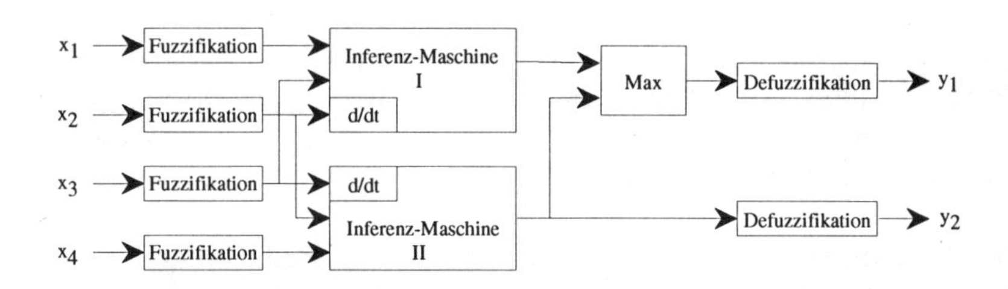

Abb. 8.7. Beispielhaftes Blockdiagramm eines unscharfen PD-Reglers mit vier Meß- und zwei Stellgrößen auf der Basis zweier Inferenz-Maschinen.

Die Regeln der beiden Inferenz-Maschinen sind so festzulegen, daß als Kennfeld im Raum der Eingangs- und Stellgrößen eine Fläche entsteht, die der von herkömmlichen

[1] Das Übertragungsverhalten eines PD-Reglers beinhaltet sowohl ein Proportionalglied, das durch einen Verstärkungsfaktor bestimmt wird, als auch ein Differentialglied, das durch eine Zeitkonstante bestimmt wird. Auf den Entwurf eines Fuzzy-PID-Reglern wird im letzten Anwendungsbeispiel sowie bei [Driankov et al., 1993], [Hayashi, 1991], [He et al., 1993], [Lee, 1992], [Lee, 1993], [Malki et al., 1994] näher eingegangen.

ist. Im Gegensatz dazu entsteht hier aber eine größere Anzahl einstellbarer Freiheitsgrade, so daß das - theoretisch denkbare - optimale Regler-verhalten genauer angenähert werden kann. Je nach Ausmaß und Schärfe des Wissens über den zu regelnden Prozeß wird das Kennfeld solange interaktiv variiert, bis das gewünschte Verhalten erreicht ist. Dieser Vorgang wird zweckmäßigerweise auf einem computergestützten Entwicklungssystem ausgeführt. Wenn Prozeßwissen in Form von Wahrscheinlichkeitsaussagen vorliegt, sollten die verwendeten Zugehörigkeitsfunktionen als Möglichkeitsverteilungen interpretiert werden und entsprechend Satz 5.2 die Wahrscheinlichkeitsverteilungen einschließen.

Es können auch - zusammen mit einer Variation der Zugehörigkeitsfunktionen - durch Simulation Modellregelbänke aufgebaut werden, die vorgegebene Expertenaussagen nachzubilden suchen. Wenn die gewünschte Genauigkeit erreicht ist, wird der unscharfe Regler - entweder in Hardware oder in Software - implementiert.

8.3 Anwendungsbeispiele

Invertiertes Pendel

Dem Problem des inversen Pendels haben sich eine Vielzahl von Autoren zugewendet. Eine der ersten Lösungen stammt von [Cannon, 1966]. Die Problemstellung wurde auf Doppelpendel [Sturegeon&Loscutoff, 1972] und Dreifachpendel [Furuta et al.,1984] erweitert. Sie ist zudem häufig Gegenstand der regelungstechnischen Ausbildung von Ingenieuren (z.B. [Hartmann, 1992]).

Die Aufgabenstellung steht stellvertretend für eine Reihe instabiler Prozesse, die durch Anwendung regelungstechnischer Methoden ein gewünschtes Verhalten annehmen sollen. Die Regelstrecke besteht aus einem Wagen, auf dem entsprechend Abbildung 8.8 ein zu balancierender, weitgehend reibungslos gelagerter Stab angebracht ist. Der Wagen wird von einem Gleichstrommotor bewegt.

Der Stab kann sich ausschließlich in der Ebene um den Lagerpunkt bewegen, die durch die vertikale Achse und die Bewegungsrichtung des Wagens festgelegt ist. Das Stab-Wagen-System verhält sich in der in Abbildung 8.8 gezeigten Anordnung instabil: eine kleine Winkelauslenkung $e(t)$ verursacht durch die Schwerkraft g eine Winkelbeschleunigung $e''(t)$ des Stabs, die wiederum $e(t)$ vergrößert. Die Aufgabe der Motorsteuerung ist es nun, den Stab durch Bewegen des Wagens zu balancieren. Dazu werden die Auslenkung $e(t)$ des Stabs und die

Lage x(t) des Wagens gemessen; durch Differenzieren können dem Regler außerdem die Winkelgeschwindigkeit e'(t), die Geschwindigkeit x'(t) und die Beschleunigung x''(t) zur Verfügung gestellt werden. Der Reglerausgang bedient die Steuerung des Motors.

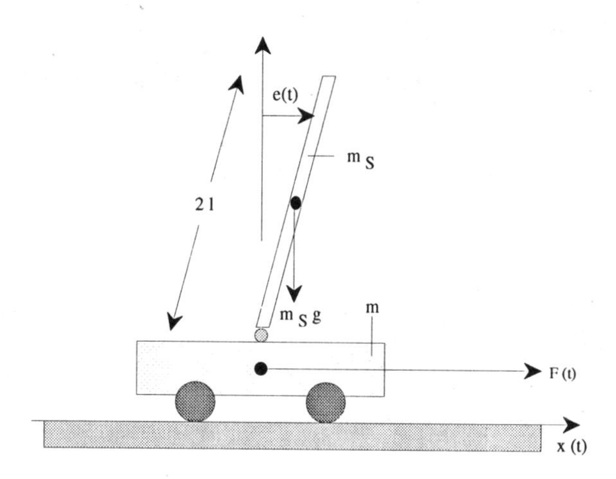

Abb. 8.8. Versuchsaufbau zur Stabilisierung eines invertierten Pendels.

Es wird eine bestimmte Position x_{soll} des Wagens angestrebt, da sonst ein Balancieren auch bei konstanter Geschwindigkeit möglich wäre und der Wagen die real vorhandenen räumlichen Begrenzungen verletzen würde.

Zunächst soll der Vorgang zum Reglerentwurf mit klassischen Methoden aufgezeigt werden; der eigentliche Entwurf erfolgt dabei erst nach einer Systemanalyse der Regelstrecke, also des dynamischen Verhaltens des Stab-Wagen-Systems. Es steht eine Vielzahl unterschiedlicher Entwurfsverfahren zur Auswahl, die hier allerdings nicht detailliert beschrieben werden sollen.

Klassische Regelung

Zunächst werden - voneinander getrennt - die Bewegungsgleichungen für den Stab und für den Wagen aufgestellt, so daß ein System zweier Differentialgleichungen entstehen wird. Im linearen Fall lassen sich daraus die Übertragungsfunktionen des Systems im Laplace-Bereich berechnen, auf deren Grundlage der gewünschte Regler konzipiert werden kann. Wir wollen uns im folgenden auf das Aufstellen der Bewegungsgleichungen beschränken. Zum Reglerentwurf sei auf die üblichen

Lehrbücher der Regelungstechnik wie beispielsweise [Landgraf, 1970] verwiesen. Die Kraftübertragung vom Motor auf den Wagen wird vereinfachend als linear angenommen.

Bewegungsgleichung des Stabs

Nach dem Steinerschen Satz gilt für das Trägheitsmoment Θ_S des Stabs um den Drehpunkt

$$\Theta = 4/3 \, m_S \, l^2 , \tag{8.18}$$

wobei m_S die Gesamtmasse des Stabs und l die halbe Stablänge bedeuten. Die Schwerkraft $g = 9.81$ m/s² führt bei Auslenkung des Stabs zu einem Drehmoment D_M am Auflagerpunkt mit

$$D_M = l \, m_S \, g \sin e(t) , \tag{8.19}$$

die Beschleunigung des Wagens wirkt dagegen mit dem Drehmoment

$$D_B = - l \, m \, x''(t) \cos e(t) ; \tag{8.20}$$

dabei steht m für die Masse des Wagens. Die Gleichgewichtsbedingung für die Drehmomente im Drehpunkt führt zusammen mit (8.18) stationär zu folgender Bewegungsgleichung für den Stab:

$$4/3 \, l \, e''(t) + x''(t) \cos (e(t)) - g \sin (e(t)) = 0 . \tag{8.21}$$

Bewegungsgleichung des Wagens

An den Wagen der Masse m greifen die folgenden Horizontalkräfte an:

- Tangentialkraft des drehenden Stabs: $F_t = - m \, l \, e''(t) \cos e(t)$, (8.22)
- Radialkraft des drehenden Stabs: $F_r = m \, l \, e'(t)^2 \sin e(t)$, (8.23)
- Reibungskraft: $- F_\mu = - c_\mu \, x'(t)$, (8.24)
- eingespeiste Motorkraft: $F(t)$. (8.25)

Der Faktor c_μ in (8.24) stellt eine Reibungskonstante dar. Zusammen mit der Beschleunigungskraft $(m + m_S)\, x''(t)$ ergibt sich das Kräftegewicht zu

$$(m + m_S)\, x''(t) = -\, c_\mu\, x'(t) + F(t) - m_S\, l\, e''(t) \cos(e(t)) + \\ + m_S\, l\, e'(t)^2 \sin(e(t)). \quad (8.26)$$

Die Aufgabe der Motorregelung besteht also darin, durch Variation der Antriebsfraft F(t) des Motors den Stab so zu balancieren, daß $e(t) \approx 0$ ist. Mit (8.21) und (8.26) ist das zu regelnde Stab-Wagen-System bei größeren Stabauslenkungen stark nichtlinear. Es kann allerdings um die Ruhelage herum, d.h. für die Bedingungen $|e(t)| \ll 1$ und $m_S \ll m$, linearisiert werden zu

$$4/3\, l\, e''(t) + x''(t) - g\, e(t) = 0 \quad (8.27)$$

$$m\, x''(t) = -\, c_\mu\, x'(t) + F(t)\,. \quad (8.28)$$

Für diese linearen Differentialgleichungen kann ein Regler beispielsweise nach dem Wurzelortsverfahren entworfen werden. Bei größeren Stabauslenkungen ist die Linearisierung nach (8.27) und (8.28) allerdings unzulässig, da zur Stabilisierung größere Bereiche der nichtlinearen Kennlinie der Regelstrecke durchfahren werden müssen; je nichtlinearer das reale Verhalten der Regelstrecke wird, desto eher muß mit unerwünschten Grenzschwingungen im Regler gerechnet werden. In diesem Fall sind wesentlich komplexere Algorithmen einzusetzen, die sich auch zur Regelung nichtlinearer Strecken eignen. Für den Regelkreis ergibt sich das prinzipielle Blockdiagramm nach Abbildung 8.9.

Bereits bei der Herleitung von (8.15) und (8.20) wurden offensichtlich eine Reihe von idealisierenden Annahmen über das Stab-Wagen-System getroffen; diese führen dazu, daß der Regler in jedem Fall durch einen Optimierungsprozeß an das tatsächliche Systemverhalten angepaßt werden muß. Zu den Idealisierungen gehören beispielsweise die folgende weitere Annahmen:

- Reibungsfreiheit im Drehpunkt des Stabs,
- Vernachlässigung der Luftreibung,
- Starrheit und homoge Masseverteilung des Stabs,
- Kraftübertragung auf den Untergrund durch Haftreibung,
- Vernachlässigung der Stabmasse gegenüber der Wagenmasse,
- kleiner Auslenkwinkel aus der zu balancierenden Stellung,
- kleine Meßfehler bei Weg- und Winkelgrößen.

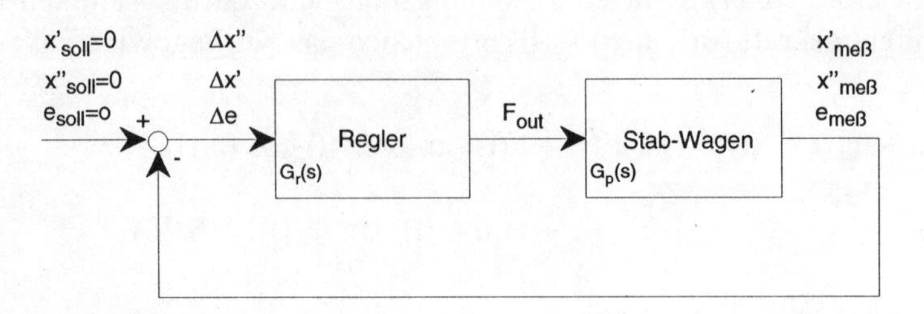

Abb. 8.9. Regelkreis Stab-Wagen-System.

Der beschriebene Sachverhalt läßt sich im Sinne der Festlegung der Begriffe "System" und "Modellbildung" nach Kapitel 1.1 auch so interpretieren, daß bei der Systemanalyse bestimmte Koppelgrößen des Stab-Wagen-Systems mit der Umwelt nicht erfaßt werden. Die Aufspaltung des Systems in Teilsysteme dient der Berechnung seines Bewegungsverhaltens und erfolgt auf der Basis starker Vereinfachungen. Die Teilsysteme selbst werden ebenfalls stark vereinfacht beschrieben. Da ein ähnliches Vorgehen auch bei verfeinerter Realitätswiedergabe für den Reglerentwurf mit klassischen Methoden typisch ist, kann also auch hier nicht von einem "scharfen" Vorgehen gesprochen werden. Repräsentativ für diese "Real-World-Probleme" ist das folgende Zitat: "Soweit sich die Gesetze der Mathematik auf die Realität beziehen, sind sie ungewiß. Und soweit sie gewiß sind, beziehen sie sich nicht auf die Realität."[1]

Fuzzy-Regelung des Stabwagens

Im Gegensatz zu dem oben beschriebenen Entwurfsvorgang muß bei einer Fuzzy-Regelung das dynamische Systemverhalten nicht quantitativ bekannt sein; die Beschreibung erfolgt qualitativ auf der Basis linguistischer Ausdrücke. Der Ansatz über unscharfe Logik nutzt aus, daß der Mensch nach einer relativ kurzen Übungsphase in der Lage ist, einen Stab auf der Hand zu balancieren, ohne eine quantitative Vorstellung von den zugrunde liegenden Systemgleichungen zu haben. Er wird unbewußt Regeln benutzen wie: "Wenn der Stab nach rechts kippt, bewege ich die Hand leicht nach rechts."

---

1 nach A. Einstein, Geometrie und Erfahrung.

Zur Aufstellung einer Regelbank für das invertierte Pendel sollen die vier linguistischen Variablen "Fehlwinkel" E, "Drehgeschwindigkeit" D, "Fehlposition" ΔX und "Kraft" K eingeführt werden. Simulationsergebnisse von [Brinkmann & Moraga, 1992] deuten darauf hin, daß die Wagengeschwindigkeit zunächst als untergeordnet angesehen werden kann. E und K werden jeweils durch sieben Terme, D und ΔX durch fünf Terme repräsentiert. In den angeführten Regeln werden dafür die folgenden Abkürzungen verwendet:

PG = *positiv groß* ,
PM = *positiv mittel* ,
PK = *positiv klein* ,
ZR = *normal* ,
NK = *negativ klein* ,
NM = *negativ mittel* ,
NG = *negativ groß* .

Nach dem Vorschlag von [Brinkmann & Moraga, 1992] wird eine Regelbank mit 19 Einzelregeln aufgestellt, die in Abbildung 8.10 angegeben sind.

IF	E = NM	*und*	D = NM	THEN	K = NG
	ΔX = NM				
	E = NG				
	E = NM	*und*	D = NK		K = NM
	E = NK	*und*	D = NM		
	E = ZR	*und*	D = NM		
	ΔX = NK				K = NK
	E = NK	*und*	D = NK		
	E = PM	*und*	D = NM		K = ZR
	E = ZR	*und*	D = ZR		
	E = NM	*und*	D = PM		
	ΔX = PK				K = PK
	E = PK	*und*	D = PK		
	E = PM	*und*	D = PK		K = PM
	E = PK	*und*	D = PM		
	E = ZR	*und*	D = PM		
	E = PM	*und*	D = PM		K = PG
	ΔX = PM				
	E = PG				

Abb. 8.10. Regelbank zur Stabilisierung eines Stab-Wagen-Systems.

Die Regeln 2, 7, 12 und 18, die die Position x betreffen, wirken eher indirekt: um in Richtung Sollposition x_{soll} Fahrt aufzunehmen, muß der Wagen zunächst kurz in die entgegengesetzte Richtung beschleunigt werden, damit das Pendel in die notwendige Schräglage kippt. Bei Überstreichen von x_{soll} wird der Wagen zusätzlich beschleunigt, das Pendel kippt in die entgegengesetzte Schräglage, und der Wagen kann sich rückwärts bewegen. Da das Problem symmetrisch bezüglich der Sollposition ist, ergibt sich auch eine symmetrisch aufgebaute Regelbank.

Die Regelbank kann auch in Matrizenschreibweise dargestellt werden, wobei die Spalten und Zeilen durch die Terme der Meßgrößen bestimmt sind, und als mögliche Matrixelemente die Terme der Regelgröße auftreten. Dies führt zu einer Darstellung der Regelbank nach Abbildung 8.11.

E \ D	NM	NK	ZR	PK	PM
NG	NG	NG	NG	NG	NG
NM	NG	NM			ZR
NK	NM	NK			
ZR	NM		ZR		PM
PK				PK	PM
PM	ZR			PM	PG
PG	PG	PG	PG	PG	PG

	NM	NK	ZR	PK	PM
ΔX :	NG	NK		PK	PG

Abb. 8.11. Matrixform der Regelbank des Stab-Wagen-Systems.

Im folgenden sollen die Zugehörigkeitsfunktionen der zu den Termen gehörenden unscharfen Mengen dargestellt werden. Bei den linguistischen Variablen "Fehlwinkel" und "Kraft" ist die Auflösung in der Nähe des Nullpunkts besonders groß, um frühzeitig und dosiert auf eine leichte Schrägstellung des Stabs reagieren zu können.

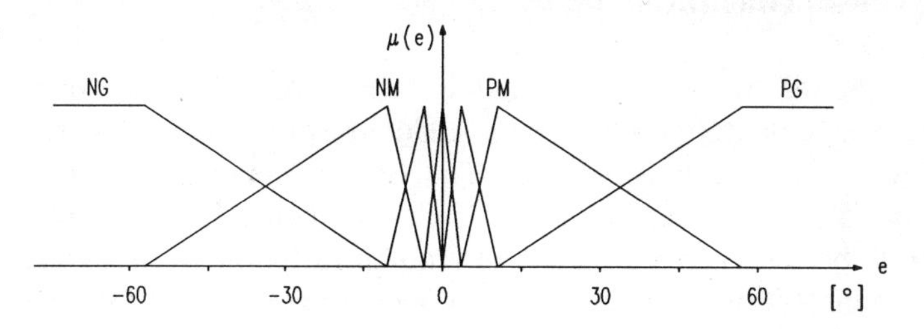

Abb. 8.12. Terme der linguistischen Variablen "Fehlwinkel" E.

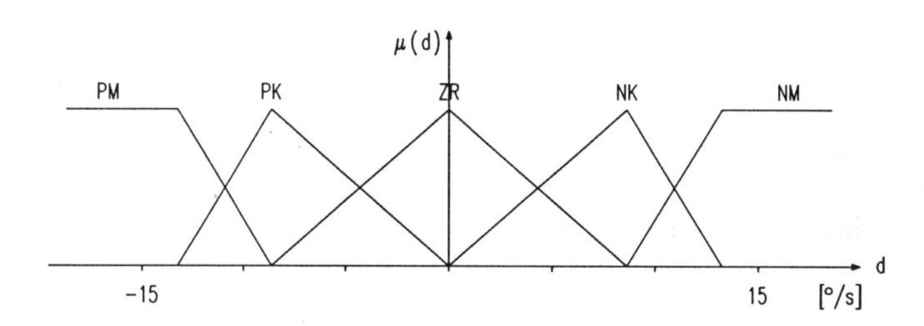

Abb. 8.13. Terme der linguistischen Variablen "Drehgeschwindigkeit" D.

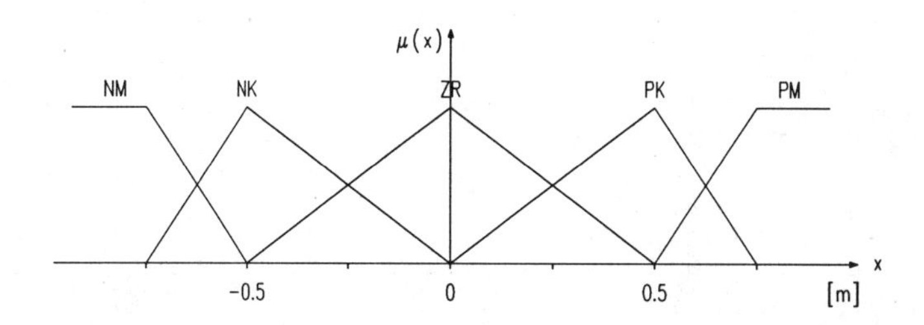

Abb. 8.14. Terme der linguistischen Variablen "Fehlposition" ΔX.

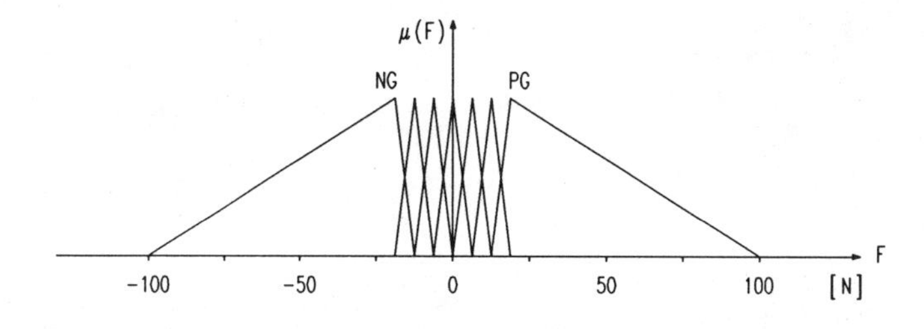

Abb. 8.15. Terme der linguistischen Variablen "Kraft" K.

Regelung eines Zementbrennofens

In diesem Kapitel soll das in Kapitel 8.2 erwähnte Beispiel der unscharfen Regelung eines Zementbrennofens näher erläutert werden. Zement wird hergestellt durch Erhitzen eines Gemisches aus Ton, gemahlenem Sandstein, Sand und Eisenerz, bis die Verbindungen C_2 S, C_3 S, C_3 Al und C_4 Al F entstehen. Der Brennprozeß besteht aus den drei wesentlichen Stadien: Trocknungsprozeß, Calciumkarbonat-Zerlegung, eigentlicher Brennprozeß bei 1250-1450 °C. Ein vereinfachtes Querschnittsbild durch den Brennofen zeigt die Abbildung 8.16. Zunächst sei die Apparatur näher erläutert:

Brennrohr:
- Stahlhülse von ca. 130 m Länge und 5 m Durchschnitt
- leicht geneigt aufgehängt
- rotiert mit etwa 1 Umdr./min

Materialgeschwindigkeit:
- 3h 15min pro 130 m Länge
- 45 min Verweildauer im Klinkerkühler

Heizung:
- Verbrennung eines Kohlenstaub-Luft-Gemisches
- Ausbreitungsrichtung entgegen der Materialbewegung

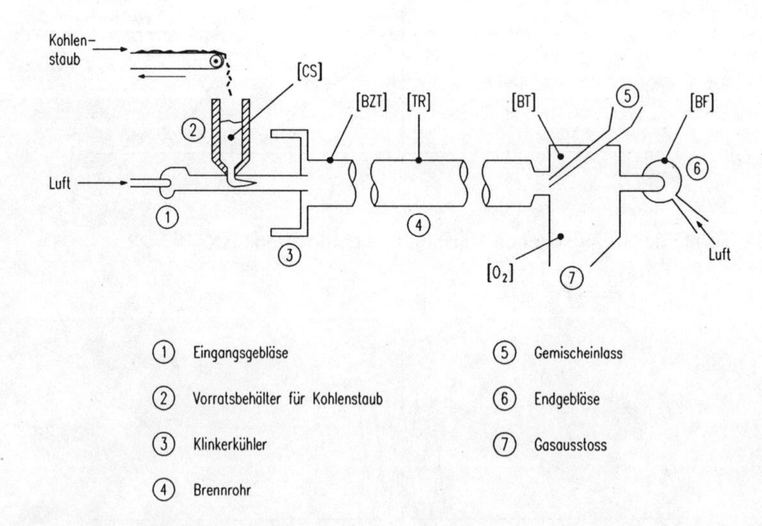

Abb. 8.16. Vereinfachtes Schaltbild eines Zementbrennofens (nach [Zimmermann, 1991]).

Bei einer automatischen Regelung mit herkömmlichen Methoden treten Probleme auf, weil das System Zeitverzögerungen enthält und sich zeitvariant und nichtlinear verhält. Die wichtigsten Eingangs- und Ausgangsgrößen des Reglers sind:

Eingangsgrößen:
- Ausstoß-Gastemperatur [BT],
- Ringtemperatur [RT],
- Brennzonentemperatur [BZT],
- Sauerstoffgehalt des Ausstoßgases [O_2],
- Liter-Gewicht [LW] (bestimmt die Zementqualität),
- Treiblast (bewegtes Material) [DL],
- Kalkgehalt des Zements [CC],

Ausgangsgrößen:
- Verbrennungsgrad [KS],
- Kohlenstaubfütterung [CS],
- Geschwindigkeit des Endgebläses [BF].

Auszug aus dem vorhandenen Prozeßwissen (Erhöhung: $\uparrow$, Veringerung: $\downarrow$):

- CS $\uparrow$ $\Rightarrow$ BZT, DL $\uparrow$; O_2, CC $\downarrow$,
- BF $\uparrow$ $\Rightarrow$ BZT, CC $\uparrow$; O_2, DL $\downarrow$,

... .

Man erkennt die Komplexität des Brennprozesses. Nach eingehender Diskussion mit den Bedienern des Zementofens (als "lokale Experten" an ihrem Teilprozeß) wurden für den Regler zunächst 75 Regeln der folgenden, grundsätzlichen Form festgelegt; dabei bedeutet der Operator d/dt die Differentiation nach der Zeit t, die Klammerung auf den rechten Seiten gibt die Kombinationsmöglichkeiten an (man beachte, daß die Ausgangsgrößen des Prozesses die Eingangsgrößen des Reglers sind):

IF	d(DL)/dt	=	<DL, SL, OK, SH, DH>
AND	DL	=	<DL, SL, OK, SH, DH>
AND	BZT	=	<L, OK, H>
THEN	d(O_2)/dt	=	<VN, N, SN, ZN, OK, ZP, SP, P, VP>
PLUS	d(BF)/dT	=	<VN, N, SN, ZN,OK, ZP, SP, P,VP>.

Man erkennt die unterschiedliche Wertquantisierung in fünf, drei bzw. neun Verläufe. Für die Eingangsgrößen u sind jeweils sieben Terme gegeben mit den Abkürzungen

DL	=	sehr klein,	SH	=	ziemlich groß,
L	=	klein,	H	=	groß,
SL	=	ziemlich klein,	DH	=	sehr groß;
OK	=	normal,			

für die Ausgangsgrößen v sind jeweils neun Terme gegeben mit den Abkürzungen

VN	=	sehr negativ,	ZP	=	wenig positiv,
N	=	negativ,	SP	=	ziemlich positiv,
SN	=	ziemlich negativ,	P	=	positiv,
ZN	=	wenig negativ,	VP	=	sehr positiv.
OK	=	kein Regulierungsbedarf,			

Diese linguistischen Ausprägungen werden repräsentiert durch Zugehörigkeitsfunktionen $\mu_i (x_i)$ mit jeweils vier diskreten Stufen im Wertebereich [0, 1] und 15 diskreten Stufen im Grundbereich X_i. Die verwendete (und mit dieser Aufgabe entwickelte) Inferenzmethode wurde in Kapitel 8.2 beschrieben.

Die Anzahl der Regeln wurde anschließend in einem Optimierungsprozeß verringert.

Einsatz von Fuzzy-Methoden in einer Spiegelreflex-Kamera

Viele Fotografen stellen an ihre Kamera die Forderung, daß diese in jeder möglichen Umgebungssituation erfolgreiche Bilder liefert. Dieses soll für spontane Schnappschüsse, bei schnellen Objektbewegungen und für alle denkbaren fotografischen Situationen gelten. Für die dabei anfallenden Aufgaben werden aufwendige Mikroprozessorregelungen verwendet, insbesondere in den Automatikprogrammen hochwertiger Spiegelreflexkameras. Gerade in diesem Konsumgüterbereich werden zunehmend auch Fuzzy-Methoden eingesetzt, die ein exklusives Expertenwissen verwenden; sie können bei einem geringerem Hardwareaufwand zu schnelleren Reaktionszeiten der Kameraelektronik führen.

Im folgenden soll beispielhaft das Regelungskonzept einer Spiegelreflexkamera vom Typ "7xi" beschrieben werden, das für wesentliche automatische Regelprozesse Methoden der Fuzzy-Logic heranzieht. Nach den Implementationshinweisen bei [Akahoshi, 1991] und [Norita, 1992] kann dadurch gegenüber einem scharfen RES die Anzahl der Steuerregeln erheblich verringert werden, die für eine präzise Situationsanalyse und Festlegung der Stellwerte heranzuziehen sind. Bei einer variierenden Szenerie, d.h. sich verändernden Meßwerten der Sensorik, entsteht automatisch ein sanftes Regelverhalten. Im einzelnen werden Fuzzy-Methoden in den folgenden vier Bereichen eingesetzt:

- Autofokuseinstellung (AF): legt den Abstand des Hauptobjekts innerhalb des Bildes fest,
- Belichtungsregelung (AE): legt unter Berücksichtigung von Hauptobjekt und Hintergrund den Belichtungsfaktor fest,
- Expertenprogramm (AP): legt unter Berücksichtigung des Belichtungsfaktors die optimalen Werte für Blende und Belichtungszeit fest,
- Zoom-Regelung (AZ): regelt über einen eingebauten Motor die Zoom-Geschwindigkeit.

In der Entwicklungsphase wurde zunächst eine fotografische Wissensbasis angelegt und das Verhalten der einzelnen unscharfen Regler optimiert. Die Wissensbasis beinhaltet prototypische Modellsituationen mit Hauptobjekten in unterschiedlicher Lage, Größe, etc. vor unterschiedlichen Hintergrundmustern. Von professionellen Fotografen wurden dafür die typischen Einstellwerte festgelegt und zusammen mit den dazugehörenden Meßwerten der Kamerasensoren abgespeichert. Anschließend wurde das Verhalten der Fuzzy-Regler mit Hilfe eines interaktiven Fuzzy-Entwicklungssystems simuliert. In einem iterativen Prozeß wurden dabei die Zugehörigkeitsfunktionen und die Regeln solange variiert, bis die Regler die gewünschten Experteneinstellungen lieferten.

Das fertige Gesamtsystem wurde wie in Abbildung 8.17 auf einem Mikrocontroller implementiert. Die einzelnen Regler wurden dabei zu einem einheitlichen Modul zusammengefaßt, das sämtliche Aufgabenstellungen bearbeitet.

Der Fuzzy-Regler verwendet die Max-Min-Inferenz-Methode und die Centroiden-Methode zur Defuzzifikation. Die Inferenz-Maschine des Gesamtsystems belegt einen Speicherplatz von etwa 500 Byte im Programmbereich. Die Eingangsgrößen werden als linguistische Variablen interpretiert und mit bis zu fünf Termen dargestellt. Die Zugehörigkeitsfunktionen sind als Tabellen mit 16 Einzelwerten in 256 Abstufungen gespeichert.

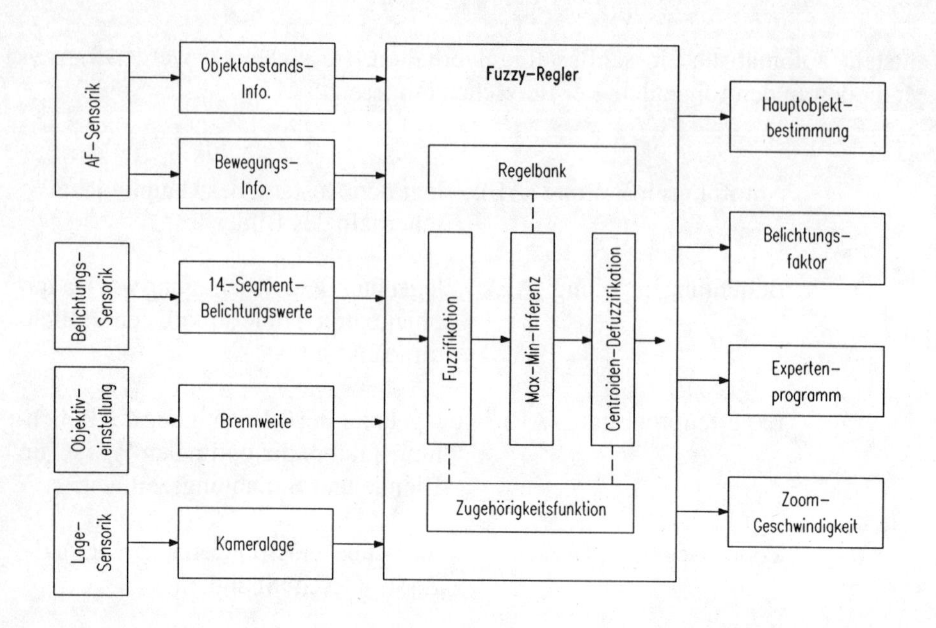

Abb. 8.17. Blockdiagramm der Fuzzy-Regelung einer Spiegelreflexkamera.

Die Regeln sind als Strukturen ausgelegt, die mit Zeigern auf diese Tabellen verweisen; der Mikrocontroller berechnet die Schlußfolgerungen durch Zurückverfolgen dieser Strukturen. Pro Block von zwei Regeln und zwei Eingängen ergibt sich ein benötigter Datenbereich von etwa 90 Byte.

Als Eingangsgrößen für den unscharfen Regler dienen die Objektabstands-Informationen und die Bewegungsinformationen der Autofokus-Sensorik, eine in 14 Bereichen gemessene Helligkeitsinformation, die aktuell eingestellte Brennweite und die Maximalblende[1] des Objektivs sowie eine Orientierungsinformation bezüglich der horizontalen und vertikalen Kameralage.

Im folgenden werden die vier einzelnen Anwendungen detailliert beschrieben, wobei auch die Sensorik zur Meßwertaufnahme angesprochen wird.

---

[1] Die Maximalblende eines Objektivs ist der Blendenwert mit der größtmöglichen Blendenöffnung.

Autofokuseinstellung

Der Abstand des zu fokussierenden Objekts von der Filmebene wird mit Hilfe einer approximativen Schlußfolgerung bestimmt. In der Mitte des Suchbildes bilden vier Abstandssensoren einen engen und einen weiten Fokusrahmen, wie in Abbildung 8.18a dargestellt.

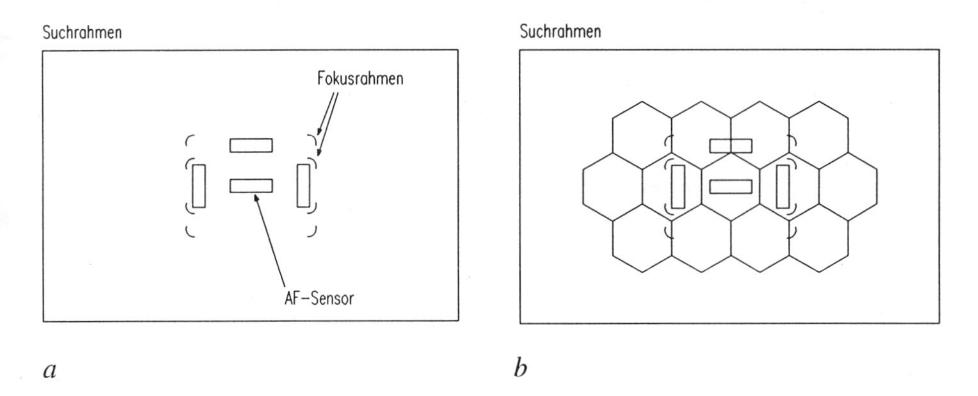

Abb. 8.18. *a* Anordnung der Autofukus-Sensoren, *b* Belichtungsmessung mit 14-Segment-Helligkeitszellen.

Falls die einzelnen Sensoren unterschiedliche Abstände detektieren, bestimmt die Fuzzy-Logic, welcher Sensor den aktuellen Wert repräsentiert. Dazu werden zunächst für jeden Autofokus-Sensor mit Hilfe von Erfahrungsregeln, Zugehörigkeitsfunktionen und der Information der Lagesensorik Wahrheitswerte für die Existenz des Hauptobjekts im Bereich jedes Sensors berechnet. Der maximale Wahrheitswert kennzeichnet die Lage des Hauptobjekts im Sensorfeld, der aktive Sensor bestimmt dessen Abstand von der Filmebene und damit die notwendige Entfernungseinstellung.

Belichtungsregelung

Als Sensoren für die Belichtungsmessung kommt eine Silizium-Fotozelle zum Einsatz, die eine dem menschlichen Auge ähnliche spektrale Empfindlichkeit aufweist. Sie ist entsprechend Abbildung 8.18b in 13 Bienenwabenzellen vor einem integrierenden Hintergrundbereich aufgespalten und liefert als Meßwerte die Helligkeiten an den entsprechenden Stellen.

In Modul "Belichtungsregelung" wird ein Belichtungsfaktor berechnet, der mit der aktuellen Filmempfindlichkeit korreliert. Dies geschieht entsprechend Abbildung 8.19 wie folgt: Aus den Meßwerten der Belichtungssensorik und der Lage des Hauptobjekts legen die Teilmodule "Fuzzy-1" und "Fuzzy-2" einen Hintergrund- und einen Hauptobjektfaktor fest. Das Teilmodul "Fuzzy-3" berechnet aus diesen Informationen und den Original-Meßwerten den einzustellenden Belichtungsfaktor.

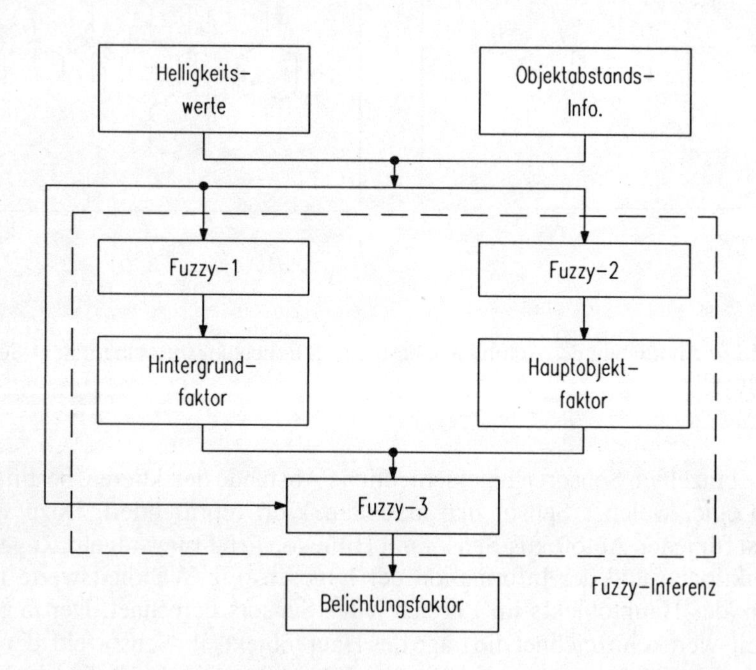

Abb. 8.19. Berechnung des Belichtungsfaktors.

Dieser wird an das Modul "Expertenprogramm" weitergeleitet, das daraus eine für die fotografische Szene besonders günstige Kombination aus Blendenwert und Belichtungszeit berechnet. Ein großer Blendenwert repräsentiert dabei eine kleine Öffnung der Objektivblende.

Expertenprogramm

Der grundsätzliche Zusammenhang zwischen Belichtungsfaktor, Blendenwert und Belichtungszeit geht aus Abbildung 8.20 hervor. Auf der Abzisse ist in einer logarithmischen Darstellung die Belichtungszeit aufgetragen, die in Richtung größerer Abzissenwerte abnimmt, auf der Ordinate ist der Blendenwert dargestellt. Die Diagonallinien geben die Linien konstanter Belichtungsfaktoren an. Wenn ein bestimmter Belichtungsfaktor vorgegeben ist, bestimmt eine Festlegung des Blendenwerts oder der Belichtungszeit jeweils die andere Größe.

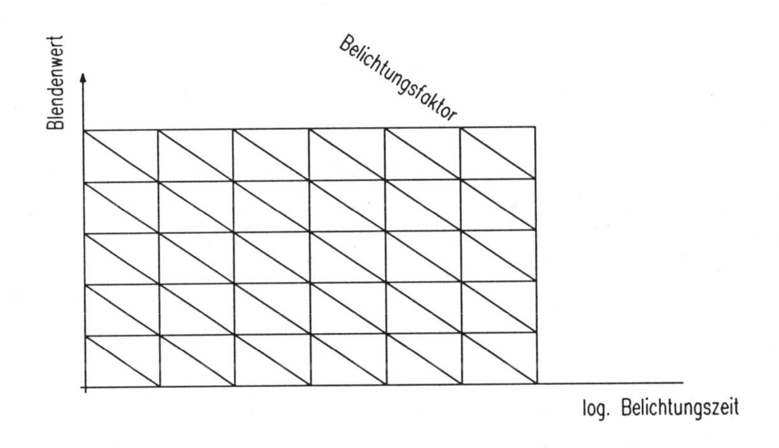

Abb. 8.20. Belichtungsdiagramm für Belichtungszeit und Blendenwert.

Während bei einer Blendenautomatik die Belichtungszeit vorgegeben wird, ist bei einer Zeitautomatik eine Blendenvorwahl zu treffen. Neben diesen Methoden wurde bei der "7xi" ein Expertenprogramm implementiert, das aus den Daten der Bildszene, den Objektiv- und Kameradaten sowie dem gespeicherten Expertenwissen eine besonders günstige Kombination aus Belichtungszeit und Brennweite bestimmt. Ein Blockdiagramm für den Berechnungsalgorithmus ist in Abbildung 8.21 dargestellt.

Zunächst werden in der Inferenz-Maschine Zugehörigkeitswerte des aktuellen Bildes zu den Termen einer linguistischen Variablen "Szenentyp" festgelegt. Dazu wird eine Variable "Abbildungsmaßstab" eingeführt, die nach Vorgabe der aktuellen Brennweite und der Abstandsinformationen die reale Objektgröße abschätzt. Die Inferenz-Maschine berücksichtigt neben diesem Abbildungsmaßstab noch diejenige - brennweitenabhängige - Belichtungszeit, die Verwacklungen durch

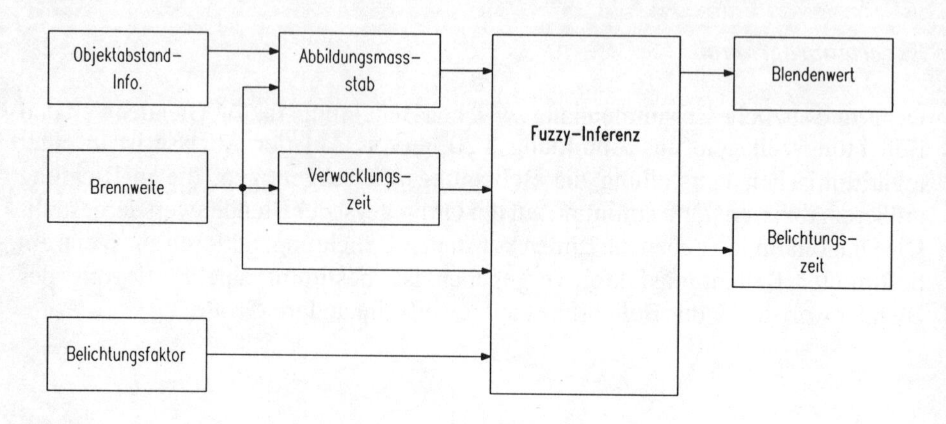

Abb. 8.21. Berechnung von Belichtungszeit und Blendenwert.

eine unruhige Hand gerade noch ausschließt, sowie den Belichtungsfaktor. Am Ausgang werden direkt die Belichtungszeit und der Blendenwert angegeben. Die Bereichsbildungen für die vier Szenentypen "Landschaft", "Portrait", "Schnappschuß" und "Nahobjekt" sind in Abbildung 8.22 dargestellt.

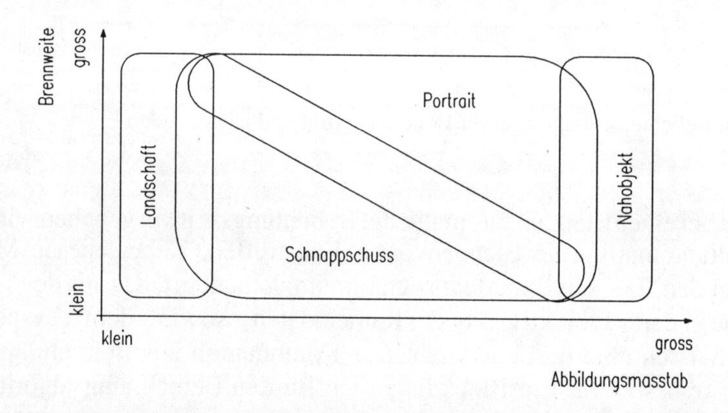

Abb. 8.22. Bildung der linguistischen Variable "Szenentyp".

Die Regeln der Inferenz-Maschine betreffen außerdem eine gewünschte Tiefenschärfe des Fotos, die sich aus dem Szenentyp ableiten läßt und bei Vorgabe der aktuellen Brennweite den Blendenwert bestimmt. In Abbildung 8.23 sind die grundsätzlichen Tendenzen angegeben, nach denen die Regeln den einzustellenden Blendenwert vorgeben.

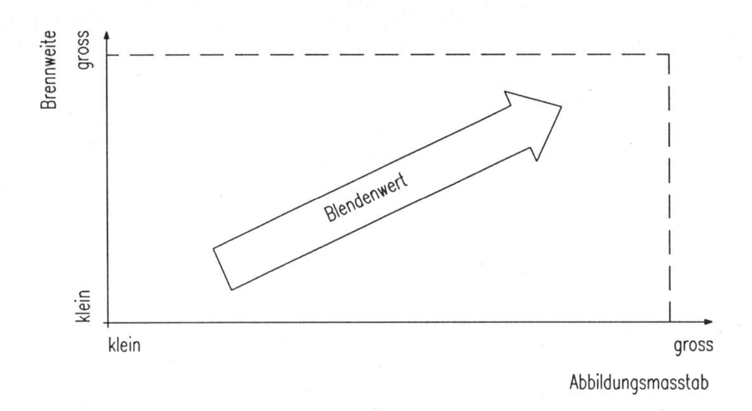

Abb. 8.23. Aufbau der Regelbank zur Einstellung des Blendenwerts bezüglich einer für die Szenerie sinnvollen Tiefenschärfe.

Mit den linguistischen Variablen "Brennweite" f, "Abbildungsmaßstab" m und "Blendenwert" b wurden beispielsweise Regeln der Form

IF f = *klein* AND m = *mittel klein* THEN b = *halb geschlossen*

implementiert. Für b stehen insgesamt die linguistischen Terme *geschlossen*, *halb geschlossen*, *mittel*, *halb offen* und *offen* zur Verfügung. Bei Vorgabe des Wertes EV = 14 für den Belichtungsfaktor entsteht beispielsweise eine Belichtungssituation nach Abbildung 8.24. Bei dem in diesem Beispiel verwendeten Objektiv können numerische Blendenwerte im Bereich $4 \leq b \leq 16$ eingestellt werden, und die aktuelle Brennweite führt zu einer Verwacklungszeit von 1/60 sec. Die kürzeste Belichtungszeit der Kamera liegt bei 1/8000 sec. Damit sind die Rahmenbedingungen für mögliche Einstellungen des Expertenprogramms abgesteckt. Die Terme sind jetzt durch unscharfe Mengen so auf den Grundbereich der möglichen Einstellwerte abzubilden, daß Belichtungszeiten zwischen 1/60 sec und 1/1000 sec und damit Blendenwerte zwischen 16 und 4 möglich werden.

In das Belichtungsdiagramm sind zusätzlich die Zugehörigkeitsfunktionen der Terme für die linguistische Variable "Blendenwert" eingezeichnet. Die Gipfelwerte für die beiden äußeren Terme sind durch die Wertekombinationen (1/60 sec, 16) und (1/1000 sec, 4) festgelegt; weil sie beide vom Dreieckstyp sind, bestimmen diese Punkte bei einer Defuzzifikation nach der Centroiden-Methode die einstellbaren Grenzwerte.

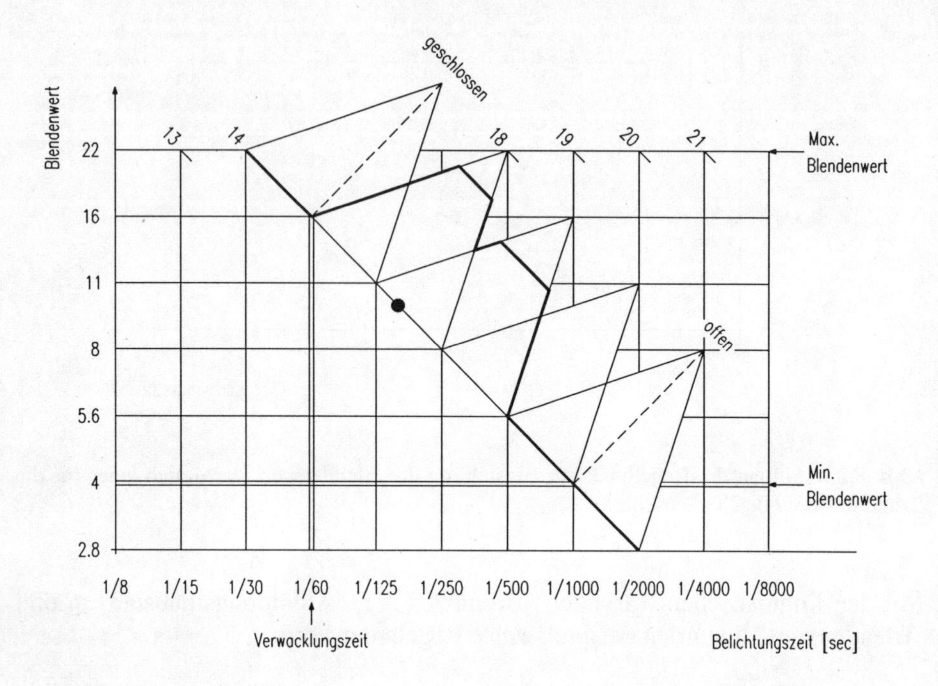

Abb. 8.24. Berechnung von Belichtungszeit und Blendenwert mit der Centroiden-Methode. Über den beiden äußeren Zugehörigkeitsfunktionen sind die Terme angegeben.

Bei einem Ergebnis der Regelauswertung entsprechend der fettgezeichneten Zugehörigkeitsfunktion berechnet sich der markierte Punkt als besonders günstiger Einstellwert. Er liegt in diesem Beispiel bei einer Belichtungszeit von 1/150 sec und einem Blendenwert von 10.

Zoom-Regelung

Die Kamera verfügt bei der automatischen Zoom-Nachstellung bei bewegten Objekten über einen "Image-Size-Lock-Modus". In dieser Einstellung wird die Brennweite des Zoom-Objektivs kontinuierlich so verändert, daß der Abbildungsmaßstab, d.h. die Größe des gewählten Bildausschnitts, erhalten bleibt. Ein Blockdiagramm der entsprechenden Zoom-Regelung ist in Abbildung 8.25 dargestellt.

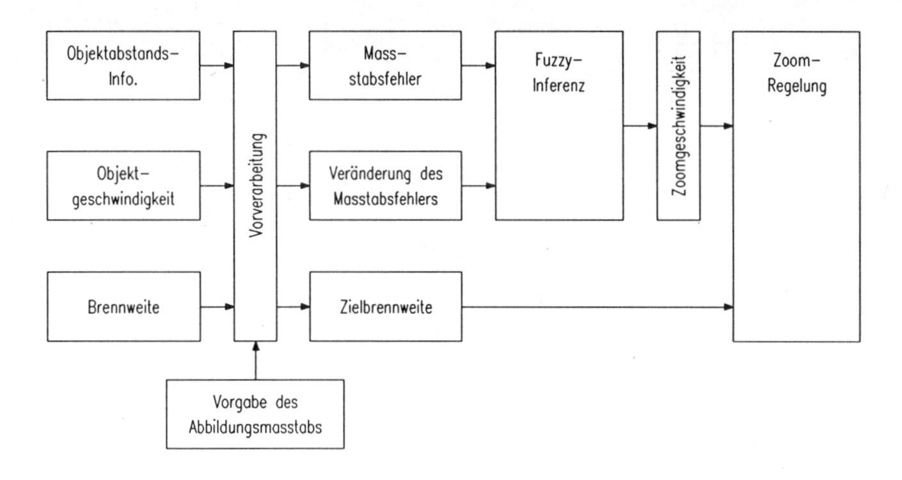

Abb. 8.25. Fuzzy Zoom-Regelung.

Als Eingangsgrößen dienen die Objektabstands-Informationen, die dazugehörigen zeitlichen Abstandsänderungen, die Brennweite und der gewünschte, eingestellte Abbildungsmaßstab. Durch eine Signalvorverarbeitung werden daraus die Größen "Maßstabsfehler", "Zeitliche Änderung des Maßstabsfehlers" und "Zielbrennweite" berechnet. Die Zielbrennweite kennzeichnet dabei einen durch Prädiktion berechneten Wert für den Abstand des Hauptobjekts.

Der Maßstabsfehler und seine zeitliche Änderung dienen als Eingangsgrößen für eine Inferenz-Maschine, die als Ausgangsgröße die einzustellende Zoom-Geschwindigkeit liefert. Deren Wert bestimmt gemeinsam mit der Zielbrennweite die Motorregelung zur Brennweiteneinstellung. Das prinzipielle Konzept der Regeln zur Festlegung der Zoom-Geschwindigkeit ist in Abbildung 8.26 dargestellt.

Die Zoom-Geschwindigkeit wird für die linke untere und die rechte obere Ecke des Diagramms beschleunigt. Eine beispielhafte Produktionsregel kann mit dem Maßstabsfehler r und der Brennweitenänderung $\partial f/\partial t$ wie folgt angegeben werden:

$$\text{IF } r = \textit{null} \text{ AND } \partial r/\partial t = \textit{gering steigend} \text{ THEN } \partial f/\partial t = \textit{negativ klein}.$$

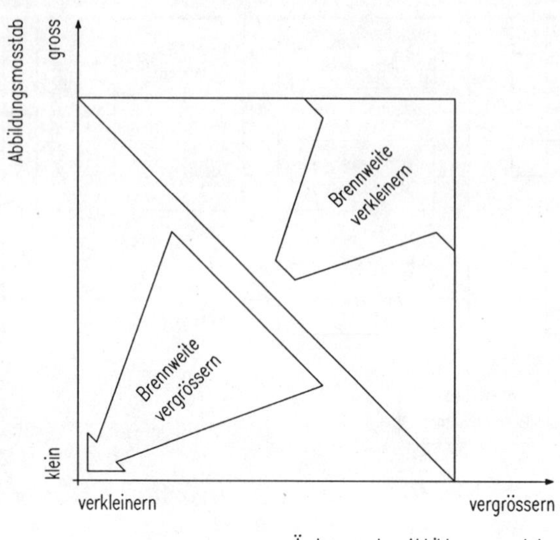

Abb. 8.26. Regelkonzept für die Berechnung der Zoom-Geschwindigkeit.

Fuzzy-PID-Reglers

Der überwiegende Teil aller industriell eingesetzten automatischen Regler besteht heute aus konventionellen PID-Reglern. Sie werden in verfahrenstechnischen Anlagen oder bei Temperaturregelungen ebensowie wie im KFZ-Bereich oder zur Regelung elektrischer Maschinen eingesetzt. Ähnlich wie bei der Definition eines PD-Reglers setzt sich das Übertragungsverhalten eines PID-Reglers aus der Superposition eines Propotional-, eines Integral- und eines Differentialanteils zusammen. Ein Blockdiagramm ist in Abbildung 8.27 gegeben.

Der proportionale Signalanteil der Stellgröße wird durch Multiplikation des Eingangssignals mit einer Konstanten C_P erzeugt, der integrale durch Integration über die Zeit und anschließende Multiplikation mit einer Konstanten $C_I/\Delta t$ und der differentielle durch Differentiation nach der Zeit und anschließende Multiplikation mit einer Konstanten $C_D\Delta t$. Bei Ausführung als zeitdiskreter Regler wird die Integration durch eine (endliche) Summation und die Differentiation durch Bildung des Differenzenquotienten ersetzt. Das Ausgangssignal des Integrators muß zusätzlich beschränkt werden, um einen Überlauf des Wertebereichs auszuschließen. Dies ist in Abbildung 8.27 durch Serienschaltung eines Blockes mit sigmoidaler Übertragungsfunktion angedeutet.

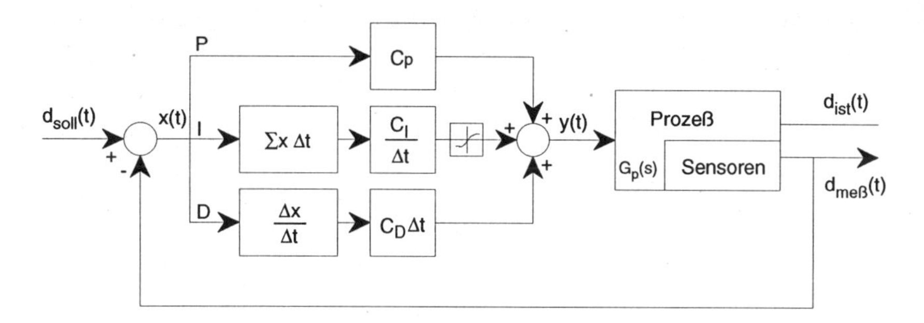

Abb. 8.27. Blockschaltbild eines konventionellen diskreten PID-Reglers.

Alle drei Zweige lassen sich mit Hilfe von Fuzzy-Inferenz-Maschinen (FIM) nachbilden. Dabei entsteht jedoch ein sehr hoher Rechenaufwand, da dann insgesamt drei Eingänge vorliegen und sich die mögliche Regelzahl exponentiell erhöht. Wenn die Wertebereiche beispielsweise mit jeweils sieben linguistischen Termen partitioniert sind, ergeben sich durch Kombination insgesamt 7×7×7=343 mögliche Regeln. Um dieses Problem zu umgehen, können zwei Zweige zusammengefaßt werden und es entsteht ein (PI+D)- oder (PD+I)-Regler. Zahlreiche Veröffentlichungen weisen darauf hin, daß die (PD+I)-Lösung bessere Eigenschaften besitzt. Ein Blockdiagramm ist in Abbildung 8.28 dargestellt.

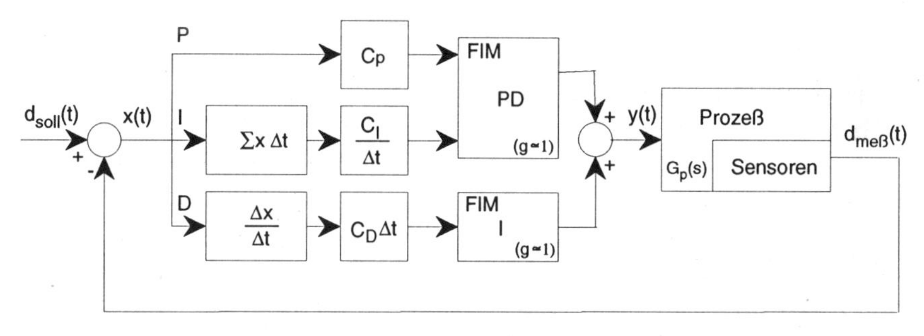

Abb. 8.28. Blockdiagramm eines Fuzzy-(PD+I)-Reglers.

Mit dieser Konfiguration ergeben sich insgesamt 7×7+7=56 mögliche Produktionsregeln und damit also ein erheblich geringerer Rechenaufwand zur Bestimmung des Ausgangswerts. Das Signal wird genau wie in Abbildung 8.7 vor Eingabe in die FIMs differenziert und integriert, was entweder numerisch oder direkt im Analogsignal geschehen kann. Die Bedingung für eine funktionale Ähnlichkeit ist, daß die Verstärkungsfaktoren g beider FIMs ungefähr gleich eins sind.

Bei der Entwicklung eines solchen Fuzzy-(PD+I)-Reglers kann beispielsweise mit dem PD-Teil angefangen werden. Dieser produziert allerdings genau wie ein konventioneller PD-Regler einen Offset-Fehler, der sich nicht korrigieren läßt. Deshalb wird der Integralteil parallel geschaltet. Die zusätzliche Summation des Regelfehlers führt zum gewünschten Ausgangssollwert $d_{meß} = d_{soll}$. Ein seriell in den Integralterm geschaltetes Übertragungsglied mit nichtlinearer Kennlinie kann die Robustheit des Reglers erheblich verbessern.[1] In Abbildung 8.29 sind beispielhaft die Ergebnisse der Lageregelung eines eingelenkigen Roboters mit einem konventionellen und einem Fuzzy-PID-Reglers angegeben.

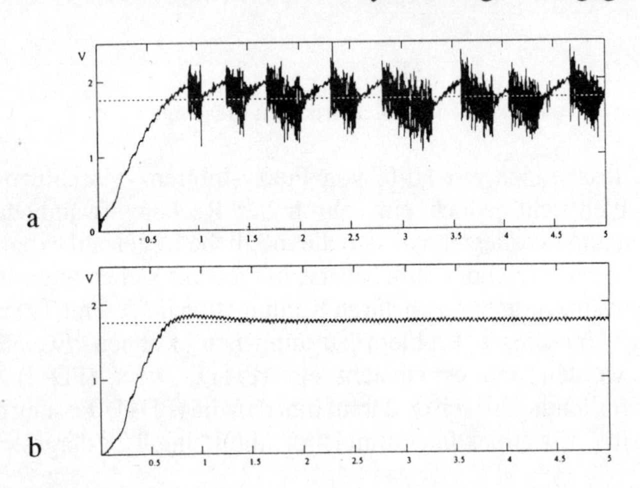

Abb. 8.29. Sprungantwort eines *a* konventionellen, *b* Fuzzy-PID-Regelers (nach [Malki, 1994]).

Wenn der Fuzzy-PID-Regler als Kennfeldregler aufgefaßt wird, lassen sich die möglichen Verbesserungen gegenüber einem konventionellen PID-Regler leicht veranschaulichen. Durch die wesentliche Erhöhung der frei wählbaren Parameter (Zugehörigkeitsfunktionen, Regeln) kann das tatsächliche Kennfeld in den meisten Fällen besser an das für den Prozeß optimale Kennfeld angepaßt werden, welches je nach Nichtlinearität des Prozesses sehr komplex sein kann. Der Vorteil gegenüber anderen Kennfeldreglern ist die direkte Interpretierbarkeit der Parameter und damit ein oft stark vereinfachter Reglerentwurf.

Allgemein liegen die Stärken von Fuzzy-Reglern insbesondere bei der Regelung nichtlinearer Prozesse, auch wenn diese Verzögerungs- oder Totzeitglieder enthalten, in ihrer oft wesentlich größeren Robustheit gegenüber Parameteränderungen innerhalb des Prozesses und der sehr einfachen Implementierbarkeit von Panik-Regeln.

---

[1] Eine experimentell motivierte, ausführliche Beschreibung eigener Erfahrungen beim Entwurf eines Fuzzy-PID-Reglers ist beispielsweise bei [Brubaker, 1994] angegeben.

9 Mustererkennung

Methoden der Mustererkennung finden in allen Bereichen der Naturwissenschaften und Technik Anwendung. Um den weiten Rahmen zu verdeutlichen, können beispielhaft die Gebiete automatische EKG-Analyse und Puls-Überwachung, Computer-Tomographie, Wettervorhersage, industrielle Qualitätsüberwachung, Prozeßidentifikation und Computer-Vision in der Robotik genannt werden. Von besonderer Bedeutung sind speziell die Bereiche Sprach- und Bilderkennung.

Die zu erkennenden Objekte werden zunächst in einem Idealisierungsprozeß mit Hilfe von charakterisierenden Merkmalen dargestellt und anschließend bestimmten repräsentativen Mustern (Cluster) zugeordnet. Diese werden entweder mit Hilfe eines bestimmten Vorwissens von einem Experten festgelegt oder auf der Basis einer Stichprobenmenge der Objekte automatisch gebildet.

Eine allgemeine Vorgehensweise bei der Mustererkennung ist im Blockschaltbild nach Abbildung 9.1 wiedergegeben.

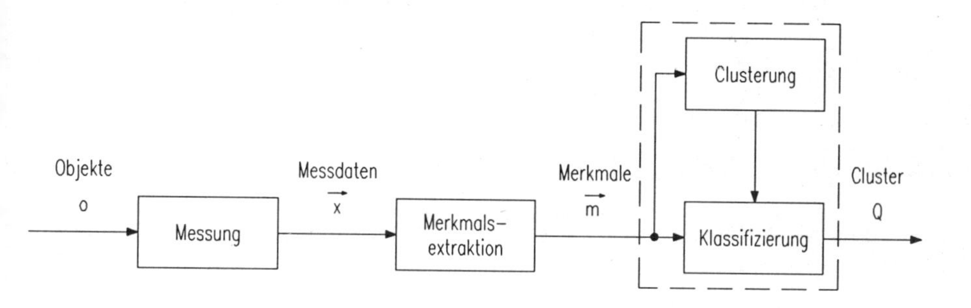

Abb. 9.1. Allgemeines Vorgehensschema bei der Mustererkennung.

Die Objekte der physikalischen Welt werden abstrahiert und durch Messungen in den Raum der Meßdaten übertragen. Es entstehen Meßdatenvektoren $\underline{x}$, aus denen geeignete charakteristische Merkmale zu extrahieren sind. Dies geschieht durch Abstraktion der Objekte, d.h. durch eine Modellbildung. Nach der Merkmalsextraktion werden die Objekte durch Merkmalsvektoren $\underline{m}$ in einem Merkmalsraum repräsentiert. Bei Vorgabe fester Merkmalsklassen (bzw. Cluster) Q können die Objekte durch "Klassifizierung" zusammengefaßt werden. Die Merkmalsklassen bilden den Klassifizierungssraum. Wenn sie in einem automatischen Prozeß erzeugt werden, spricht man von automatischer "Clusterbildung" bzw. "Clusterung". In diesem Fall kann in einer Lernphase eine repräsentative Stichprobenmenge herangezogen werden. Falls während der Klassifizierung Clusterumbildungen stattfinden, spricht man von "lernender Klassifizierung".

Durch die Transformation der Objekte der physikalischen Welt in den Klassifizierungssraum wird die - meistens unübersehbar große - Objektvielfalt der physikalischen Welt auf eine begrenzte Anzahl vorgegebener Muster reduziert.

9.1 Objekt, Merkmal, Cluster

In diesem Kapitel sollen die oben verwendeten Begriffe "Objekt", "Merkmal" und "Cluster" genauer definiert und erläutert werden.

Definition 9.1: Objekt

Ein Objekt ist ein abstraktes Modell eines realen Systems, das durch einen Satz von meßbaren Modellparametern festgelegt wird.

Definition 9.2: Merkmal

Die Modellparameter nach Definition 9.1 heißen auch Merkmale. Diese repräsentieren also charakteristische Eigenschaften von Objekten und wirken insofern unterscheidend. Sie ordnen die Objekte durch Bereichsbildung in einem Merkmalsraum, der durch sie aufgespannt wird. Man unterscheidet zwischen Primärmerkmalen und daraus abgeleiteten Sekundärmerkmalen.

Definition 9.3: Cluster (Klasse)

Die Gruppierung von Objekten nach einem festgelegten Ähnlichkeitskriterium (Metrik) führt zu (Objekt-) Clustern. Wenn die Kriterien inhaltlich bestimmt sind, spricht man von "semantischen Clustern", bei formalen Kriterien von "natürlichen Clustern". Der Vorgang der Eingruppierung heißt "Klassifizierung". Cluster können in einem weiterführenden Prozeß wiederum als Objekte angesehen werden.

Beispiel 9.1

Bei einer Verkehrszählung sollen die vorbeifahrenden Oldtimer-Motoräder (die Objekte) klassifiziert werden. Dazu werden vorab Primärmerkmale wie z.B. "Herstellerfirma" und "Typ" definiert, die objektunterscheidend wirken. Die einzelnen (vorbeifahrenden) Objekte werden dann einer Klasse wie z.B. "NSU 150", "DKW 200" oder "BMW 500" zugeordnet. Offensichtlich ist in diesem Fall eine scharfe Einordnung in natürliche Klassen möglich. Aufgrund des gewonnenen Datenmaterials können aber auch semantische Klassen, etwa nach der Art "Mittelklasse", "Luxusklasse", gebildet werden. Wenn dazu die beiden Sekundärmerkmale m_1 = "Hubraum" und m_2 = "Motorleistung" herangezogen werden, könnte das Unterscheidungskriterium (naiverweise) durch Diagramm in Abbildung 9.2 festgelegt werden:

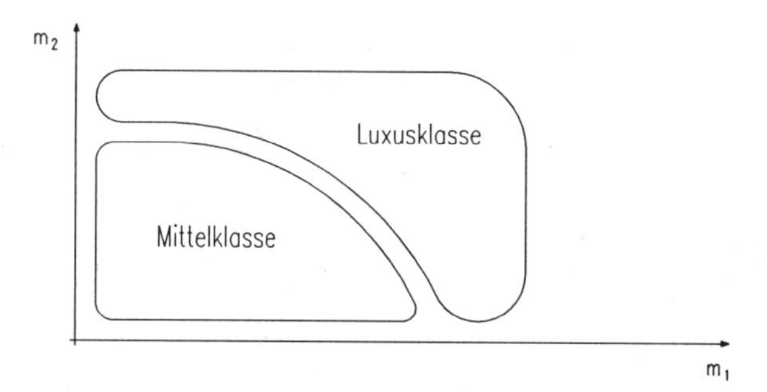

Abb. 9.2. Festlegung natürlicher Klassen für Oldtimer-Motorräder.

Eine andere Möglichkeit zur Klassenbildung besteht darin, im eindimensionalen Merkmalsraum des Sekundärmerkmals $m_3 = m_1 \cdot m_2$ zu klassifizieren.

Der Gebrauch scharfer Merkmale ist in vielen Fällen problematisch. Dieses Beispiel zeigt, daß es sinnvoll sein kann, unscharfe Merkmale (wie z.B. *Eleganz,*

Sportlichkeit) zur Klassifizierung heranzuziehen.1Objekte und Cluster lassen sich bei scharf vorgegebenen Grenzen u.a. folgender-maßen darstellen:

Mengendarstellung

Die Objekte werden direkt durch die entsprechenden Merkmalsvektoren dargestellt, die Cluster durch Aufzählung der Objekte; bei Vorgabe des Verkehrskennzeichens als alleiniges Merkmal könnte der Cluster Q_{Berlin} der in Berlin angemeldeten Oldtimer-Motorräder z.B. wiedergegeben werden durch

$$Q_{Berlin} = \{\text{B-DE8360, B-AY1956, B-Y2509, ...}\}.$$

Analytische Darstellung

Die Objekte werden durch Punkte im Merkmalsraum gekennzeichnet und durch Abgrenzung zu Clustern gruppiert. Dies kann sowohl durch Einführung merkmalsgebundener Intervalle (Abbildung 9.3a) als auch durch analytisch vorgegebene Trennfunktionen (Abbildung 9.3b) erfolgen. Es entstehen Punktwolken im Merkmalsraum.

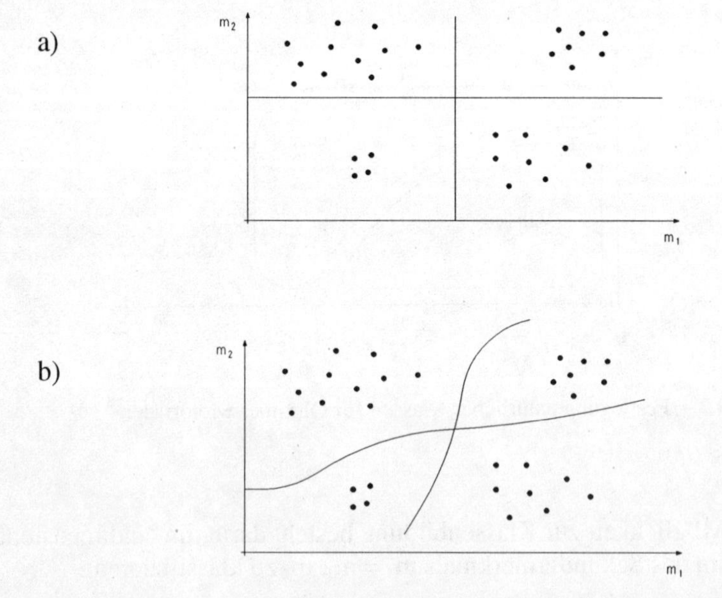

Abb. 9.3. Analytische Clusterdarstellung durch a) merkmalsgebundene Intervalle, b) nichtlineare Trennfunktionen.

Logische Darstellung

Die Zugehörigkeit der Objekte x_i mit den Merkmalen $m_{i,j}$ zum Cluster Q_j wird durch logische Verknüpfung der $m_{i,j}$ festgelegt; bei N Objekten von Q_j ergibt sich die Regel

$$\text{IF} \quad m_{1,j} \wedge m_{2,j} \wedge \ldots \wedge m_{N,j} \quad \text{THEN} \quad Q_j \,. \tag{9.1}$$

Meistens ist es sinnvoll, Toleranzintervalle für die Einzelmerkmale anzugeben. Wenn diese Toleranzintervalle bezüglich einer Auftrittsmöglichkeit bewertet werden, können die Merkmale durch unscharfe Mengen und die Regeln für eine Clusterzugehörigkeit durch unscharfe Relationen dargestellt werden. Der Aufbau des Klassifikators erfolgt dann analog zum Aufbau eines unscharfen Reglers nach Kapitel 8.2, die Zuordnung der tatsächlichen Objekte zu den Clustern Q_j durch Lösung eines unscharfen Relationalgleichungssystems.

Graphische Darstellung

Zur Veranschaulichung von Punktwolken in einem Merkmalsraum mit mehr als drei Dimensionen können eine Profildarstellung bzw. eine Polardarstellung (Abbildung 9.4) herangezogen werden.

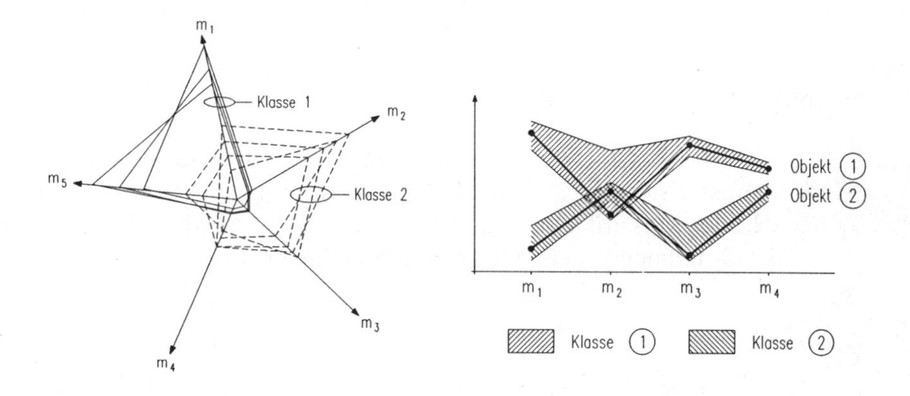

Abb. 9.4. Clusterdarstellung; links: Polardarstellung, rechts: Profildarstellung.

Weitere Darstellungsmöglichkeiten finden sich beispielsweise bei [Bocklisch, 1988].

9.2 Unscharfe Klassifikatoren

Im Bereich der Mustererkennung lassen sich folgende Ansatzpunkte zum Einsatz von Methoden der Fuzzy-Logic finden:

1. Zulassung unscharfer Clustergrenzen und damit einer unscharfen Zerlegung des Grundbereichs X; jedes Objekt gehört mit unterschiedlicher Intensität zu den einzelnen Clustern,

2. Zulassung unscharfer Merkmalsvektoren zur Charakterisierung der Objekte; jedes Objekt gehört mit unterschiedlicher Intensität zu den einzelnen Clustern. Die Cluster können scharf oder unscharf vorgegeben sein,

3. Einsatz unscharfer Methoden bei der Clusterbildung; dabei können unscharf oder auch scharf begrenzte Cluster entstehen.

Es stellen sich also die beiden Fragen, wie der Merkmalsraum in Cluster aufgeteilt und mit welchen Methoden ein tatsächliches Objekt einem vorgegebenen Cluster zugeordnet werden kann. In diesem Kapitel werden wir zunächst davon ausgehen, daß die Cluster bereits vorgegeben sind, und die erste Frage zurückstellen. Zur Erörterung der zweiten Frage wird der Begriff "Klassifikator" definiert.[1]

Definition 9.4: Klassifikator

Ein Klassifikator ist ein Algorithmus, der ein unbekanntes Objekt $\underline{x}_i$, charakterisiert durch den Merkmalsvektor $\underline{m}_j$, einem oder im Fall unscharfer Klassifikatoren mehreren Clustern Q_k zuordnet. Er zerlegt damit die Grundmenge der Objekte $\underline{x}_i$ in n Teilmengen.

Die Definition 9.4 bezieht sich zunächst auf die physikalische Welt. Die angesprochene Aufteilung der Objekte durch einen Klassifikator findet aber bei einer automatischen - d.h. rechnergestützten - Klassifizierung im Merkmalsraum statt. Wenn die einzelnen Cluster durch Zugehörigkeitsfunktionen repräsentiert

[1] Klassifikatoren werden allerdings nicht nur zur Klassifizierung herangezogen, sondern auch zur automatischen Clusterbildung.

sind, bildet ein Klassifikator also die tatsächlichen Merkmalsvektoren auf Zugehörigkeitswerte zu den Clustern ab. Wenn unscharfe Grenzen zugelassen werden, entsteht dabei ein unscharfer Klassifikator.

Definition 9.5: Unscharfer Klassifikator

Ein unscharfer Klassifikator ist ein Algorithmus, der den Merkmalsraum X^M in n unscharfe Teilmengen $Q_1, \ldots, Q_n$ zerlegt, wobei für alle $\underline{m}_i \in X^M$ gilt:

$$\Sigma_{j=1,\ldots,n}\, \mu_{Qj}(\underline{m}_i) = 1.$$

Die Q_j heißen auch unscharfe Cluster. Jedes Objekt mit $\underline{m}_i \in X^M$ wird durch seine Zugehörigkeitswerte genau auf alle unscharfen Cluster aufgeteilt.

Die Zugehörigkeiten in Definition 9.5 können mit der Abkürzung $u_{ij} = \mu_{Qj}(\underline{m}_i)$ $\forall i \in 1,\ldots,N, j \in 1,\ldots,n$ auch in Matrixform geschrieben werden. Es ergibt sich eine Matrix $\underline{U} = (u_{ij})$, für die gilt:

$$\Sigma_{j=1,\ldots,n}\, u_{ij} = 1\,. \qquad (9.1)$$

Zusätzlich wird die Forderung erhoben, daß

$$0 < \Sigma_{i=1,\ldots,N}\, u_{ij} < N. \qquad (9.2)$$

Die Summation der Zugehörigkeitswerte u_{ij} eines Objekts $\underline{x}_i$ über alle n Cluster Q_j muß nach Definition 9.5 und (9.1) den Wert eins ergeben. Da die Zugehörigkeitswerte u_{ij} stets positiv sind, muß die Summation der u_{ij} über alle Objekte $\underline{x}_i$ eines Clusters Q_j nach (9.2) zwischen null und der Gesamtanzahl N der Objekte liegen.

Eine andere Darstellung ergibt sich, wenn die Zugehörigkeitswerte $\mu_{Qj}(\underline{m}_i)$ zu einem n-dimensionalen Vektor geordnet werden:

Definition 9.6: Sympathievektor

Der Sympathievektor $\underline{\mu}(\underline{m}_i)$ eines Objekts $\underline{x}_i$ ist definiert durch die Zugehörigkeit des Merkmalsvektors $\underline{m}_i$ zu den n Clustern Q_j:

$$\underline{\mu}(\underline{m}_i) = (\mu_{Q1}(\underline{m}_i), \ldots \mu_{Qn}(\underline{m}_i)) \quad .$$

Ein unscharfer Klassifikator ordnet jedem Objekt $\underline{x}_i$ einen Sympathievektor $\underline{\mu}$ $(\underline{m}_i)$ zu.

Eine unmittelbar einleuchtende Methode zum Aufbau eines unscharfen Klassifikators besteht darin, wie in Beispiel 1.6 die Merkmalswerte zu fuzzifizieren; die Cluster entsprechen dabei den Termen einer linguistischen Variablen, und der Verlauf ihrer Zugehörigkeitsfunktionen legt den Sympathievektor fest.

Eine erweiterte Methode bestimmt die Klassifizierungsvorschriften mit Hilfe von IF...THEN...-Regeln und führt zu einem unscharfen Relationalgleichungssystem. Die Wirkungsweise eines so definierten unscharfen Klassifikators läßt sich unmittelbar mit derjenigen eines unscharfen Reglers nach Kapitel 1.2 oder 8.2 vergleichen, wobei zunächst keine Defuzzifizierung durchgeführt wird. Am Eingang des Klassifikators liegen die Werte des Merkmalsvektors $\underline{m}_i$, die Ausgangswerte werden von den Sympathiewerten μ_{Qj} $(\underline{m}_i)$ zu den einzelnen Clustern Q_j gebildet. Der Wertebereich der Ausgangsgrößen ist damit auf das Einheitsintervall [0,1] beschränkt. Bei scharfen Merkmalswerten entsteht damit eine ähnliche Situation wie in Beispiel 1.7, bei unscharfen Merkmalswerten wie in Beispiel 8.4. Die Unschärfe der Merkmalswerte kann durch bewertete Toleranzvorgaben entstehen, wie dies bereits in Beispiel 8.1 gezeigt wurde. Die Lösungsmöglichkeiten für das entstehende unscharfe Relationalgleichungssystem können aus den Kapiteln 7.3 und 8.2 übernommen werden.

Der größte Einzelwert $\mu_{max}(\underline{m}_i) = \max_j u_{ij}$ des Sympathievektors $\underline{\mu}(\underline{m}_i)$ heißt "Hauptsympathiewert" des Objekts $\underline{x}_i$; durch Vorgabe eines Schwellwerts für $\mu_{max}(\underline{m}_i)$ kann die "Identifizierbarkeit" des Objekts durch einen gegebenen Klassifikator festgelegt werden. Durch den zweitgrößten Sympathiewert (größter "Nebensympathiewert") kann eine Risikoaussage für die Identifikation getroffen werden. Dazu wird der Begriff "Störabstand" definiert.

Definition 9.7: Störabstand

Der Störabstand $\Delta\mu(\underline{m}_i)$ eines Objekts $\underline{x}_i$ bzgl. der n Cluster Q_j, j =1, ..., n, ist definiert durch

$$\Delta\mu(\underline{m}_i) = \frac{\mu_{max}(\underline{m}_i) - \max_{j, j\neq j*} u_{ij}}{\mu_{max}(\underline{m}_i)}.$$

Mit $\max_{j, j\neq j*} (u_{ij}) < \mu_{max}(\underline{m}_i)$ gilt offensichtlich $\Delta\mu(\underline{m}_i) \in [0,1]$, wobei eine optimale Klazzifizierung durch $\Delta\mu(\underline{m}_i) = 1$ gekennzeichnet ist. Eine Risikoaussage wird nun durch Festlegung von Bereichen getroffen, in denen der Störabstand bestimmte Mindestwerte nicht unterschreiten darf. In Abbildung 9.5 ist eine entsprechende Bereichsfestlegung beispielsweise für einen zweidimensionalen Merkmalsraum mit den Merkmalen m_1 und m_2 dargestellt.

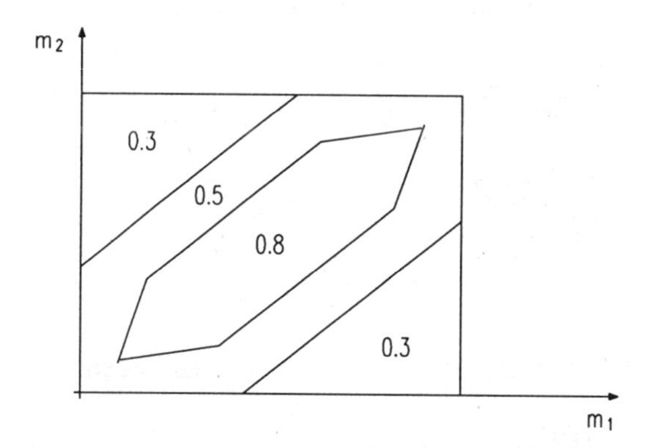

Abb. 9.5. Bereichsweises Festlegen eines geforderten Störabstands.

Grundsätzlich ist bei einer konkreten Problemstellung der Einsatz mehrerer, alternativer Klassifikatoren denkbar. Diese können unterschiedliche Merkmale heranziehen oder auch auf verschiedenen Ähnlichkeitsmaßen beruhen. Bei der konkreten Auswahl eines Klassifikators stellt sich die Frage nach einer Bewertung der Funktionalität bzw. einem Gütekriterium. Dieses soll über den Hauptsympathiewert jedes Objekt dem "richtigen" Cluster zuordnen, wobei sich die Nebensympathiewerte signifikant vom Hauptsympathiewert unterscheiden.

Oft erscheint es günstiger, statt einer konkreten Vorgabe einen optimalen aus einer Liste möglicher Klassifikatoren zu bestimmen. Dazu müssen Bewertungs- bzw. Gütekriterien bekannt sein, die zunächst auf eine repräsentative Objektauswahl angewendet werden können. Die folgenden Kriterien werden beispielsweise von [Bocklisch, 1988] vorgeschlagen; die konkrete Wahl muß problemspezifisch erfolgen und bleibt damit der Intuition und dem Geschick des Entwicklers vorbehalten. Wenn dann ein Gütekriterium festgelegt ist, läßt sich der Prozeß der Klassifikatorauswahl automatisieren.

Gütekriterien zur Auswahl unscharfer Klassifikatoren

Es liege eine für die Problemstellung repräsentative Stichprobe von Objekten $\underline{x}_i$ mit $i = 1, \ldots, I$ vor. Dann können die Gütekriterien g_1 bis g_6 zur Wahl eines optimalen Klassifikators herangezogen werden.

1. Es werden diejenigen Hauptsympathiewerte $\mu_{max}^*(\underline{m}_i)$ der einzelnen Stichprobenobjekte $\underline{x}_i$ herangezogen, die diese in den "richtigen" Cluster einordnen würden; damit werden die relativen Gütemaße g_1 und g_2 definiert:

$$g_1 = (1/I) \sum_{i=1,\ldots,I} \mu_{max}^*(\underline{m}_i) \quad \text{und} \tag{9.3}$$

$$g_2 = \frac{\sum_{i=1,\ldots,I} \mu_{max}^*(\underline{m}_i)}{\sum_{i=1,\ldots,I} \mu_{max}(\underline{m}_i)} . \tag{9.4}$$

   Die Werte von g_1 und g_2 sollen nahe bei eins liegen.

2. Der auf den Hauptsympathiewert bezogene mittlere Nebensympathiewert bzw. der maximale Nebensympathiewert sollen klein sein. Um diese Forderung zu erfüllen, werden die objektspezifischen Terme

$$g_{3,i} = \frac{[\sum_{j=1,\ldots,n} u_{i,j}] - \mu_{max}(\underline{m}_i)}{(n-1)\, \mu_{max}(\underline{m}_i)} \tag{9.5}$$

   und

$$g_{4,i} = \max_{j=1,\ldots,k-1,k+1,\ldots,n} \left[\frac{u_{i,j}}{\mu_{max}(\underline{m}_i)} \right] \tag{9.6}$$

gebildet und über die Stichprobenobjekte gemittelt. Im Fall (9.6) bezeichnet der Wert k denjenigen Cluster, dem der Hauptsympathiewert angehört; die Maximumbildung erfolgt nur über die Nebensympathie-Cluster.

Bei Verwendung des arithmetischen Mittelwertes über alle Stichprobenobjekte $\underline{x}_i$ ergeben sich die Gütemaße

$$g_3 = 1/I \sum_{i=1,\ldots,I} g_{3,i} \,. \tag{9.7}$$

und

$$g_4 = 1/I \sum_{i=1,\ldots,I} g_{4,i} \,. \tag{9.8}$$

Die Verwendung eines mit dem Faktor $g_{3,i}$ gewichteten Mittelwerts der Hauptsympathiewerte aller Stichprobenobjekte $\underline{x}_i$ führt zu

$$g_5 = \frac{\sum_{i=1,\ldots,I} [[\sum_{j=1,\ldots,n} u_{ij}] - \mu_{max}(\underline{m}_i)]}{\sum_{i=1,\ldots,I} \mu_{max}(\underline{m}_i)} \,. \tag{9.9}$$

In diesem Fall spricht man auch von "Überdeckungsgrad". Bei Verwendung des Wichtungsfaktors $g_{4,i}$ entsteht das Gütemaß

$$g_6 = \frac{\sum_{i=1,\ldots,I} \max_{j=1,\ldots,k-1,k+1,\ldots,n} (u_{i,j})}{\sum_{i=1,\ldots,I} \mu_{max}(\underline{m}_i)} \,. \tag{9.10}$$

Die Maße g_4 und g_6 stellen "schärfere" Forderungen an den Klassifikator als die Maße g_3 und g_5, da insbesondere bei einer größeren Merkmalszahl der Mittelwert der Nebensympathiewerte erheblich kleiner sein kann als der größte Nebensympathiewert.

9.3 Automatische Clusterbildung

Die Cluster werden entweder von einem Experten vorgegeben (siehe z.B. "logische Darstellung" in Kapitel 9.1) oder automatisch gebildet. Im zweiten Fall ergibt sich die folgende Problemstellung:

> Sei $X^M = \{\underline{x}_1, \ldots, \underline{x}_N\}$ eine Menge von N unterscheidbaren Objekten $\underline{x}_i$ mit jeweils M Merkmalen. X^M soll so in Teilmengen zerlegt werden, daß zusammengehörende Objekte untereinander möglichst ähnlich sind, während Objekte aus verschiedenen Teilmengen möglichst unähnlich sind.

Für eine automatische Clusterbildung ist also eine klare Definition des Begriffs "Ähnlichkeit" und damit eines Ähnlichkeitsmaßes festzulegen. Bei dieser Festlegung wird von den Merkmalen ausgegangen, da diese eine objektordnende Struktur haben. Wir wollen "Ähnlichkeit" über den Begriff "Distanz" definieren und im folgenden zunächst numerische Distanzmaße entwickeln.[1] Eine kleinere Distanz bedeutet dann eine größere Ähnlichkeit.

Definition 9.8: Distanz

Eine Distanz ist eine scharfe Abstandsfunktion d: $\mathbb{R}^M \times \mathbb{R}^M \rightarrow \mathbb{R}^+_0$ im M-dimensionalen Raum der Merkmalsvektoren $\underline{m}$, $\underline{m}'$ und $\underline{m}''$, die den folgenden Bedingungen genügt:

1. $d(\underline{m}, \underline{m}) = 0 \qquad \forall \underline{m} \in \mathbb{R}^M$,
2. $d(\underline{m}, \underline{m}') = d(\underline{m}', \underline{m}) \geq 0 \qquad \forall \underline{m}, \underline{m}' \in \mathbb{R}^M$,
3. $d(\underline{m}, \underline{m}'') \leq d(\underline{m}, \underline{m}') + d(\underline{m}', \underline{m}'') \quad \forall \underline{m}, \underline{m}', \underline{m}'' \in \mathbb{R}^M$.

Bemerkung

Bei Vorgabe unscharfer Merkmale kann über das Erweiterungsprinzip nach Kapitel 3.2 eine entsprechende unscharfe Abstandsfunktion **d** berechnet werden.

---

[1] Diese können übrigens sowohl der Clusterbildung als auch der Klassifizierung einzelner Objekte dienen. Ein konkretes Beispiel für einen Klassifikator auf der Basis von Distanzmaßen wird in Kapitel 9.4 vorgestellt.

Es sollen nun einige Beispiele für Distanzmaße bei scharfen Merkmalen angegeben werden. Am häufigsten wird die Klasse der L_p-Distanzen verwendet.

Definition 9.9: L_p-Distanz

Sei M die Dimension des Merkmalsraumes. Dann ergibt sich die Klasse der L_p-Distanzen d_{ij}^L zwischen zwei Objekten $x_i, x_j \in X$ mit den Merkmalsvektoren $\underline{m}_i, \underline{m}_j \in \mathbb{R}^M$ zu

$$d_{ij}^p = d^p(\underline{m}_i, \underline{m}_j) = [\, \Sigma_{k=1,\ldots,M} \mid m_{ik} - m_{jk} \mid^p]^{1/p} \quad \text{mit } p > 0.$$

Die Doppelindizierung innerhalb der Betragsstriche soll die Merkmalsvektoren und deren Elemente (k) unterscheiden. Bei der Summation werden alle M Merkmale von $\underline{m}_i$ und $\underline{m}_j$ berücksichtigt.

Insbesondere lassen sich für Lp-Distanzen die folgenden Sonderfälle angeben:

Hamming-Distanz:

$$p = 1: \quad d_{ij}^H = \Sigma_{k=1,\ldots,M} \mid m_{ik} - m_{jk} \mid, \tag{9.11}$$

Euklidische Distanz:

$$p = 2: \quad d_{ij}^E = [\Sigma_{k=1,\ldots,M} (m_{ik} - m_{jk})^2]^{½}, \tag{9.12}$$

größte achsenparallele Distanz:

$$p \to \infty: \quad d_{ij}^C = \max_{k=1,\ldots,M} \mid m_{ik} - m_{jk} \mid. \tag{9.13}$$

Wenn die einzelnen Achsen des Merkmalsraumes unterschiedlich gewichtet werden sollen, da z.B. bestimmte Merkmale wichtiger erscheinen als andere, kann innerhalb der Summation ein Gewichtungsfaktor w_k für die einzelnen achsenparallelen Abstände eingeführt werden. Die L_p-Distanzen werden damit erweitert.

Definition 9.10: Minkowski-Distanz

Sei M die Dimension des Merkmalsraumes. Dann ergibt sich die Klasse der Minkowski-Distanzen $d_{ij}'^{p}$ zweier Objekte $x_i, x_j \in X$ mit den Merkmalsvektoren $\underline{m}_i, \underline{m}_j \in \mathbb{R}^M$ zu

$$d_{ij}'^{p} = d'^{p}(\underline{m}_i, \underline{m}_j) = [\ \Sigma_{k=1,\ldots,M}\ w_k \mid m_{ik} - m_{jk} \mid^{p}\ ]^{1/p} \quad \text{mit } p > 0.$$

Die Doppelindizierung innerhalb der Betragsstriche soll wie in Definition 9.9 die Merkmalsvektoren und deren Elemente (k) unterscheiden, w_k stelltdie Wichtungsfaktoren dar .

Insbesondere lassen sich für Minkowski-Distanzen die folgenden Sonderfälle angeben:

City-Block-Distanz:

$$p = 1: \quad d_{ij}'^{H} = \Sigma_{k=1,\ldots,M}\ w_k \mid m_{ik} - m_{jk} \mid , \tag{9.14}$$

gewichtete Euklidische Distanz:

$$p = 2: \quad d_{ij}'^{E} = [\ \Sigma_{k=1,\ldots,M}\ w_k \mid m_{ik} - m_{jk} \mid^{2}\ ]^{1/2} , \tag{9.15}$$

größte gewichtete achsenparallele Distanz:

$$p \to \infty: \quad d_{ij}'^{C} = \max_{k=1,\ldots,M}\ w_k \mid m_{ik} - m_{jk} \mid . \tag{9.16}$$

Definition 9.11: Rangdistanz nach Kendall

Die Objekte x_i werden zunächst merkmalsweise mit Hilfe von Rangzahlen geordnet. Insgesamt werden so die Merkmalsvektoren $\underline{m}_i = (m_1, \ldots, m_M)_i$ auf dazugehörige Rangordnungen r_i der x_i abgebildet, d.h. auf einfache Zahlenfolgen. Für jedes Objekt x_i gilt:

$$\underline{m}_i = (m_1, \ldots, m_M)_i \to \underline{r}_i = (r_1, \ldots, r_M)_i \ ,$$

wobei $i = 1, 2, \ldots, n$ und $r_i = 1, 2, \ldots, n$. Die Rangdistanz d_{ij}^r zwischen zwei Objekten x_i und x_j ist dann definiert durch

$$d_{ij}^r = 1/(n^2 - 1) \sum_{k=1,\ldots,M} (r_{ki} - r_{kj})^2 .$$

Dabei bedeuten r_{ki} und r_{kj} die k-ten Ränge der Objekte $\underline{x}_i$ und $\underline{x}_j$.

Für die Bestimmung der Rangdistanz spielen die Merkmalswerte selbst keine Rolle mehr, sondern nur noch die entstehende Rangfolge der Objekte. Die Rangdistanz ist daher skaleninvariant, hängt also nicht von einer Nichtlinearität oder einem Offset der Meßbereichskala ab. Die Rangordnung kann beispielsweise durch die Größe der jeweiligen Hauptsympathiewerte oder eine Kombination mit den Neben-sympathiewerten festgelegt werden.

Iteratives Bestimmen der Cluster mit Fuzzy-Methoden

Eine automatische Clusterbildung erfolgt in der Regel auf der Basis einer Stichprobenmenge von repräsentativen Objekten. Wenn ein geschlossenes Datenmaterial vorliegt, kann sie aber auch an der Gesamtmenge der zu klassifizierenden Objekte durchgeführt werden, so daß keine Stichprobenauswahl getroffen werden muß. Im folgenden soll allgemein von einer Anzahl N von Objekten ausgegangen werden, die bei einer dynamischen Klassifizierungsaufgabe einer Stichprobenmenge, ansonsten der Gesamtmenge der Objekte entsprechen möge.

Das gebräuchlichste Verfahren zur Clusterbildung ist wohl die hierarchische Clusterung, die beispielsweise bei [Bock, 1974] und [Späth, 1975] beschrieben wird. Die Clusterung geschieht hier durch lokale Distanzberechnung zwischen den Merkmalsvektoren der Objekte. Bei Vorgabe eines Schwellwerts d_S werden jeweils diejenigen Objekte zu Clustern zusammengefaßt, die nahe genug zusammenliegen. Bei Variation von d_S entstehen unterschiedliche Clusterkonfigurationen, die wie in Abbildung 9.6 mit Hilfe von Dendrogrammen dargestellt werden können. Bei Vorgabe von d_S entsprechend der gestrichelten Linie bilden sich hier die Cluster {1,2,3,4,5,6} und {7,8,9,10}.

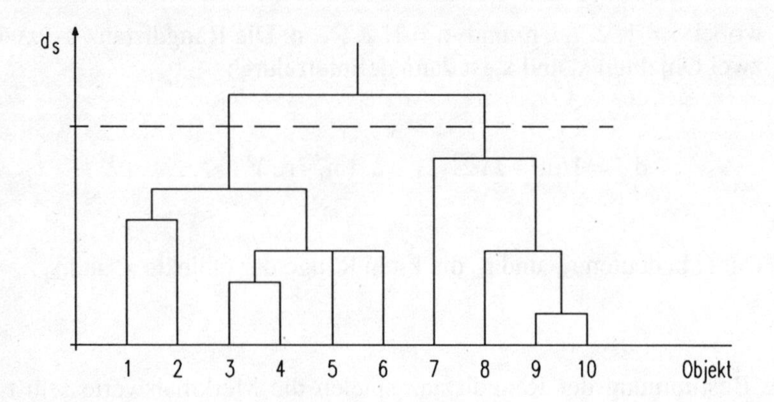

Abb. 9.6. Dendrogramm zur Veranschaulichung der hierarchischen Clusterung.

Eine elegante Möglichkeit zur automatischen Bildung der Clusterzentren mit Hilfe von unscharfen Mengen wird von [Gitman&Levine, 1970] beschrieben. Sie besteht darin, die relative Objekthäufigkeit in einer δ-Umgebung (bzw. -Distanz) d_{ij} der Punkte $\underline{m}_i$ des Merkmalsraums als Zugehörigkeitswert einer unscharfen Menge **A** auf $\mathbb{R}^M$ zu deuten; die Maxima von $\mu_A(\underline{m}_i)$ bestimmen dann die Zentren $\underline{v}_j$ der gesuchten Cluster wie folgt:

$$\underline{v}_j = 1/N \text{ card } [\, \underline{m}_i \in \mathbb{R}^M \mid d_{ij} < \delta \,]; \tag{9.18}$$

dabei sei card $[\underline{m}_i \in \mathbb{R}^M \mid d_{ij} < \delta]$ eine Funktion, die als Funktionswert die Anzahl der Merkmalsvektoren liefert, die die Bedingung erfüllen. Die Clustergrenzen können auf der Basis eines bestimmten Distanzmaßes in erster Näherung durch eine scharfe, symmetrische Bereichseinteilung festgelegt werden.

Wenn die Cluster in einer Anfangsnäherung - nach der oben beschriebenen Methode oder auch manuell - vorgegeben sind, werden sie von den Objekten wahrscheinlich relativ inhomogen ausgefüllt. Die Lage der Cluster kann dann nach den oben beschriebenen Zielen in einem iterativen Prozeß optimiert werden. Dazu können zunächst die neuen Clusterzentren durch die Berechnung eines gewichteten Schwerpunktes $\underline{V} = (\underline{v}_1, \ldots, \underline{v}_n)^T \in \mathbb{R}^M$ abgeschätzt und anschließend die Objekte neu zugeordnet werden. Für $\underline{V}$ gilt:

$$\underline{v}_j = \frac{\sum_{i=1,\ldots,I} [u_{i,j}]^q \, \underline{m}_{ij}}{\sum_{i=1,\ldots,I} u_{i,j}}, \quad j = 1, \ldots, n \quad, q \in [1, \infty], \tag{9.17}$$

wobei sich $\underline{U} = (u_{i,j})$ beispielsweise aus dem Distanzen der Objekte $\underline{x}_i$ zu den alten Clusterzentren berechnet. Diese Berechnung geschieht mit Hilfe einer Fuktion f, die den Wertebereich von d_{ij} reziprok auf das Einheitsintervall [0,1] abbildet. Eine einfache analytische Funktion kann mit $f(d_{ij}) = [1 + d_{ij}]^{-1}$ angegeben werden. $\underline{U}$ kann auch zunächst eine scharfe Clusterzuordnung der $\underline{x}_i$ mit $u_{i,j} \in \{0,1\}$ darstellen, solange es den Bedingungen (9.2) genügt.

Die Anfangslösung gilt es weiter zu optimieren. Ein Vorschlag von [Bezdek, 1981] führt mit $q \in [1, \infty]$ zur Minimierung des Funktionals

$$G(\underline{U}, \underline{V}) = \Sigma_{i=1,\ldots,N} \Sigma_{j=1,\ldots,n} (u_{ij})^q d^2(\underline{m}_i, \underline{v}_j) \qquad (9.19)$$

bezüglich der Matrizen $\underline{U}$ und $\underline{V}$; dabei stellen die $\underline{v}_j$ die Clusterzentren, die u_{ij} die Zugehörigkeitswerte der $\underline{x}_i$ zu den Clustern Q_j dar. Die Minimierung bezüglich $\underline{V}$ bedeutet tendenziell eine Optimierung der Clusterzentren, eine Minimierung bezüglich $\underline{U}$ eine Optimierung der Objektzuordnung. Der Parameter q ist dabei frei wählbar und bestimmt die Clusterunschärfe; bei wachsendem q werden die Cluster tendenziell unschärfer. Aus diesem Grunde heißt q auch "Kontrastparameter".

Beispiel 9.2 (ISODATA-FCM-Verfahren)

Ein mögliches Minimierungsverfahren für das Funktional $G(\underline{U},\underline{V})$ nach (9.19) ist das Iterationsverfahren ISODATA-FCM nach [Bezdek, 1981]; es besteht aus vier Einzelschritten, konvergiert gegen ein lokales Minimum und soll im folgenden beschrieben werden:

Schritt 1: Wähle

- die gewünschte Clusteranzahl n mit $2 \leq n \leq N$,
- ein geeignetes Abstandsmaß wie z.B. den Euklidischen Abstand,
- einen geeigneten Kontrastparameter q,
- die Anfangsbelegung $\underline{U}^{(0)} = (u_{ij})^{(0)}$ der Zugehörigkeitsmatrix der Objekte $\underline{x}_j$ zu den Clustern Q_j mit

$$\Sigma_{j=1,\ldots,n} u_{ij} = 1 \text{ und } 0 < \Sigma_{j=1,\ldots,N} u_{ij} < N .$$

Schritt 2: Sei s die Anzahl der aktuellen Iterationsschritte. Berechne die n Clusterzentren $\underline{v}_j^{(s)}$ gemäß

$$\underline{v}_j^{(s)} = \frac{\Sigma_{i=1,\ldots,N} (u_{ij}^{(s)})^q * \underline{m}_i}{\Sigma_{i=1,\ldots,N} (u_{ij}^{(s)})^q} .$$

Schritt 3: Berechne $\underline{U}^{(s+1)} = (u_{ij}^{(s+1)})$. Dazu seien

$$I_i = \{j \in \{1, \ldots, n\} \mid d(\underline{m}_i, \underline{v}_j) = 0\} \quad \text{und}$$

$$I_i^C = \{1, \ldots, n\} \setminus I_i .$$

$I_i = 0$:

$$\Rightarrow \qquad u_{ij}^{(s+1)} = \frac{1}{\Sigma_{k=1,\ldots,n} d(\underline{m}_i, \underline{v}_j)^{(s)} / d(\underline{m}_i, \underline{v}_k)^{(s)}} ,$$

$I_i \neq 0$:

$$\Rightarrow \qquad u_{ij}^{(s+1)} = 0 \quad \text{für alle} \quad j \in I_i^C$$

und anschließende Neunormalisierung entsprechend

$$\Sigma_{j \in I_i} (u_{ij}^{(s+1)}) = 1.$$

Schritt 4: Abbruch, falls

$$\| \underline{U}^{(s+1)} - \underline{U}^{(s)} \| \leq \varepsilon$$

mit $\varepsilon > 0$ und $\| . \|$ einer zu d_{ij} passenden Matrixnorm (z.B. der Euklidischen Norm).

In Abweichung vom Abbruchkriterium nach Schritt 4 kann die Iteration in vielen Fällen auch solange durchgeführt werden, bis die Zugehörigkeitswerte der Objekte zu den einzelnen Clustern im wesentlichen konstant bleiben, d.h. daß bei hinreichend großen Störabständen die Clusterzugehörigkeiten der Hauptsympathiewerte der Objekte konstant bleiben.

10 Hardwarerealisierung eines unscharfen Reglers

Bei der Simulation unscharfer Logik auf konventionellen Digitalrechnern müssen die Verknüpfungsoperatoren durch Programmieranweisungen nachgebildet werden. Eine Realzeitverarbeitung führt leicht zu sehr hohen Anforderungen an die Rechengeschwindigkeit der Hardware. So muß bei Vorgabe eines unscharfen Reglers nach Kapitel 8.2 mit zwei Eingangsgrößen, einer Ausgangsgröße sowie einer Regelbank mit sieben Regeln je nach Typ des verwendeten Mikroprozessors mit einer Anzahl von circa 20000 Zykluszeiten gerechnet werden, um den Stellwert zu berechnen; die Zykluszeit soll dabei die mittlere Abarbeitungszeit einer einfachen Zuweisung angeben. Die Rechengeschwindigkeit wird von modernen Prozessoren, insbesondere bei Parallelbetrieb, zwar erreicht, ihr Einsatz ist aber nicht immer sinnvoll, weil eine Vielzahl der implementierten Funktionen ungenutzt bleibt. Dies führt zu einem geringen Preis-Leistungsverhältnis.

Für den ökonomischen Einsatz von unscharfer Logik sind stattdessen spezielle Hardwarestrukturen von Vorteil, insbesondere in der Konsumelektronik, wo die Hardwarekosten einen hohen Anteil an den Gesamtkosten ausmachen. Bei größeren Projekten kann es sich dabei um spezielle Fuzzy-Prozessoren oder -Controller handeln, die zielgerichtet zur Lösung von Fuzzy-Methoden entwickelt wurden und auf der Basis eines entsprechenden Hardwaredesigns sehr schnell arbeiten. Damit werden unscharfe Operationen wie Durchschnitt, Vereinigung und Negation ausgeführt, mehrere Regeln können parallel bearbeitet werden, und Fuzzifikation und Defuzzifikation sind direkt in Hardware realisiert.

In vielen Fällen ist aber auch der Einsatz solcher - programmierbarer - Bausteine zu aufwendig; bei einer festen Vorgabe der Realisierungen für die linguistischen Operatoren, die Implikationsoperatoren, etc. - beispielsweise in Kleingeräten der Konsumelektronik - können die Verknüpfungen auch mit Hilfe einer unscharfen Gatterlogik aufgebaut werden. Natürlich lassen sich die entwickelten anwenderspezifischen Schaltungen auch zu hochintegrierten Bausteinen zusammenfassen.

Zur Realisierung der Strukturen kann sowohl auf eine digitale wie auf eine analoge Schaltungstechnik zurückgegriffen werden. Die analoge Schaltungstechnik erscheint zur Hardware-Implementation von Fuzzy-Methoden sehr vielversprechend, weil potentiell schnell und leistungsfähig. Sie verspricht sehr hohe Rechenleistungen, eine direkte Verarbeitung von Analogwerten wie Sensorsignalen ohne Einsatz von A/D- oder D/A-Umsetzern. Außerdem ist eine hohe Genauigkeit auch schon bei Verwendung einer geringen Anzahl von Transistoren möglich. Die Nachteile gegenüber einer digitalen Realisierung sind eine höhere Störanfälligkeit sowie eine schwierigere Programmierbarkeit, wie sie bei Analogrechnern bekannt sind.

Als Entwicklungsziel können ferner hybride analog-digitale Schaltungen entstehen, bei denen zwar die unscharfen Operationen analog, aber die Schnittstellen, ein synchroner Systemtakt, etc. digital ausgeführt sind.

In den folgenden Kapiteln soll beispielhaft der Aufbau eines Fuzzy-Reglers inanaloger Schaltungstechnik diskutiert werden. Dazu wird auf Forschungsarbeiten von [Yamakawa & Miki, 1986], [Heite et al., 1989], [Watanabe et al., 1990], [Zhijianm & Hong, 1991] und [Kettner et al., 1992] zurückgegriffen.[1] Die Einzelschaltungen sind dabei als VLSI-Implementationen in integrierten Bausteinen gedacht; sie können jedoch bei sorgfältiger Auswahl der Transistoren und Widerstände auch mit diskreten Bauelementen nachgebaut werden. Insbesondere sollten dann für die Stromspiegelschaltungen Transistor- und Widerstandsarrays verwendet werden. Es kommen ausschließlich selbstsperrende MOS-Feldeffekt-Transistoren (MOSFETs) und bei der Defuzzifikation zusätzlich npn-Bipolar-Transistoren zum Einsatz.

10.1 Stromspiegelschaltungen

In stromgesteuerten Schaltungen werden die Zugehörigkeitswerte $\mu(x)$ durch Ströme repräsentiert, so daß sich sehr einfach Summen und Differenzen bilden lassen. Zunächst wird ein Arbeitsbereich $\Delta I = [I_{min}, I_{max}]$ festgelegt. Durch Normalisierung entsprechend

$$i = (I - I_{min})/I_{max} \tag{10.1}$$

---

[1] Insbesondere die Kapitel 10.1 und 10.3 lehnen sich außerdem an den Teil 3 "Methodik und Schaltungstechnik der unscharfen Logik" der Vorlesung "Analog-und Digital-Elektronik" an, die Prof. Dr. Karl Wolters am Institut für Elektronik der Technischen Universität Berlin hält.

wird ein Wertebereich $0 \leq i \leq 1$ festgelegt, so daß die normalisierten Ströme i direkt den Zugehörigkeitswerten μ entsprechen.

Der n-MOS-Stromspiegel nach Abbildung 10.1 reproduziert einen eingeprägten Eingangsstrom i_e als Ausgangsstrom i_a, gespiegelt an der negativen Betriebsspannung U_{SS}. Die vereinfachte Darstellung der n-MOSFETs im Schaltbild soll darauf hinweisen, daß das Halbleitersubstrat elektrisch mit dem Source-Anschluß verbunden ist.

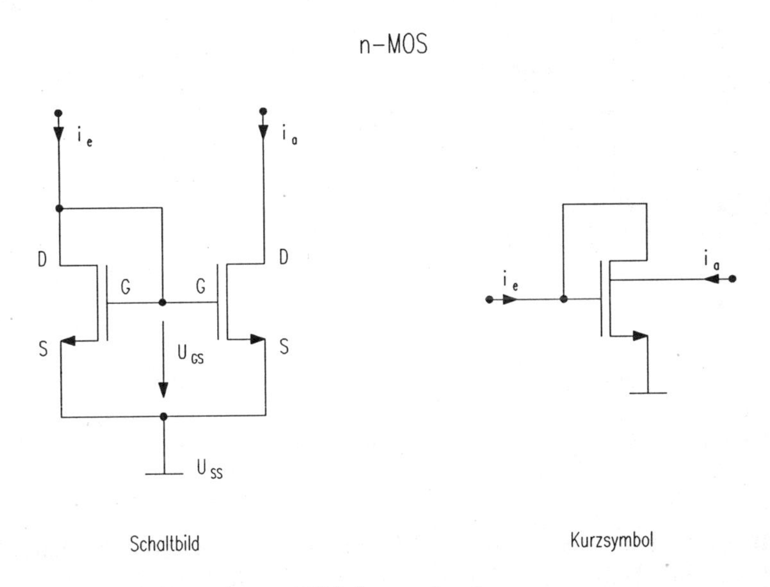

Abb. 10.1. Prinzipschaltung eines n-MOS-Stromspiegels.

Dabei wird dem linken Transistor der Eingangsstrom i_e als Drain-Strom I_D eingeprägt. Es stellt sich die aus der Übertragungskennlinie $I_D = f(U_{GS})$ ablesbare Gate-Source-Spannung U_{GS} ein. Da U_{GS} ebenfalls an der Gate-Source-Strecke des rechten Transistors anliegt, gilt $i_a = i_e$, wenn beide Transistoren die gleiche Steilheit S haben ($I_D = S\ U_{GS}$). Beim Aufbau diskreter Schaltungen sollten die beiden Source-Anschlüsse in einer Spannungsgegenkopplung über gleich große Widerstände mit der Betriebsspannung U_{SS} verbunden werden. Durch Variation des Widerstandsverhältnisses kann ein Spiegelfaktor $k = i_a/i_e$ eingestellt werden. Für den n-MOS-Stromspiegel mit dem Spiegelfaktor $k = 1$ wird das Kurzsymbol nach Abbildung 10.2 eingeführt.

Wenn die n-MOS-Transistoren durch p-MOSFETs ersetzt und die negative Betriebsspannung U_{SS} mit einer positiven U_{DD} vertauscht werden, entsteht ein p-MOS-Stromspiegel nach Abbildung 10.2. Dabei kehren sich die Stromrichtungen um; der Eingangsstrom i_e wird nun an U_{DD} gespiegelt. Es wird das angegebene Kurzsymbol für k = 1 eingeführt.

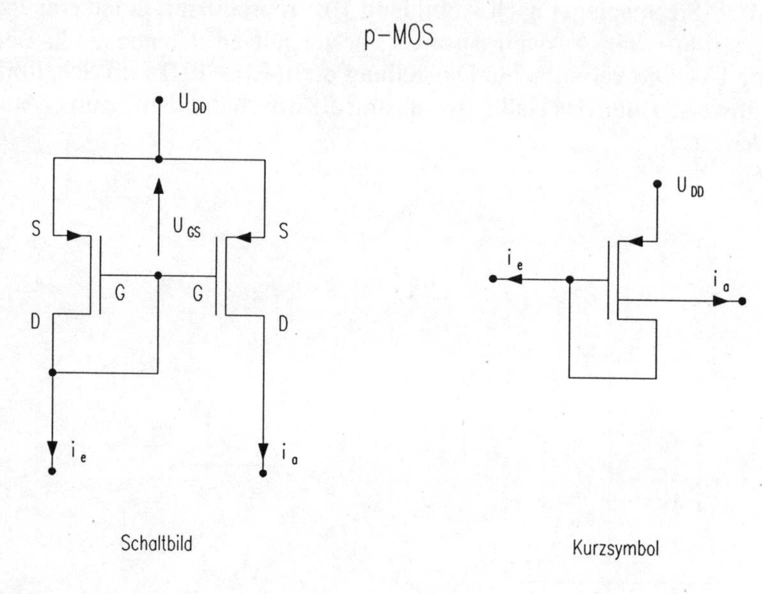

Abb. 10.2. Prinzipschaltung eines p-MOS-Stromspiegels.

Bei einem Aufbau mit diskreten Bauelementen sollten die beiden Source-Anschlüsse zur Stabilisierung des Spiegelfaktors jeweils über einen Widerstand an die Betriebsspannung U_{DD} geführt werden. Zu beachten ist ferner, daß beim n-MOS-Stromspiegel positiver Eingangsstrom und Ausgangsstrom in die Schaltung hineinfließen, während sie beim p-MOS-Stromspiegel aus der Schaltung herausfließen.

Bei MOS-Stromspiegeln bleibt ein eingestellter Spiegelfaktor über einen großen Aussteuerungsbereich und bis herab zu $i_e = 0$ konstant. Es lassen sich leicht relative Abweichungen von unter 1% erreichen. Damit kann $I_{min} = 0$ gesetzt werden, und aus (10.1) folgt

$$i = I / I_{max} \tag{10.2}$$

Da selbstsperrende MOSFETs erst bei Gate-Source-Spannungen U_{GS} leitend werden, die größer als ein charakteristischer Schwellwert U_T sind, sperren die

Stromspiegel nach den Abbildungen 10.1 und 10.2 mit $U_{GS} < U_T$ für $i_e \leq 0$. Diese Eigenschaft wird in zahlreichen Operatorschaltungen zur vorzeichenabhängigen Entscheidung genutzt. Beispiele hierzu werden in den folgenden Abschnitten vorgestellt.

Für diese Schaltungen werden auch Mehrfach-Stromspiegel benötigt, die den Eingangsstrom i_e auf mehrere gleich große Ausgangsströme i_{a1}, i_{a2}, ... spiegeln. Ein Beispiel für einen Zweifach-Stromspiegel mit dem dazugehörigen Kurzsymbol zeigt Abbildung 10.3.

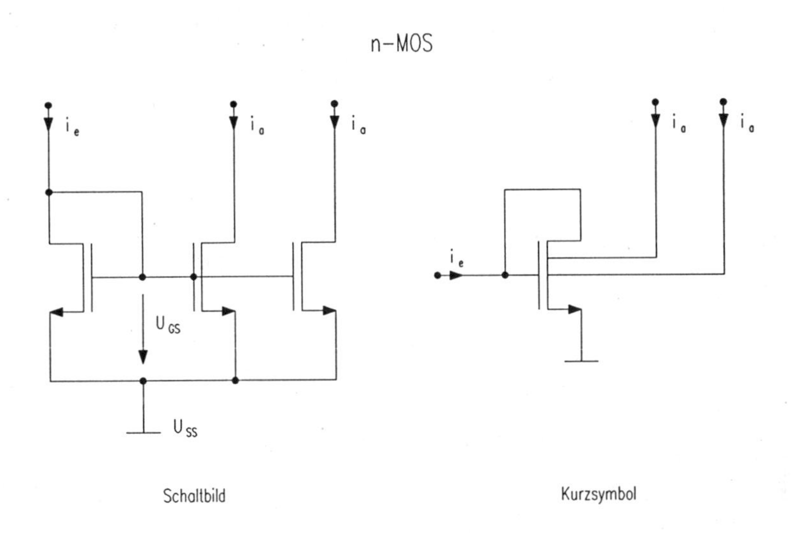

Abb. 10.3. Prinzipschaltung eines n-MOS-Zweifach-Stromspiegels.

Durch Hinzufügen weiterer Ausgangstransistoren bei Parallelschaltung der Gate-Source-Strecken läßt sich der Ausgangsstrom i_a mehrfach reproduzieren. Erst bei hohen Frequenzen sind die Gate-Source-Kapazitäten in Rechnung zu stellen, so daß die Laufzeit mit Erhöhung der Ausgangsanzahl zunimmt. Wenn die Gate-Ströme nicht mehr vernachlässigbar sind, verändert sich damit auch der Spiegelfaktor.

10.2 Zugehörigkeitsfunktionen

Im unscharfen Regler werden zunächst analoge Eingangssignale i_{EIN} anhand von Zugehörigkeitsfunktionen fuzzifiziert. Damit stellt sich die Frage, wie diese Funktionsverläufe repräsentiert werden können. Wenn Eingangssignale und Zugehörigkeitswerte durch Ströme repräsentiert sind, muß eine Stromumsetzung durchgeführt werden. Dieser Vorgang kann in eleganter Weise mit Hilfe von Stromspiegeln geschehen, wobei der eigentliche Funktionsverlauf durch Geradensegmente approximiert wird (siehe dazu auch [Fattaruso & Meyer, 1987]). Die Grundschaltungen erzeugen lineare Funktionen mit positiver Steigung und negativem Achsenabstand bzw. mit negativer Steigung und positivem Achsenabstand. Sie sind in den Abbildungen 10.4 a,b dargestellt.

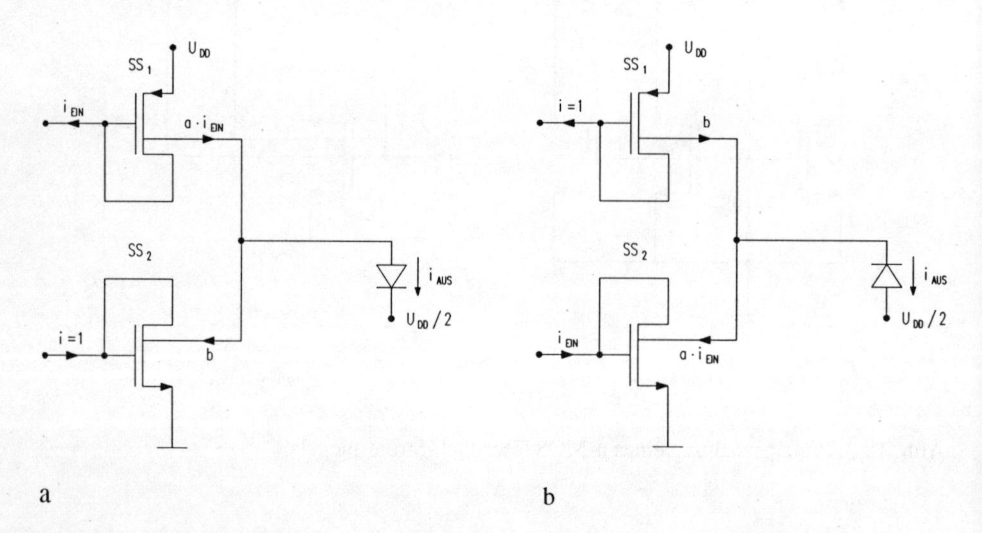

Abb. 10.4. Grundschaltungen für lineare Funktionssegmente mit *a* positiver Steigung und negativem Achsenabstand, *b* negativer Steigung und positivem Achsenabstand (nach [Kettner et al., 1992]).

Beide Schaltungen verwenden Stromspiegel mit Spiegelfaktoren von 1:a und 1:b, um Geradensegmente der Form

$$\mu(i_{EIN}) = i_{AUS} = \alpha \, i_{EIN} + \beta, \quad \alpha,\beta = \text{const.} \tag{10.3}$$

aufzubauen.

Um die Geradensteigung a zu erzeugen, wird der Eingangsstrom i_{EIN} mit dem Faktor a gespiegelt; der Achsenabstand b der Gerade entsteht durch Spiegelung eines Referenzstroms $i_{REF} = 1$ mit dem Faktor b. Solange $a\, i_{EIN} < b\, i_{REF}$ gilt, ist die Diode gesperrt, und damit ist $i_{AUS} \approx 0$. Für $a\, i_{EIN} \geq b\, i_{REF}$ ergibt sich der Ausgangsstrom i_{AUS} dagegen zu

$$i_{AUS} = a\, i_{EIN} - b\, i_{REF}\,. \qquad (10.4)$$

Auf analoge Weise folgt für die Schaltung nach Abbildung 10.4 b

$$i_{AUS}' = -\, a\, i_{EIN} + b\, i_{REF}\,. \qquad (10.5)$$

Durch eine geeignete Kombination der beiden Basisschaltungen können nun stückweise lineare Funktionen generiert werden, die beliebige Zugehörigkeitsverläufe approximieren. Je größer dabei die Anzahl der Segmente gewählt wird, desto geringer fällt der Approximationsfehler aus. Andererseits wird die Gesamtschaltung komplexer und belegt eine größere Chipfläche.

Um einen stetigen Funktionsverlauf zu erhalten, müssen die Koeffizienten α und β benachbarter Segmente (i) und (i+1) bestimmte Bedingungen erfüllen. Mit den entsprechenden Spiegelfaktoren a_i, a_{i+1}, b_i und b_{i+1} führt die Stetigkeitsforderung mit $\alpha_1 = a_1$, $\beta_1 = b_1$ und $i_{REF} = 1$ bei Vorgabe von n Segmenten zu den Rekursionsformeln

$$\left.\begin{aligned} a_i &= \alpha_i - \alpha_{i-1} \qquad (10.6) \\ a_i &= \beta_i - \beta_{i-1} \qquad (10.7) \end{aligned}\right\} \quad \text{für } i = 2, \ldots, n-1\,.$$

Die Abbildung 10.5 zeigt die Realisierung einer linksseitigen Schulterfunktion, wie sie beispielsweise zur Kennzeichnung des Terms *sehr dunkel* der linguistischen Variable "Helligkeit" in Beispiel 4.1 verwendet wurde. Zur Festlegung des Funktionsverlaufs wurde eine Basisfunktion nach Abbildung 10.4 b und eine zusätzliche Konstantstromquelle verwendet, deren Schaltung sich aus Abbildung 10.4 a ableiten läßt. Um bessere Stromquelleneigenschaften zu erreichen, können die Stromspiegel in Kaskodetechnik ausgeführt werden.

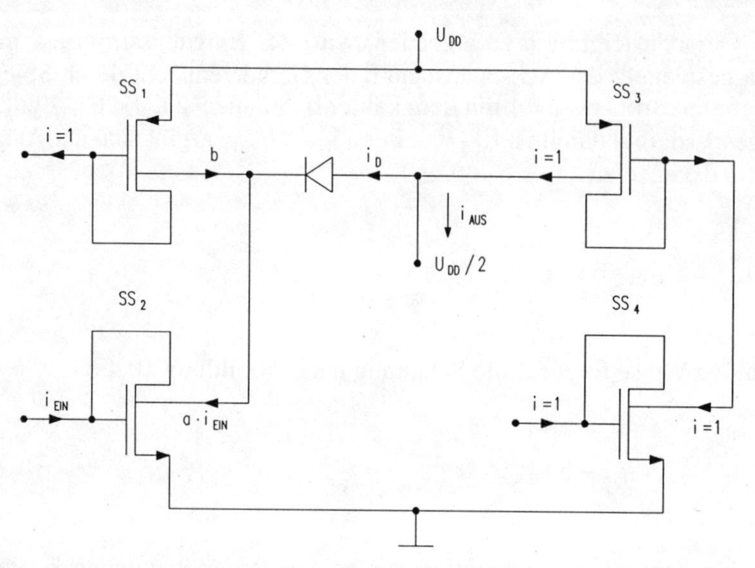

Abb. 10.5. Schaltungsprinzip zum Erzeugen einer Schulterfunktion.

Durch eine entsprechende Kombination der Geradensegmente können mit (10.6) und (10.7) auch Dreiecks- und Trapezfunktionen realisiert werden.

10.3 Verknüpfungsoperatoren und Defuzzifikation

In diesem Kapitel sollen analoge Schaltungsentwürfe für einige der in Kapitel 2.3 vorgestellten Verknüpfungsoperatoren beschrieben werden. Sie lassen sich für eine stromgesteuerte Logik aus Stromspiegeln und Knoten ableiten. Um die Herleitung zu vereinfachen, wird zunächst ein neuer Operator zur Verknüpfung zweier unscharfer Mengen **A** und **B** eingeführt.

Definition 10.1: Beschränkte Differenz

Es seien zwei unscharfe Mengen $\mathbf{A},\mathbf{B} \in \mathbf{P}(X)$ gegeben. Dann ist die beschränkte Differenz von **A** und **B**, geschrieben $\mathbf{A} -_b \mathbf{B}$, die unscharfe Menge **C**, für die gilt:

$$\mu_C(x) = \max [\, 0, \mu_A(x) - \mu_B(x)] \quad \forall x \in X.$$

Realisierung der beschränkten Differenz

Zur Realisierung der beschränkten Differenz dient die Schaltung nach Abbildung 10.6 mit n-MOS-Stromspiegeln, die einen normalisierten Ausgangsstrom i_C wie folgt in Abhängigkeit von den Eingangsströmen i_A und i_B erzeugt:

$$i_C = \begin{cases} i_A - i_B & \text{für } i_A \geq i_B \\ 0 & \text{sonst}. \end{cases} \tag{10.8}$$

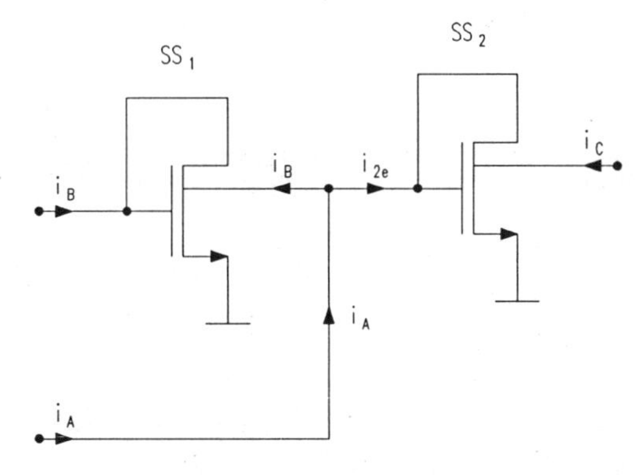

Abb. 10.6. Realisierung der beschränkten Differenz mit n-MOS-Stromspiegeln.

Im ersten Stromspiegel SS_1 wird zunächst die Stromrichtung von i_B umgekehrt. Die Knotengleichung liefert dann für den Eingangsstrom i_{2e} des Stromspiegels SS_2

$$i_{2e} = i_A - i_B \,. \tag{10.9}$$

Nach den Erläuterungen in Kapitel 10.1 übernimmt der Stromspiegel SS_2 ebenfalls die Entscheidung

$$i_C = \begin{cases} i_{2e} & \text{für } i_A \geq i_B \\ 0 & \text{sonst}. \end{cases} \tag{10.10}$$

Ein Vergleich von (10.9) und (10.10) bestätigt unmittelbar die Forderung (10.8).

Die entsprechende p-MOS-Schaltung nach Abbildung 10.7 entsteht durch Ersatz der n-MOSFETs durch p-MOSFETs und Vertauschen der Betriebsspannungen U_{SS} und U_{DD}, wobei die Strompfeile umzukehren sind.

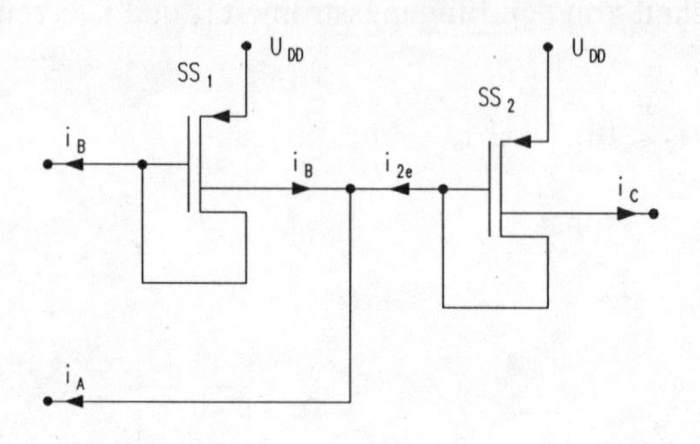

Abb. 10.7. Realisierung der beschränkten Differenz mit p-MOS-Stromspiegeln.

Während also bei der n-MOS-Version positive Ein- und Ausgangsströme in die Schaltung hineinfließen, fließen sie bei der p-MOS-Version heraus.

CMOS-Schaltungen für die beschränkte Differenz lassen sich durch Vertauschung einer der beiden Stromspiegel erzeugen; entweder wird in Abbildung 10.6 der n-MOS-Stromspiegel SS_1 durch einen p-MOS-Stromspiegel ersetzt (Version 1), oder in Abbildung 10.7 der p-MOS-Stromspiegel SS_1 durch einen n-MOS-Stromspiegel (Version 2). Beide Versionen sind in Abbildung 10.8 dargestellt.

In der Version 1 fließen positive Eingangsströme aus der Schaltung heraus, während ein positiver Ausgangsstrom in die Schaltung hineinfließt. Da die Stromrichtungen in der Version 2 umgekehrt sind, lassen sich mit den insgesamt vier vorgestellten Schaltungen ohne zusätzliche Stromspiegel alle relevanten Stromrichtungsvariationen realisieren. Dadurch entsteht die erwünschte Flexibilität beim Entwurf komplexer Operatorschaltungen, bei denen Ausgangsströme wiederum als Eingangssignale nachgeschalteter Operatoren dienen. Alle in den folgenden Abschnitten dargestellten Operatorschaltungen lassen sich aus der beschränkten Differenz ableiten und in den vorgestellten vier Versionen realisieren. Zur Herstellung dieser Schaltungen können prinzipiell alle verfügbaren CMOS-Technologien eingesetzt werden. Im Gegensatz zu digitalen CMOS-Schaltungen fließen hier allerdings merkliche Betriebsströme, so daß auch eine statische Verlustleistung entsteht. Da die Information ohne Kodierung direkt auf einen physikalischen Signalparameter abgebildet wird, sind die beschriebenen Schaltungen als Analogschaltungen einzuordnen.

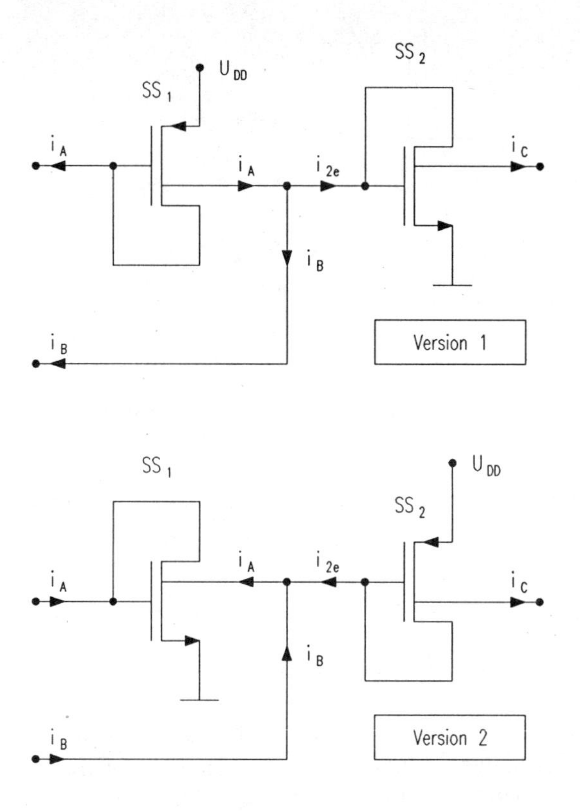

Abb. 10.8. Realisierung der beschränkten Differenz als CMOS-Schaltungen.

Realisierung des Komplements

Eine n-MOS-Schaltung wird aus der beschränkten Differenz dadurch abgeleitet, daß in Abbildung 10.6 die Eingangsströme i_A und i_B vertauscht und anschließend $i_B = 1$ gesetzt wird. Falls keine Richtungsumkehr des Ausgangsstroms gewünscht ist, kann der Stromspiegel SS_2 entfallen. Als Ausgangsstrom entsteht dann

$$i_{AC} = i_{2e} = 1 - i_A \ . \tag{10.11}$$

Wenn i_A einen aktuellen Zugehörigkeitswert der unscharfen Menge **A** repräsentiert, stellt i_{AC} also nach (10.11) den entsprechenden Zugehörigkeitswert des Komplements $\mathbf{A}^c$ dar. Es ensteht die Schaltung nach Abbildung 10.9.

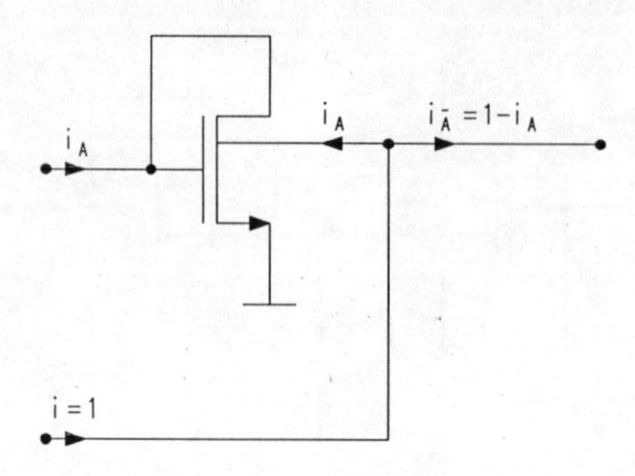

Abb. 10.9. Realisierung des Komplements mit n-MOS-Stromspiegel.

Nach dem gleichen Prinzip lassen sich auch p-MOS-und CMOS-Versionen ableiten.

Realisierung des Durchschnittsoperators

Die Zugehörigkeitswerte $\mu_C(x)$ des Durchschnitts $\mathbf{C = A \cap B}$ berechnen sich nach Kapitel 2.3 mit Hilfe der Formel $\mu_C(x) = \min\,[\mu_A(x), \mu_B(x)]$. In Abwandlung läßt sich dieser Zusammenhang auch wie folgt darstellen:

$$\mu_C(x) = \begin{cases} \mu_A(x) - (\mu_A(x) - \mu_B(x)) & \text{für} \quad \mu_A(x) \geq \mu_B(x) \\ \mu_A(x) & \text{sonst}\,. \end{cases} \tag{10.12}$$

Die Gleichung (10.12) läßt sich leicht umschreiben in

$$\mu_C(x) = \mu_A(x) - \mu_{A \text{-}_b B}(x)\,. \tag{10.13}$$

Danach kann beispielsweise aus der Version 1 der CMOS-Schaltung für die beschränkte Differenz nach Abbildung 10.8 eine CMOS-Schaltung zur Bildung des Durchschnitts abgeleitet werden. Zu diesem Zweck ist die positive Stromrichtung des Ausgangsstroms zu invertieren und ein gespiegelter Strom i_A in den Ausgangsknoten einzuspeisen. Damit ergibt sich eine Schaltungsversion nach Abbildung 10.10.

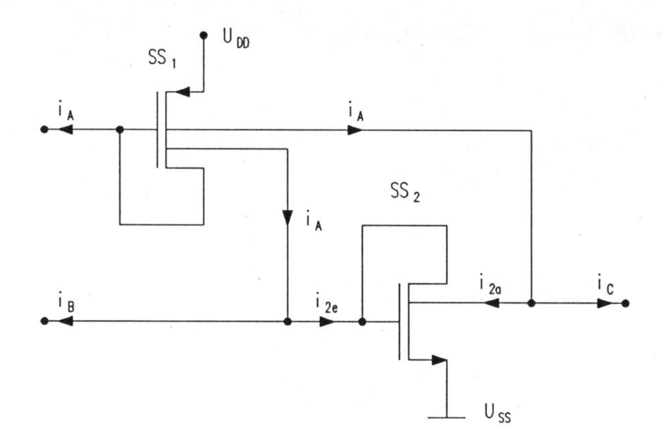

Abb. 10.10. Realisierung des Durchschnittsoperators in CMOS-Technik.

Die Funktionalität ist mit Hilfe der Knotenregel leicht zu verifizieren. Es gilt:

$$i_{2e} = i_A - i_B \qquad \text{und} \qquad i_C = i_A - i_{2a} \,. \tag{10.14}$$

1. Fall: $i_A \geq i_B$

Aus (10.14) folgt $i_{2e} \geq 0$, so daß der Stromspiegel SS_2 nicht sperrt. Damit wird

$$i_{2a} = i_{2e} = i_A - i_B \,,$$

also $$i_C = i_A - i_{2a} = i_B \,. \tag{10.15}$$

2. Fall: $i_A < i_B$

Aus (10.14) folgt $i_{2e} < 0$, so daß der Stromspiegel SS_2 sperrt. Damit wird

$$i_{2a} = 0 \,,$$

also $$i_C = i_A - i_{2a} = i_A \,. \tag{10.16}$$

Damit realisiert die Schaltung nach Abbildung 10.10 den Durchschnittsoperator.

Realisierung des Vereinigungsoperators

Die Zugehörigkeitswerte $\mu_C(x)$ der Vereinigung $\mathbf{C} = \mathbf{A} \cup \mathbf{B}$ berechnen sich nach Kapitel 2.3 mit Hilfe der Formel $\mu_C(x) = \max\,[\mu_A(x), \mu_B(x)]$. In Abwandlung läßt sich dieser Zusammenhang auch wie folgt darstellen:

$$\mu_C(x) = \begin{cases} \mu_B(x) + (\mu_A(x) - \mu_B(x)) & \text{für} \quad \mu_A(x) \geq \mu_B(x) \\ \mu_B(x) & \text{sonst}\,. \end{cases} \tag{10.17}$$

Die Gleichung (10.17) läßt sich leicht umschreiben in

$$\mu_C(x) = \mu_B(x) + \mu_{A \dot{-} B}(x)\,. \tag{10.18}$$

Danach kann beispielsweise aus der n-MOS-Schaltung für die beschränkte Differenz nach Abbildung 10.6 eine n-MOS-Schaltung zur Bildung der Vereinigung abgeleitet werden. Zu diesem Zweck werden zunächst die Eingangsströme i_A und i_B vertauscht und anschließend der gespiegelte Strom i_A zum Ausgangsstrom i_C addiert. Damit ergibt sich eine Schaltungsversion nach Abbildung 10.11.

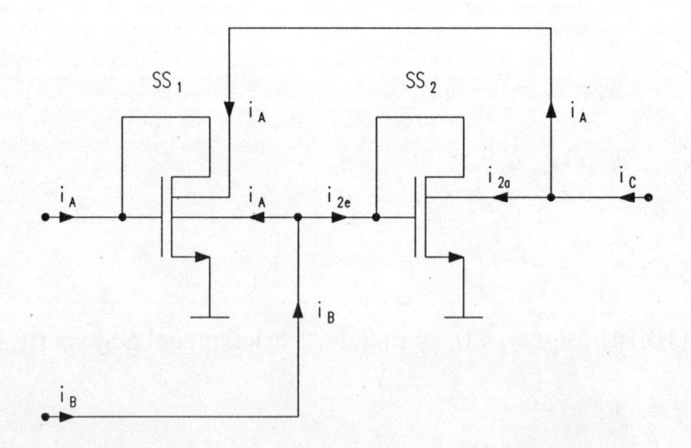

Abb. 10.11. Realisierung des Vereinigungsoperators in n-MOS-Technik.

Die Funktionalität ist mit Hilfe der Knotengleichungen leicht zu verifizieren.

Realisierung des beschränkten Produkts

Die Zugehörigkeitswerte $\mu_C(x)$ des beschränkten Produkts **C** = **A**⊓**B** berechnen sich nach Kapitel 2.3 mit Hilfe der Formel

$$\mu_C(x) = \max\ [0, \mu_A(x)+\mu_B(x)-1]. \tag{10.19}$$

Danach kann beispielsweise aus der CMOS-Schaltung (Version 2) für die beschränkte Differenz nach Abbildung 10.8 eine CMOS-Schaltung zur Bildung des beschränkten Produkts abgeleitet werden. Zu diesem Zweck wird der Eingangsstrom i_A in Abbildung 10.8 durch die Summe $i_A + i_B$ ersetzt, der Eingangsstrom i_B durch den Strom $i = 1$. Es ergibt sich eine Schaltungsversion nach Abbildung 10.12, die leicht durch die Knotengleichungen verifiziert werden kann.

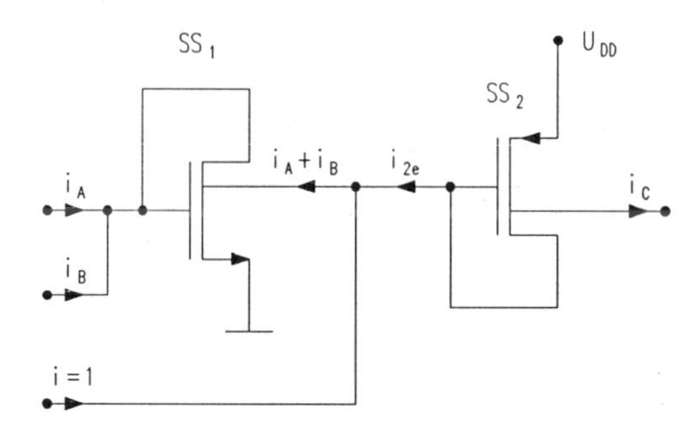

Abb. 10.12. Realisierung des beschränkten Produkts in CMOS-Technik.

Realisierung der beschränkten Summe

Die Zugehörigkeitswerte $\mu_C(x)$ der beschränkten Summe **C** = **A**⊔**B** berechnen sich nach Kapitel 2.3 mit Hilfe der Formel

$$\mu_C(x) = \min\ [1, \mu_A(x) + \mu_B(x)]. \tag{10.20}$$

Nach (10.20) kann beispielsweise aus der Schaltung für den Durchschnittsoperator nach Abbildung 10.10 eine CMOS-Schaltung zur Bildung der beschränkten Summe abgeleitet werden. Dazu wird der Eingangsstrom i_A in Abbildung 10.8 durch die Summe $i_A + i_B$ ersetzt, der Eingangsstrom i_B in Abbildung 10.8 durch den Strom 1. Es ergibt sich eine Schaltungsversion nach Abbildung 10.13.

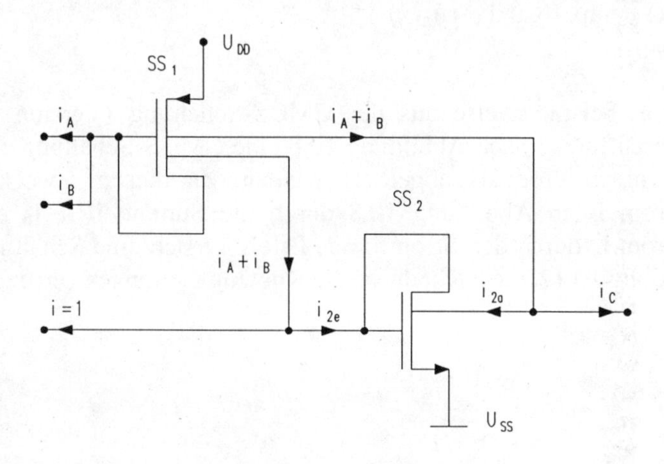

Abb. 10.13. Realisierung der beschränkten Summe in CMOS-Technik.

Die Funktionalität der Schaltung kann wieder leicht durch die Knotengleichungen verifiziert werden.

Realisierung der Defuzzifikation

Ein Schaltungsvorschlag nach [Kettler et al., 1992] zur Defuzzifikation der Ausgangsgrößen geht von einer abgewandelten Centroiden-Methode zur Berechnung des Schwerpunkt-Abzissenwerts y_S als Stellgröße nach (8.1) aus, die sich berechnet zu

$$y_S \approx \frac{\sum_{i=1,\ldots,n} \mu_i \ddot{y}_i}{\sum_{i=1,\ldots,n} \mu_i} ; \qquad (10.21)$$

dabei stellt $\ddot{y}_i$ den Schwerpunkt-Abzissenwert der vollständigen Zugehörigkeitsfunktion dar, die den Konsequenzenterm der Regel (i) repräsentiert, während μ_i

den Zugehörigkeitsgrad an der Stelle $\ddot{y}_i$ angibt.[1] Die Auswertung von (10.21) läßt sich auch so interpretieren, daß die Zugehörigkeitsfunktionen der Konsequenzenterme durch Singletons gegeben sind. Zur Berechnung des Stellwerts sind insgesamt n Multiplikationen, 2(n-1) Summationen und eine Division auszuführen.

Für die Multiplikationen im Zählerpolynom von (10.21) lassen sich Analogmultiplizierer einsetzen, die auf Differenzverstärkerstufen beruhen; die Stromquellen werden dabei über Stromspiegel durch den Multiplikator gesteuert. Wenn sowohl die Werte der Singletons $\ddot{y}_i$ als auch die Zugehörigkeitswerte $\mu(\ddot{y}_i)$ durch normalisierte Ströme repräsentiert werden, lassen sich die Summationen in Schaltungsknoten ausgeführen. Die Bezugsgröße für die Singletons ist dabei der Variabilitätsbereich der Stellgröße.

Das Prinzipschaltbild eines stromgesteuerten Dividierers ist in Abbildung 10.14 dargestellt. Dieser ist aus n-MOS-, p-MOS- und Bipolar-Transistoren aufgebaut und kann in BiCMOS-Technik realisiert werden. Seine Aufgabe besteht darin, den Zählerstrom i_Z durch den Nennerstrom i_N zu dividieren. Als Ergebnis entsteht der normalisierte Ausgangsstrom $i_{Z/N}$, der den Stellwert y_S repräsentiert.

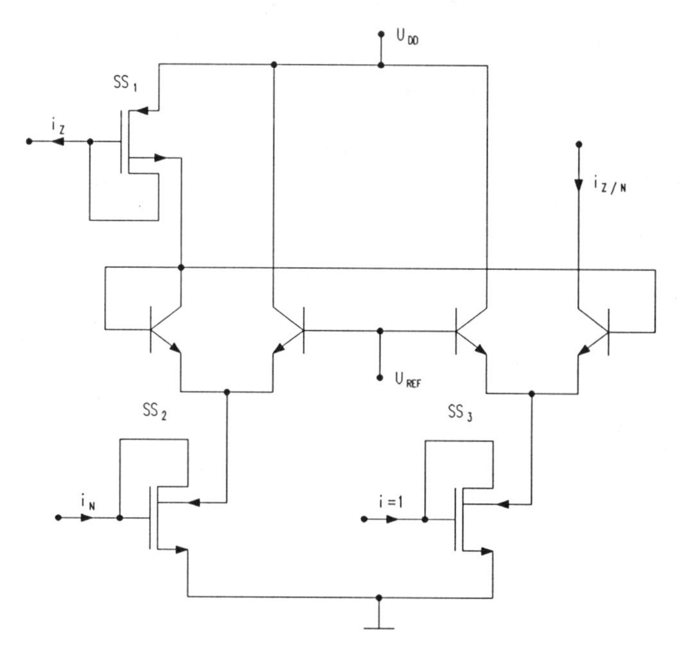

Abb. 10.14. Prinzipschaltbild eines stromgesteuerten Dividierers in BiCMOS-Technik (nach [Kettner et al., 1992]).

---

1 siehe auch Beispiel 10.1.

Die Schaltung ist aus zwei Differenzverstärkerstufen mit bipolaren npn-Transistoren und drei CMOS-Stromspiegeln aufgebaut. In der ersten Differenzverstärkerstufe wird der gespiegelte Nennerstrom i_N in zwei Teilströme aufgespalten, von denen der eine durch den gespiegelten Zählerstrom i_Z ebenfalls vorgegeben ist. Der Schaltungsentwickler hat also dafür Sorge zu tragen, daß entsprechend (10.21) für die eingeprägten Ströme $i_N \geq i_Z$ gilt. Das Stromverhältnis i_Z / i_N führt zu einer eindeutigen Differenzspannung an den Basiselektroden. Diese wird auf eine zweite Differenzverstärkerstufe übertragen und teilt den Strom i = 1 im selben Stromverhältnis i_Z / i_N auf. Damit ergibt sich als Übertragungsgleichung der Schaltung

$$i_{Z/N} = i_Z / i_N \,. \tag{10.22}$$

Beispiel 10.1

Eine vereinfachte Version von (10.21) entsteht dann, wenn die Zugehörigkeitsfunktion der unscharfen Ausgangsmenge an vordefinierten Stellen des Grundbereichs abgetastet wird. In stromgesteuerter Schaltungstechnik kann die Multiplikation dann auch bei variabler Programmierbarkeit mit entsprechend eingestellten Spiegelungsfaktoren ausgeführt werden. Ferner kann die Berechnung der Zugehörigkeitswerte für die Ausgangsmenge auf vorgegebene Stellen des Grundbereichs reduziert werden. Zu diesem Zweck lassen sich Konstantstromquellen einsetzen. Bei Anwendung der Max-Min-Inferenz-Methode sowie Vereinigung der Einzelfolgerungen entsteht das Berechnungsschema nach Abbildung 10.15.

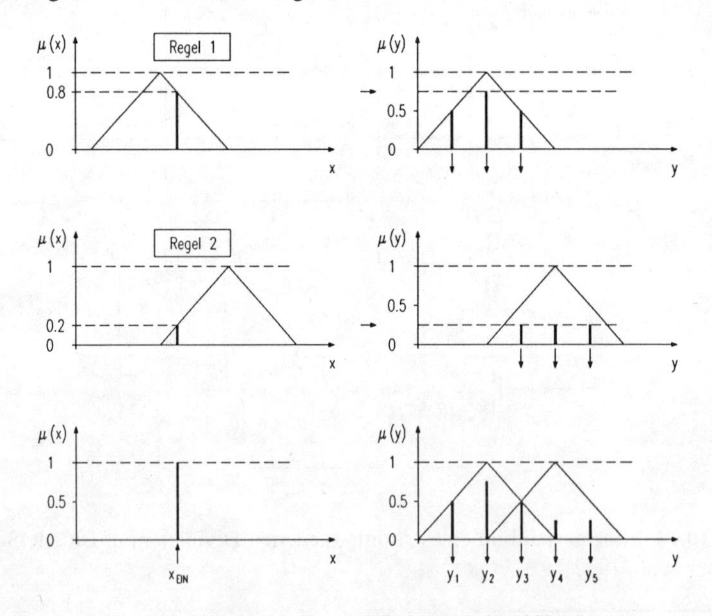

Abb. 10.15. Stellwertberechnung mit vereinfachter Defuzzifikation.

Gezeigt ist ein Regler mit einer Eingangsgröße und einer Ausgangsgröße, dessen Übertragungsverhalten sich aus zwei Produktionsregeln ergibt. Die Fuzzifikation liefert die Aktivierungsgrade $\beta_1 = 0.8$ für Regel 1 und $\beta_2 = 0.2$ für Regel 2. Sowohl für die beiden Teilfolgerungen als auch für die Schlußfolgerung werden Zugehörigkeitswerte nur an den fünf Stellen $y_1, \ldots, y_5$ ermittelt. Damit berechnet sich der Stellwert y_S zu

$$y_S = \frac{y_1\,\mu(y_1) + \ldots + y_5\,\mu(y_5)}{\mu(y_1) + \ldots + \mu(y_5)} \tag{10.23}$$

10.4 Gesamtaufbau

Mit den Komponenten, die in den vorangehenden Kapiteln beschrieben wurden, kann nun ein einfacher unscharfer Regler aufgebaut werden. Ein Blockschaltbild für zwei Eingangsgrößen, eine Ausgangsgröße und 15 Regeln ist in Abbildung 10.16 dargestellt.

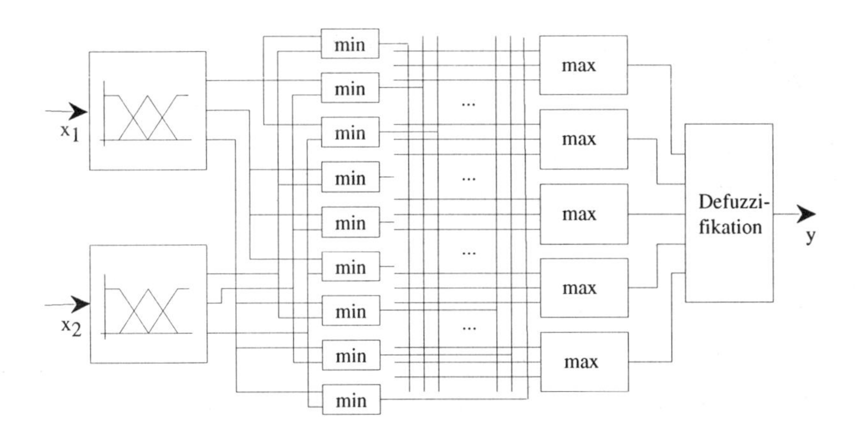

Abb. 10.16. Blockschaltbild eines einfachen unscharfen Reglers.

Zunächst werden die Eingangsgrößen x_1 und x_2 mit Hilfe von jeweils drei Zugehörigkeitsfunktionen fuzzifiziert. Im Bedingungsteil der Regeln sind lediglich AND-Verknüpfungen erlaubt, die von Durchschnitts-Operatoren repräsentiert werden. Die Regeln werden in einer Verknüpfungsmatrix durch leitende Verbindungen hergestellt. Die fünf Maximum-Operatoren repräsentieren die Fixstellen $\ddot{y}_i$ zur Berechnung des scharfen Stellwerts nach (10.23) und können jeweils bis zu drei Regeln berücksichtigen. Sie selektieren die größten Zugehörigkeitswerte $\mu(\ddot{y}_i)$ an den Stellen $\ddot{y}_i$ und leiten diese an den Defuzzifizierer weiter.

11 Übungsaufgaben

Im folgenden sind einige Übungsaufgaben angegeben, die einen Ausschnitt ehemaliger Prüfungsaufgaben im Fach 'Fuzzy Logic' für die technischen Fachbereiche der Technischen Universität Berlin darstellen. Sie mögen dem Leser insbesondere zur Selbstkontrolle dienen und reflektieren einen großen Teil der in diesem Lehrbuch behandelten Themengebiete. Nicht angesprochen wird das Kapitel über analoge Schaltungstechnik, das als Ganzes die Grundlage für eine mögliche Laborübung im Fach 'Analoge Schaltungstechnik' bildet, in der ein Fuzzy-Regler aufgebaut und auf seine Übertragungseigenschaften hin untersucht wird.

1. Es seien die unscharfen Mengen $\mathbf{A},\mathbf{B} \in \mathbf{P}(X)$ auf $X = \{x \in \mathbb{R} \mid 0 \leq x \leq 2\}$ gegeben mit den ZGFn

$$\mu_A(x) = \frac{2 - x}{x + 2} \qquad \text{und} \qquad \mu_B(x) = \frac{(x - 2)^2}{x + 2} \quad .$$

a. Berechnen Sie die α-Schnitte A_α und B_α für $\alpha = 0.5$.

b. Berechnen Sie die ZGFn für die folgenden Ausdrücke:

$$\mathbf{U} = \mathbf{A}^c \cap \mathbf{B}, \quad V = \mathbf{A} \cup \mathbf{B}^c, \quad \mathbf{W} = [\mathbf{A} \cap \mathbf{B}^c]^c.$$

c. Ein binärer Operator $\diamond$ sei definiert durch die Identität

$$\mathbf{A} \diamond \mathbf{B} = [\mathbf{A}^c \cup \mathbf{B}]^c.$$

Berechnen Sie die ZGF für den Ausdruck

$$Z = \mathbf{A}^c \diamond \mathbf{B}.$$

2. **a.** Zeigen Sie allgemein , daß für Durchschnitt ($\cap$) und Vereinigung ($\cup$) die folgenden Beziehungen gelten:

1. $\mathbf{A} \cap (\mathbf{B} \cup \mathbf{A}) = \mathbf{A}$,

2. $\forall \mathbf{W} \in \mathbf{P}(X)$: $\mathbf{A},\mathbf{B} \subset \mathbf{W} \Rightarrow (\mathbf{A} \cup \mathbf{B}) \subset \mathbf{W}$.

b. Es seien die unscharfen Mengen $\mathbf{A},\mathbf{B} \in \mathbf{P}\in(X)$ gegeben mit $X = [0,1]$ den ZGFn

$$\mu_A(x) = \frac{1}{x^2 + 1} \quad \text{und} \quad \mu_B(x) = \frac{x}{x^2 + 1}.$$

Berechnen Sie die ZGFn der folgenden Ausdrücke:

$$\mathbf{U} = \mathbf{A} \cup \mathbf{B} \quad \text{und} \quad \mathbf{V} = \mathbf{A} \cap \mathbf{B}.$$

3. Es sei ein alternativer t-Norm-Operator auf dem Grundbereich X durch folgende Formel gegeben:

$$\mu_{A \square B}(x) = \frac{\mu_A(x) \cdot \mu_B(x)}{2 - [\mu_A(x) + \mu_B(x) - \mu_A(x) \cdot \mu_B(x)]}.$$

Berechnen Sie die ZGF $\mu_{A \blacksquare B}(x)$ des dazugehörigen s-Norm-Operators.

4. Es sei eine alternative Vereinigung $\mathbf{A} \blacksquare \mathbf{B}$ auf dem Grundbereich $X=\mathbb{R}$ durch folgende Formel gegeben:

$$\mu_{A \blacksquare B}(x) = \min\left[1, \left(\mu_A{}^p(x) + \mu_B{}^p(x)\right)^{1/p}\right] \quad \forall x \in X, \quad p \geq 1.$$

a. Zeigen Sie, daß für $\mathbf{A} = \mathbf{B}$ und $\mu_A(x) = \mu_B(x) \leq 1$ gilt:

$$\mu_{A \blacksquare B}(x) \geq \mu_A(x) \quad \forall x \in X.$$

b. Der Operator ▪ bildet eine S-Norm. Berechnen Sie für p=1 die ZGF $\mu_{A \square B}(x)$ der dazugehörigen t-Norm und stellen Sie das Ergebnis in einfacher Form dar.

c. Es seien nun die folgenden ZGFn auf X = [0,1] gegeben:

$$\mu_A(x) = \frac{1}{x+1} \quad \text{und} \quad \mu_B(x) = \frac{x}{x+1}.$$

Berechnen Sie mit $\mu_{Ac,Bc}(x) = 1 - \mu_{A,B}(x)$ die ZGFn für

$\mathbf{U} = \mathbf{A} \square \mathbf{B}$ für p=1, $\mathbf{V} = \mathbf{A} \blacksquare \mathbf{B}$ für p=1.

5. Es sei eine Klasse von einstelligen Operatoren (¥) zur Komplementbildung von unscharfen Mengen $\mathbf{A} \in \mathbf{P}(X)$ durch folgende Formel gegeben (Yager-Klasse):

$$\mu_{A¥}(x) = [1 - (\mu_A(x))^s]^{1/s} \quad \forall x \in X,\ s \in (0,\infty).$$

a. Zeigen Sie, daß gilt:

$$(\mathbf{A}^{¥})^{¥} = \mathbf{A} \quad \forall s \in (0,\infty).$$

b. Zeigen Sie für den Sonderfall s=1, daß gilt:

$\mu_{A \cup A¥}(x) \geq 0.5$ und

$\mu_{A \cap A¥}(x) \leq 0.5$.

c. Zeigen Sie für den Sonderfall s=1, daß für $\mathbf{A},\mathbf{B} \in \mathbf{P}(X)$ gilt:

$(\mathbf{A} \cup \mathbf{A}^{¥}) \cup (\mathbf{B} \cap \mathbf{B}^{¥}) = \mathbf{A} \cup \mathbf{A}^{¥}$ und

$(\mathbf{A} \cup \mathbf{A}^{¥}) \cap (\mathbf{B} \cap \mathbf{B}^{¥}) = \mathbf{B} \cup \mathbf{B}^{¥}$.

Berücksichtigen Sie die Ergebnisse von 1b.

6. Es sei ein t-Norm-Operator (□) auf dem Grundbereich X durch folgende Formel gegeben:

$$\mu_{A \square B}(x) = \frac{\mu_A(x) \cdot \mu_B(x)}{\max\left[\mu_A(x), \mu_B(x)\right]} \qquad \forall x \in X.$$

a. Berechnen Sie die ZGF $\mu_{A \blacksquare B}(x)$ der dazugehörigen s-Norm und stellen Sie das Ergebnis in einfacher Form dar. Führen Sie dazu eine Fallunterscheidung durch.

b. Zeigen Sie, daß für alle unscharfen Mengen **A, B, C** $\in$ **P**(X) gilt:

$$(\mathbf{A} \square \mathbf{B}) \blacksquare (\mathbf{A} \square \mathbf{C}) = \mathbf{A} \square (\mathbf{B} \blacksquare \mathbf{C}).$$

c. Es seien speziell **A**, **B** und **C** auf dem Einheitsintervall X = [0, 1] gegeben mit den ZGFn

$$\mu_A(x) = x \quad \text{und} \quad \mu_B(x) = \max\,[0, 1\text{-}2x]\,.$$

Berechnen Sie damit die ZGFn der unscharfen Mengen **G** und **H** mit

$$\mathbf{G} = (\mathbf{A} \blacksquare \mathbf{B}^C)^C \quad \text{und} \quad \mathbf{H} = (\mathbf{A}^C \blacksquare \mathbf{B}) \square (\mathbf{A} \blacksquare \mathbf{B})^C\,.$$

7. **a.** Zeigen Sie, daß für die Operatoren (⊓) und (⊔) (beschränktes Produkt/Summe) das zweite de Morgansche Gesetz gilt:

$$[\mathbf{A} \sqcap \mathbf{B}]^C = \mathbf{A}^C \sqcup \mathbf{B}^C.$$

b. Zeigen Sie, daß $\mathbf{A} \sqcap \mathbf{B} \subseteq \mathbf{A} \cdot \mathbf{B} \;\; \forall x \in X$.

c. Welche Vor- und Nachteile weist der Einsatz des γ-Operators gegenüber dem von Durchschnitt und Vereinigung zur Quantisierung von Expertenaussagen auf?

8. **a.** Gegeben seien die beiden unscharfen Mengen

$$\mathbf{A_1} = \{(-1;0.1), (0;1), \quad (1;0.2)\},$$
$$\mathbf{A_2} = \{(-1;0.3), (0;0.8), (1;0.4)\}.$$

Berechnen Sie das Ergebnis **B** der erweiterten Multiplikation $\mathbf{B} = \mathbf{A_1} \odot \mathbf{A_2}$.

b. Berechnen Sie den Ausdruck $\mathbf{D} = (2 \odot (\mathbf{C_1} \ominus \mathbf{C_2})) \oplus \mathbf{C_3}$ für die LR-Zahlen

$$\mathbf{C_1} = \langle 10;1;1\rangle_{LR},\ \mathbf{C_2} = \langle 5;2;3\rangle_{LR},\ \mathbf{C_3} = \langle 2;2;3\rangle_{LR}.$$

c. Die Ableitung $f'(\mathbf{X_0})$ einer *scharfen* Funktion f(x) an einem unscharfen Punkt $\mathbf{X_0}$ sei nach dem Erweiterungsprinzip für $f'(x) = df/dx$ definiert. Berechnen Sie $f'(\mathbf{X_0})$ für

$$f(x) = x^3 + 3$$

am unscharfen Punkt $\mathbf{X_0} = \{(-2;0.2), (-1;0.4), (0;1), (1;0.5), (2;0.1)\}$. Beachten Sie, daß $\mathbf{X_0}$ weder positiv noch negativ ist.

9. **a.** Berechnen Sie bei gegebenen unscharfen Mengen

$$\mathbf{A_1} = \{(6;\ 0.1), (12;\ 1), (18;\ 0.2)\}$$
$$\mathbf{A_2} = \{(1;\ 0.3), (2;\ 1), (3;\ 0.4)\}$$

nach dem Erweiterungsprinzip den Ausdruck

$$\mathbf{B} = 2 \odot (\mathbf{A_1} \ominus \mathbf{A_2})\ .$$

b. Berechnen Sie bei gegebenen LR-Zahlen $\mathbf{C_1} = \langle 10;1;1\rangle_{LR}$ und $\mathbf{C_2} = \langle 5;5;3\rangle_{LR}$ mit gleichen Referenzfunktionen L(u) = R(u) nach dem Erweiterungsprinzip den Ausdruck

$$\mathbf{D} = (\mathbf{C_1} \oplus \mathbf{C_2}) \ominus 2\ .$$

c. Die Ableitung $f'(\mathbf{C_4})$ einer "scharfen" Funktion f(x) an einem unscharfen Punkt $\mathbf{C_4}$ sei nach dem Erweiterungsprinzip definiert. Berechnen Sie $f'(\mathbf{C_4})$ für

$$f(x) = x^3$$

am unscharfen Punkt $\mathbf{C_4} = \langle -1;1;2 \rangle_{LR}$, L(u) = R(u) = max [0, 1-u]. Stellen Sie die ZGFn von $\mathbf{C_4}$ und $f'(\mathbf{C_4})$ in einem gemeinsamen Diagramm graphisch dar.

10. Gegeben sind die folgenden ZGFn (Polygonzüge) der beiden unscharfen Zahlen $\mathbf{A},\mathbf{B} \in \mathbf{P}(X)$:

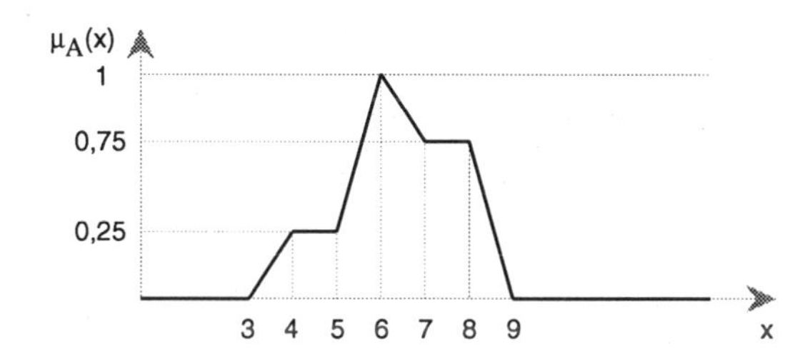

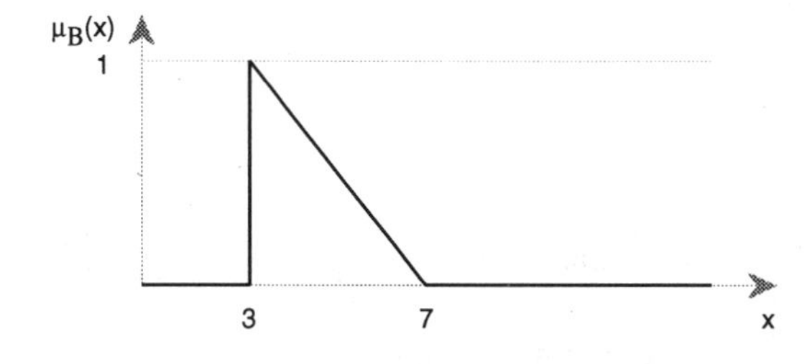

Bestimmen und zeichnen Sie die exakten ZGFn nach dem Erweiterungsprinzip von Zadeh für die Ausdrücke

a. $\mathbf{C} = \mathbf{B}^{-1}$ (erweiterte Kehrwertbildung),

b. $\mathbf{C'} = \mathbf{A} \oplus \mathbf{B}$,

c. $\mathbf{C''} = \mathbf{A} \odot \mathbf{B}$,

d. $\mathbf{C'''} = <5;1;1>_{LR} \oplus \mathbf{B}$ mit den Referenzfunktionen

$$L(u)=R(u)=\max [0,1-u].$$

e. Zeigen Sie, daß für die erweiterte Kehrwertbildung einer unscharfen Zahl $\mathbf{Z} \in \mathbf{P}(X)$ nach dem Erweiterungsprinzip von Zadeh allgemein gilt:

$$(\mathbf{Z}^{-1})^{-1} = \mathbf{Z} \qquad \forall x \in (0,\infty)$$

11. Gegeben seien die LR-Zahlen

$$\mathbf{C_1} = <5;1;1>_{LR}\ ,\ \mathbf{C_2} = <3;1;1>_{LR} \ \text{ und } \ \mathbf{C_3} = <2;2;1>_{LR}$$

mit den Referenzfunktionen

$$L(u) = R(u) = \max [0, 1-u].$$

Berechnen Sie

a. den Ausdruck $\mathbf{U} = 2 \odot (\mathbf{C_1} \oplus \mathbf{C_2}) \ominus \mathbf{C_3}$,

b. die exakte Lösung für $(\mathbf{C_1})^{-1}$ nach dem Erweiterungsprinzip.

c. Es sei außerdem eine dreistellige Funktion f gegeben mit

$$f(x, y, z) = x + 2y + z + 1.$$

Berechnen Sie nach dem Erweiterungsprinzip

$$\mathbf{Y} = f(\mathbf{A}, 2 \odot \mathbf{B}, \mathbf{C}).$$

12. **a.** Es seien die unscharfen Mengen **A**,**B**$\in$ **P**(X) auf X = {-2, -1, 0, 1, 2} mit den ZGFn

$$\mu_A(x) = \frac{\frac{1}{2}|x|}{x+3} \quad \text{und} \quad \mu_B(x) = \frac{1}{x+3}$$

gegeben sowie die Funktion

$$f(x) = x^2 + 1 \quad \forall x \in X.$$

Berechnen Sie f(**A**) und f(**B**) mit Hilfe des Erweiterungsprinzips von Zadeh.

b. Gegeben seien die LR-Zahlen

$$\mathbf{C}_1 = \langle 6;1;1 \rangle_{LR} \quad \text{und} \quad \mathbf{C}_2 = \langle 2;1;1 \rangle_{LR}$$

mit den Referenzfunktionen

$$L(u) = R(u) = \max\,[0, 1-u].$$

Berechnen Sie die Ausdrücke

$$\mathbf{U} = 2 \odot (\mathbf{C}_1 \oplus \mathbf{C}_2) \quad \text{und} \quad \mathbf{V} = \tfrac{1}{2} \odot (\mathbf{C}_1 \ominus \mathbf{C}_2).$$

c. Geben Sie bei Verwendung der LR-Zahlen nach b) eine Näherungslösung für den Ausdruck

$$\mathbf{W} = \mathbf{C}_1 \odot \mathbf{C}_2$$

an, die bei x_0=5, x_1=12, x_2=21 mit der exakten Lösung übereinstimmt.

d. Geben Sie eine Näherungslösung für den Ausdruck

$$\mathbf{Q} = \mathbf{W} \ominus \mathbf{C}_2$$

an, die an drei Stellen mit der exakten Lösung übereinstimmt.

13. **a.** Es sei die Aussage

"Henning trinkt (≈2) oder (≈3) Liter Milch zum Abendessen"

vorgegeben. Zur Quantisierung sei das verbale "oder" mit Hilfe der beschränkten Summe dargestellt, die unscharfen Zahlen als LR-Zahlen jeweils mit Spannweiten von a = b = 2 und den Referenzfunktionen L(u) = R(u) = max [0, 1-u]. Berechnen und skizzieren Sie die ZGF $\mu_\alpha(x)$ des Terms α = [(≈2) *oder* (≈3)] über dem Grundbereich X mit physikalischer Einheit [Liter Milch].

b. Gegeben sei die ZGF $\mu_{wahr}(v)$ des Termes *wahr* einer Linguistischen Variable "Wahrheit". Berechnen Sie die ZGF $\mu_{falsch}(v)$ des Termes *falsch* aus $\mu_{wahr}(v)$ durch "Erweiterung der Komplementbildung" nach dem Erweiterungsprinzip und skizzieren Sie diese im nebenstehenden Diagramm.

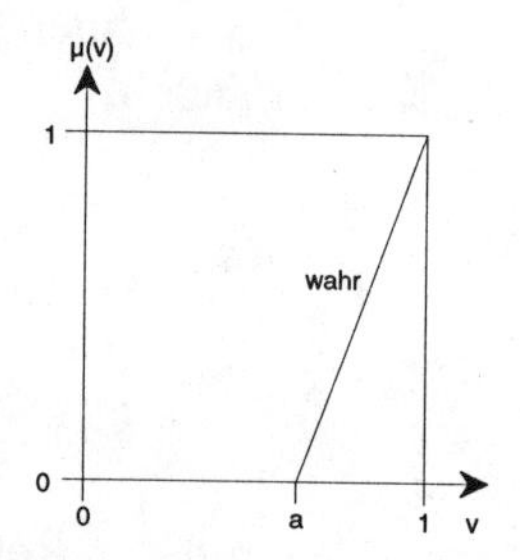

c. Berechnen und skizzieren Sie die ZGF für den Ausdruck

(nicht falsch) und (nicht wahr),

wenn das verbale *und* durch den Durchschnitt, das verbale *nicht* durch die Komplementbildung dargestellt werden.

d. Gegeben seien die unscharfen Relationen $\mathbf{R_1}$ und $\mathbf{R_2}$ auf X = [0,1], Y = [0,1] mit den ZGFn

$$\mu_{R1}(x,y) = x^2 y \quad \text{und} \quad \mu_{R2}(x,y) = x\,y^2 .$$

Berechnen Sie den Durchschnitt $\mu_{R1\cap R2}(x,y)$ und die Vereinigung $\mu_{R1\cup R2}(x,y)$ und stellen sie das Ergebnis auf X×Y graphisch dar.

14. **a.** Es sei ein Würfel gegeben mit sechs Flächen (→ Zahlen) x, die nach der folgenden Zuordnungstabelle farbig markiert sind:

Fläche (Zahl)	Farbe
1, 2	rot
3, 4, 5	grün
6	blau .

Ein erfahrener Würfler beurteilt die Möglichkeit $\Pi(\{x\})$ zum Erzielen der Einzelergebnisse $x \in \{1, 2, \ldots, 6\}$ subjektiv wie folgt:

x	1	2	3	4	5	6	
$\Pi(\{x\})$	0.6	0.2	0.6	0.5	0.8	1	.

Beurteilen Sie auf dieser Basis die Möglichkeiten dafür, daß der nächste Wurf" rot", "grün", "blau", "rot" oder "grün" wird, wenn mit Sicherheit genau eine Zahl gewürfelt wird.

b. Gegeben sei die linguistische Variable "Wahrheit" mit einem Primärterm *wahr*. Die Zugehörigkeitsfunktion $\mu_{wahr}(v)$ über den reellen numerischen Wahrheitswerten $v \in [0,1]$ wird beschrieben durch

$$\mu_{wahr}(v) = \begin{cases} 0 & \text{für } 0 \leq x < 0.5 \\ 2x - 1 & \phantom{\text{für }} 0.5 \leq x \leq 1 \end{cases} .$$

Der Modifizierer *sehr* wird durch Konzentration der entsprechenden ZGFn quantisiert, die logischen Operatoren und, oder, nicht durch den Durchschnitt, die Vereinigung und das Komplement der entsprechenden unscharfen Mengen. Berechnen Sie die ZGFn der boolschen Ausdrücke

1. *falsch = nicht wahr*,
2. *nicht* (*sehr wahr*),
3. *wahr oder* (*nicht* (*sehr falsch*)).

c. Weshalb liefert bei der Bewertung von unscharfen Klassifikatoren ein kleinerer Überdeckungsgrad einen bzgl. der Stichprobenmenge "besseren" Klassifikator?

15. Gegeben seien die unscharfen Mengen

$$\mathbf{A} = \{(1;0.1), (2;1), (3;0.2)\} \in \mathbf{P}(X),$$
$$\mathbf{B} = \{(4;0.1), (5;1), (6;0)\} \in \mathbf{P}(Y),$$
$$\mathbf{C} = \{(3;0.1), (4;1)\} \in \mathbf{P}(Z)$$

sowie die unscharfen Relationen **R**, **S** und **T** mit den ZGFn

$$\mu_R(x,y) = \max\,[\mu_A(x), \mu_B(y-2)], \; (x,y) \in X \times Y,$$

$$\mu_S(x,y) = \min\,[\mu_A(x+2), \mu_B(y)], \; (x,y) \in X \times Y,$$

$$\mu_T(y,z) = \max\,[\mu_B(y), \mu_C(z)], \; (y,z) \in Y \times Z.$$

Die Komplementbildung für binäre unscharfe Relationen ist definiert durch

$$\mu_{Rc}(x,y) = 1 - \mu_R(x,y) \quad \forall x \in X.$$

a. Stellen Sie **R**, **S** und **T** in Matrixform dar, wobei die in **A**, **B**, **C** nicht angegebenen x-, y-, z-Werte mit dem Zugehörigkeitswert null versehen sind.

b. Stellen Sie die folgenden Ausdrücke in Matrixform dar:

$$\mathbf{U} = \mathbf{S}, \quad \mathbf{V} = \mathbf{R} \cap \mathbf{S}, \quad \mathbf{W} = \mathbf{R} \cup \mathbf{S}.$$

c. Berechnen Sie durch Max-Min-Verkettung:

$$\mathbf{R'} = \mathbf{R} \circ_{MM} \mathbf{T}, \qquad \mathbf{R''} = \mathbf{S} \circ_{MM} \mathbf{T}.$$

d. Berechnen Sie die bzgl. der Inklusion größte Lösung $\mathbf{Q}_{max}$ der Relationalgleichung $\mathbf{A} = \mathbf{B} \circ_{MM} \mathbf{Q}$.

16. **a.** Gegeben seien die unscharfen Relationen $\mathbf{R}_1, \mathbf{R}_2, \mathbf{R}_3 \in \mathbf{P}(X \times X)$ mit den ZGFn

$\mu_{R1}(x, y)$:

x \ y	1	2	3
1	1	0.4	0
2	0.4	0.8	0.6
3	0	0.4	0.8

,

$\mu_{R2}(x, y)$:

x \ y	1	2	3
1	0.1	0.3	0.6
2	0.2	0.6	0.5
3	0.6	1	0.7

,

$\mu_{R3}(y, z)$:

y \ z	1	2	3
1	0	0.2	0.4
2	0.1	0.4	0.8
3	1	0.6	0.8

.

Berechnen Sie die Verkettungsergebnisse **U**, **V** und **W** mit der Max-Min-, Max-Prod- und Max-Average-Verkettung nach

$$\mathbf{U} = \mathbf{R}_1 \circ_{MM} \mathbf{R}_3,$$

$$\mathbf{V} = \mathbf{R}_1 \circ_{MP} \mathbf{R}_3,$$

$$\mathbf{W} = (\mathbf{R}_1 \cup \mathbf{R}_2) \circ_{MA} \mathbf{R}_3.$$

b. Zeigen Sie, daß im allgemeinen für unscharfe Relationen $\mathbf{A}, \mathbf{B} \in \mathbf{P}(X \times X)$ gilt:

$$\mathbf{A} \circ_{MM} \mathbf{B} \neq \mathbf{B} \circ_{MM} \mathbf{A}.$$

17. Gegeben seien die unscharfen Relationen $\mathbf{R}_1$, $\mathbf{R}_2$ und $\mathbf{R}_3$ mit den ZGFn

$\mu_{R1}(x,y)$:

x \ y	1	2	3
1	1	0.5	0
2	0.5	1	0.7
3	0	0.7	1

,

$\mu_{R2}(y,z)$:

y \ z	1	2	3
1	0.1	0.2	0.9
2	0.2	0.4	0.5
3	0.5	1	0.1

,

$\mu_{R3}(x,y)$:

x \ y	1	2	3
1	0	0.1	0.2
2	0.3	0.4	0.5
3	1	0.6	0.7

.

Berechnen Sie

a. die Max-Min-Verkettung $\mathbf{R}_1 \circ_{MM} \mathbf{R}_2$,

b. die Max-Prod-Verkettung $\mathbf{R}_1 \circ_{MP} \mathbf{R}_2$,

c. die Vereinigung $\mathbf{R}_1 \cup \mathbf{R}_3$ und den Durchschnitt $\mathbf{R}_1 \cap \mathbf{R}_3$.

d. $\mathbf{R}_1$ repräsentiere die unscharfe Relation "u ist etwa gleich v", wobei die linguistischen Variablen u auf X und v auf Y definiert sind. Welche Beschränkung $\mathbf{B}(y)$ ergibt sich für v, wenn $u = \mathbf{A} = \{(1;0.4), (2;0.8), (3;1)\} \in \mathbf{P}(X)$ vorgegeben ist?

18. Ein unscharfer Regler soll die "Farbstoffzugabe" w zu einer Flüssigkeit in Abhängigkeit von deren "Fließgeschwindigkeit" v regeln. Es ist die folgende Regelbank gegeben:

IF v = *schnell* THEN w = *viel*
IF v = *langsam* THEN w = *wenig* .

Dabei seien $V = \{1, 2, 3\}$ und $W = \{10, 20, 30\}$ die Grundbereiche für die lingustischen Variablen v und w. Ihre Terme seien auf den Grundbereichen quantisiert durch

schnell $\rightarrow$ $\mathbf{A}_1 = \{(1;0),(2;0.5), (3;1)\}$,
langsam $\rightarrow$ $\mathbf{A}_2 = \{(1;1),(2;0.4), (3;0)\}$,

viel $\rightarrow$ $\mathbf{B}_1 = \{(10;0),(20;0.6), (30;1)\}$,
wenig $\rightarrow$ $\mathbf{B}_2 = \{(10;1),(20;0.3), (30;0)\}$.

a. Wandeln Sie die Regelbank in ein unscharfes Relationalgleichungssystem $\mathbf{B}_i = \mathbf{A}_i \circ_{MM} \mathbf{R}$ um, und bestimmen Sie die bezüglich der Inklusion größte Lösung für die unscharfe Relation $\mathbf{R}$.

b. Bestimmen Sie den unscharfen Ausgangswert der Regelbank, wenn eine unscharfe Eingangsmenge $\mathbf{A}_3 = \{(1;0.1), (2;1), (3;0)\}$ anliegt.

c. Es sei ferner die "Temperatur" u der Flüssigkeit durch die Terme *warm* und *kalt* ausgedrückt. Bei einem numerischen Grundbereich T = {100, 200, 300} der linguistischen Variablen u seien diese wie folgt festgelegt:

warm → $\mathbf{C}_1 = \{(100;0), (200;1), (300;0.6)\}$,
kalt → $\mathbf{C}_2 = \{(100;1), (200;0.2), (300;0)\}$.

Bilden Sie mit Hilfe des kartesischen Produkts zwischen den entsprechenden unscharfen Mengen die ZGFn in Matrizenform für folgende Zustände der Flüssigkeit:

1. *schnell und kalt,*
2. *langsam und warm.*

19. Ein stromgesteuertes Schienenfahrzeug (Objekt) soll mit Hilfe eines Fuzzy-Reglers in kürzester Zeit an eine bestimmte Position (Ziel) gefahren werden. Die Stromeinstellung erfolgt in Abhängigkeit vom Abstand *Objekt* ↔ *Ziel* auf der Basis eines (unscharfen) Expertenwissens. Der Zusammenhang zwischen Strom **i** [A] und Abstand **d** [m] ist dabei in der folgenden Regelbank gegeben:

IF **d** = *nahe* THEN **i** = *klein*
IF **d** = *weiter* THEN **i** = *mittel*
IF **d** = *weit* THEN **i** = *groß* .

Die Terme der lingustischen Variablen **d** und **i** seien mit Hilfe der Referenzfunktionen L[u] =R[u] = max [0, 1-u] folgendermaßen quantisiert:

nahe → $\mathbf{A}_1 = <1;1;1>_{LR}$,
weiter → $\mathbf{A}_2 = <2;1;1>_{LR}$,
weit → $\mathbf{A}_3 = <3;1;1>_{LR}$,

klein → $\mathbf{B}_1 = <10;0;0>_{LR}$,
mittel → $\mathbf{B}_2 = <20;0;0>_{LR}$.
groß → $\mathbf{B}_3 = <30;0;0>_{LR}$.

Die unscharfen Mengen $\mathbf{B}_1$, $\mathbf{B}_2$ und $\mathbf{B}_3$ sollen dabei Singletons darstellen.

a. Stellen Sie die Funktionsweise der Regelbank mit Hilfe eines Diagramms graphisch dar.

b. Bestimmen Sie nach der Max-Min-Inferenz-Methode die unscharfen Ausgangswerte $\mathbf{i_1}$ und $\mathbf{i_2}$ der Regelbank für die scharfen Eingangswerte $d_1 = 1.5$ und $d_2 = 2.5$.

c. Bestimmen Sie nach der Max-Min-Inferenz-Methode den unscharfen Ausgangswert $\mathbf{i_3}$ der Regelbank für einen unscharfen Eingangswert $\mathbf{d_3} = <1.5;0.5;0.5>_{LR}$.

d. Bestimmen Sie nach der Max-Prod-Inferenz-Methode den unscharfen Ausgangswert $\mathbf{i_4}$ der Regelbank für einen unscharfen Eingangswert $\mathbf{d_4} = <1.8;0.5;0.5>_{LR}$.

e. Welcher (scharfe) Einstellwert i_4 ergibt sich aus d. nach Defuzzifikation mit Hilfe der Max-Methode?

20. Ein Balancebalken soll mit Hilfe eines Fuzzy-Reglers in horizontaler Lage gehalten werden. Zu diesem Zweck kann ein Elektromotor durch Spannungssteuerung auf dem Balken hin und her bewegt werden. Diese erfolgt in Abhängigkeit vom Drehwinkel a und vom Abstand d: *Motor ↔ Drehpunkt* auf der Basis eines unscharfen Expertenwissens.

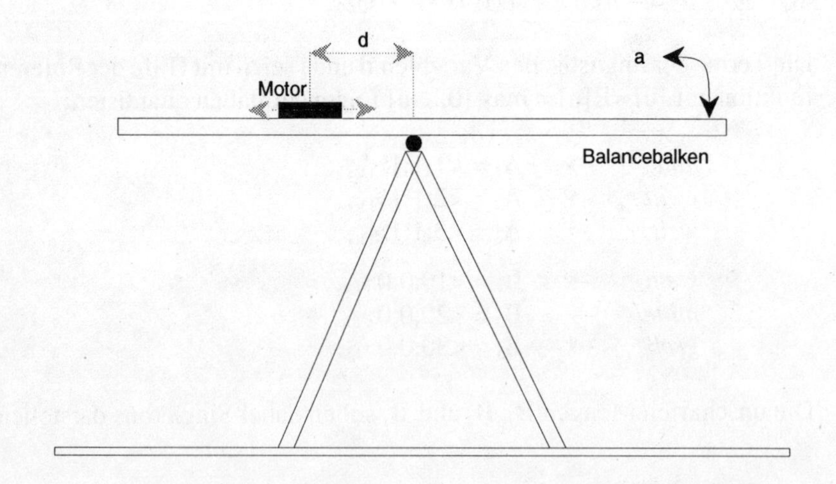

Der Zusammenhang zwischen einzustellender Spannung **u** [V], gemessenem Abstand **d** [cm] und gemessenem Drehwinkel **a** [°] ist dabei in der folgenden Regelbank gegeben:

IF **d** = positiv AND **a** = positiv THEN **u** = ng
IF **d** = positiv AND **a** = negativ THEN **u** = nk
IF **d** = negativ AND **a** = positiv THEN **u** = pk
IF **d** = negativ AND **a** = negativ THEN **u** = pg

Die Terme der Lingustischen Variablen seien abkürzend mit Hilfe von Referenzfunktionen L(u) =R(u) = max [0, 1-u] in LR-Schreibweise dargestellt:

positiv → $\mathbf{A}_1 = <1;2;2>_{LR}$
negativ → $\mathbf{A}_2 = <-1;2;2>_{LR}$,

ng → $\mathbf{B}_1 = <-20;0;0>_{LR}$
nk → $\mathbf{B}_1 = <-10;0;0>_{LR}$
pk → $\mathbf{B}_2 = <10;0;0>_{LR}$
pg → $\mathbf{B}_3 = <20;0;0>_{LR}$

Die unscharfen Mengen $\mathbf{B}_1$, $\mathbf{B}_2$, $\mathbf{B}_3$ und $\mathbf{B}_4$ sollen dabei Singletons darstellen.

a. Stellen Sie die Funktionsweise der Inferenz-Maschine mit Hilfe eines Überblickdiagramms graphisch dar.

b. Berechnen Sie den Ausgangswert $\mathbf{u}_1$ nach der Max-Min-Inferenz-Methode für die (scharfen) Eingangswerte $d_1 = 0.5$ und $a_1 = 0.5$, und skizzieren Sie den Rechengang im Diagramm nach a.

c. Welcher (scharfe) Stellwert u_S ergibt sich aus b. nach Defuzzifikation mit der Centroiden-Methode?

d. Welche Vor- und Nachteile bieten Regeln in prädiktiver Logik gegenüber denen in der hier angegebenen Regelbank, und warum?

21. Das Übertragungsverhalten eines komplexen Systems G kann mit Hilfe von unscharfem Expertenwissen wie im nachfolgenden Blockschaltbild beschrieben werden.

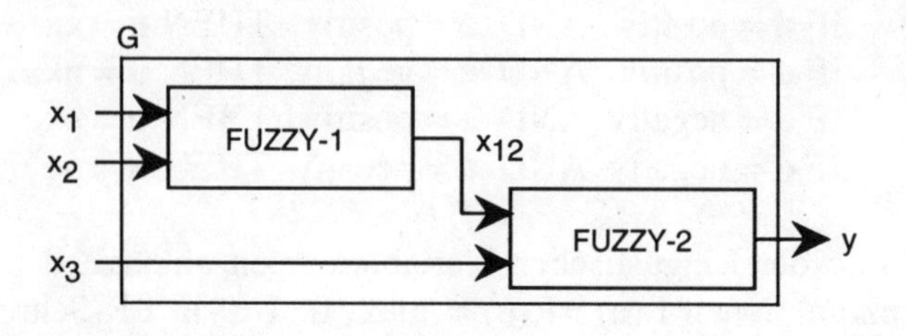

Die scharfen Eingangswerte $x_1,x_2,x_3 \in [-3,\ 3]$ werden von zwei Fuzzy-Inferenzmaschinen FUZZY-1 und FUZZY-2 nach der Max-Min-Inferenzmethode verarbeitet. FUZZY-1 liefert das unscharfe Ausgangsergebnis $\mathbf{x}_{12}$; dieses dient zusammen mit x_3 als Eingangsgröße von FUZZY-2. Der Variabilitätsbereich der Ausgangsmenge **y** liegt im Intervall [-0.5, 0.5]. Zur Beschreibung des Übertragungsverhaltens von FUZZY-1 und FUZZY-2 werden zunächst folgende Terme und mit $L(u) = R(u) = \max\,[0, 1-u]$ dazugehörige unscharfe Mengen definiert:

$$\begin{aligned} &ne && \rightarrow && \mathbf{A} = <-1;2;2>_{LR}, \\ &po && \rightarrow && \mathbf{B} = <1;2;2>_{LR}, \\[1ex] &kl && \rightarrow && \mathbf{S}_1 = <-0.5;0;0>_{LR}, \\ &mi && \rightarrow && \mathbf{S}_2 = <0;0;0>_{LR}, \\ &gr && \rightarrow && \mathbf{S}_3 = <0.5;0;0>_{LR}. \end{aligned}$$

a. Die Regelbasis von FUZZY-1 wird mit Hilfe von linguistischen Variablen LV_1, LV_2, LV_{12} über x_1, x_2, x_{12} sowie den oben vorgegebenen Termen beschrieben und lautet

IF $LV_1 = ne$ AND $LV_2 = po$ THEN $LV_{12} = mi$
IF $LV_1 = po$ AND $LV_2 = ne$ THEN $LV_{12} = kl$

Bestimmen und zeichnen Sie den unscharfen Ausgangswert $\mathbf{x}_{12}$ für den Eingangswertevektor $(x_1,x_2,x_3)^T = (0,-½,½)^T$.

b. Die Regelbasis von FUZZY-2 wird mit Hilfe von linguistischen Variablen LV_{12}, LV_3, LV_y über x_{12}, x_3, y sowie den oben vorgegebenen Termen beschrieben und lautet

IF	$LV_{12} = ne$	AND	$LV_3 = po$	THEN	$LV_y = gr$
IF	$LV_{12} = po$	AND	$LV_3 = ne$	THEN	$LV_y = kl$

Bestimmen und zeichnen Sie den unscharfen Ausgangswert **y** für den Eingangswertevektor $(x_1,x_2,x_3)^T = (0,-\frac{1}{2},\frac{1}{2})^T$.

c. Defuzzifizieren Sie das unscharfe Ausgangsergebnis über y mit der Centroiden-Methode.

22. Der Verlauf einer gegebenen Funktion f(x) soll mit Hilfe einer Fuzzy-Inferenz-Maschine 'FUZZY-f' nachgebildet werden, die bei Anlegen eines Eingangswertes x einen Ausgangswert $f_{OUT}(x) \approx f(x)$ erzeugt.

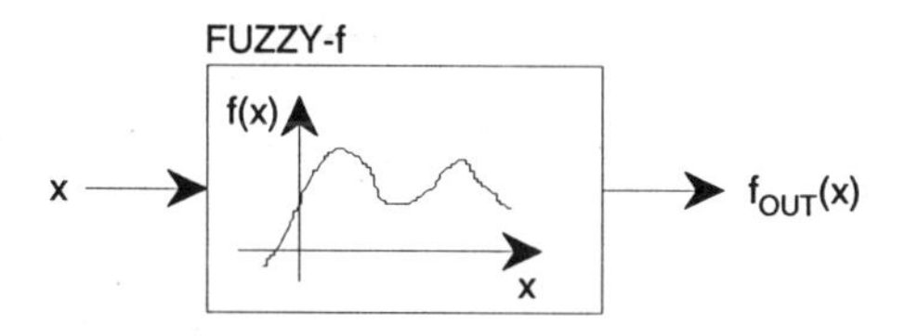

Gegeben seien die Funktionen

$f_0(x) = x^2$ für $x \in [0, 10]$,
$f_1(x) = x^3 - 2x^2 + x$ für $x \in [-2,+2]$,
$f_2(x) = \sin^2(x)$ für $x \in [0, 2\pi]$,
$f_3(x) = 1/x \cdot \sin(x)$ für $x \in [0_+, 2\pi]$.

a. Skizzieren Sie die Funktionsverläufe von $f_0(x)$, $f_1(x)$, $f_2(x)$ und $f_3(x)$ in den angegebenen Definitionsbereichen.

b. Stellen Sie jeweils eine Regelbasis zur Approximation der Funktionsverläufe von $f_0(x)$, $f_1(x)$, $f_2(x)$ und $f_3(x)$ auf. Gehen Sie dabei aus vom Modell überlappender unscharfer Punkte $\mathbf{Q}_i$ zur Visualisierung der Produktionsregeln 'IF u=$\mathbf{A}_i$ THEN v=$\mathbf{B}_i$', $\mathbf{A}_i \in \mathbf{P}(X)$, $\mathbf{B}_i \in \mathbf{P}(Y)$. Plazieren Sie die unscharfen Punkte an charakteristischen Stellen der zu approximierenden Funktion nach dem folgenden Prinzipschema:

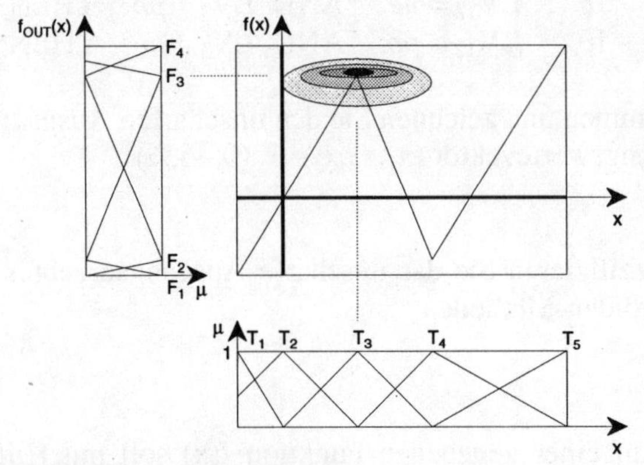

Beispiel einer Regelbasis:

If u=$\mathbf{T_1}$ THEN v=$\mathbf{F_1}$
If u=$\mathbf{T_3}$ THEN v=$\mathbf{F_3}$
If u=$\mathbf{T_4}$ THEN v=$\mathbf{F_2}$
If u=$\mathbf{T_5}$ THEN v=$\mathbf{F_4}$

c. Skizzieren Sie die prinzipiellen Verläufe der Übertragungsfunktionen der in **b.** aufgestellten unscharfen Systeme 'FUZZY-f_i' bei Verwendung der Maximum- bzw. der Centroiden-Methode zur Defuzzifikation.

d. Wie hängt der Approximationsfehler $\varepsilon=\int[f_{OUT}(x)-f(x)]^2dx$ von der Wahl der Zugehörigkeitsfunktionen und der Lage der unscharfen Punkte ab?

Literaturverzeichnis

Akahoshi, K. [1991]:
"SLR Camera "a-7xi" using Fuzzy Logic in AF, AE, AZ". Proceedings of IFES'91.

Bandemer, H. & S. Gottwald [1990]:
Einführung in FUZZY-Methoden. Akademie-Verlag, Berlin.

Baldwin, J.F. [1979]:
A New Approach to Approximate Reasoning using a Fuzzy Logic. Fuzzy Sets and Systems 2, 309-325.

Bezdek, J. C. [1981]:
Pattern Recognition with Objective Function Algorithms. Plenum Press, London.

Bock, H.H. [1974]:
Automatische Klassifikation. Vandenhoeck&Ruprecht, Göttingen.

Bocklisch, S.F. [1987]:
Prozeßanalyse mit unscharfen Verfahren. VEB Verlag Technik, Berlin.

Bothe, H.-H. [1995]:
Fuzzy-Neuro-Methoden: Einführung in Theorie und Anwendungen. Springer-Verlag, Berlin-Heidelberg.

Böhme, G. [1993]:
Fuzzy-Logik. Springer-Lehrbuch, Berlin-Heidelberg.

Brause, R. [1991]:
Neuronale Netze: Eine Einführung in die Neuroinformatik. B.G. Teubner, Stuttgart.

Brinkmann, M. & C. Moraga [1992]:
Simulation des inversen-Pendel-Problems unter dem X Window System und OSF/Motif. In: Tagungsband der VDE-Fachtagung "Technische Anwendungen von Fuzzy-Systemen", Dortmund, 298-306.

Brubaker, D.I. [1994]:
Fuzzy PD+I Control. Huntington Technical Brief, no. 49, April 1994. Huntington Advanced Technology, 883 Santa Cruz Ave, Suite 31, Menlo Park, CA 94025-4608, U.S.A.

Buckley, J.J. [1993]:
Sugeno Type Controllers are Universal Controllers. The MYCIN Experiment of the Stanford Heuristic Programming Experiment. Addison-Wesley, Reading.

Cannon, R.H. [1966]:
Dynamics of Physical Systems. Mc-Graw-Hill, New York.

Delgado, M. & E. Trillas & J. L. Verdegay & M.-A. Vila [1990]:
The Generalized "Modus Ponens" with Linguistic Labels. In: IIZUKA '90, 725-728.

Driankov, D. & H. Hellendoorn & M. Reinfrank [1993]:
An Introduction to Fuzzy Control. Springer-Verlag, Berlin-Heidelberg.

Driankov, D. & P. Eklund & A. Ralescu (Hrsg.) [1994]:
Fuzzy Logic and Fuzzy Control. Lecture Notes in Artificial Intelligence 833, Springer-Verlag, Berlin-Heidelberg.

Dubois, D. & H. Prade [1979]:
Fuzzy Real Algebra: Some Results. Fuzzy Sets and Systems 2, 327-348.

Dubois, D. & H. Prade [1980]:
Fuzzy Sets and Systems: Theory and Applications. Academic Press, Boston.

Dubois, D. & H. Prade [1992]:
Possibility Theory: A Tool for Interpolative Reasoning and Defeasible Inference. Joint Japanese-European Symposium on Fuzzy Systems Berlin, Document 9.

FattarusoJ.W. & R.G. Meyer [1987]:
MOS Analog Function Synthesis. IEEE Journal of Solid-State Circuits SC-22.

Furuta, K. [1984]:
Attitude Control of a Triple Inverted Pendulum. Int. J. Control 39, 673-692.

Giloi, W. & H. Liebig [1980]:
Logischer Entwurf digitaler Systeme. Springer-Verlag, Berlin.

Gitman, I. & M.D. Levine [1970]:
An Algorithm for Detecting Unimodal Fuzzy Sets and Its Application as a Clustering Technique. IEEE Trans. Comp. 19, 583-593.

Gottwald, S. [1984]:
On the Existence of Solutions of Systems of Fuzzy Equations. Fuzzy Sets and Systems 12, 301-302.

Gottwald, S. [1993]:
Fuzzy Sets and Fuzzy Logic. Vieweg-Verlag, Wiesbaden.

Gupta, M.M. & E. Sanchez (Hrsg.) [1982]:
Approximate Reasoning in Decision Analysis. North-Holland, Amsterdam.

Gupta, M.M. & T. Yamakawa (Hrsg.) [1988]:
Fuzzy Computing: Theory, Hardware and Applikations. North-Holland, Amsterdam.

Gupta, M.M. & T. Yamakawa (Hrsg.) [1988]:
Fuzzy Logic in Knowledge-Based Systems, Decision and Control. North-Holland, Amsterdam.

Hartmann, I. [1992]:
Laborversuche Regelungstechnik I, II: Regler nach dem Wurzelortsverfahren und Zustandsregler für eine instabile Strecke. Institut für Regelungstechnik und Systemdynamik, Technische Universität Berlin.

Hayashi, S. [1991]:
Auto-tuning fuzzy PI controler. Proc. of the IFSA'91, 41-44.

He, S.Z. & S. Tan & F.L. Xu & P.Z. Wang [1993]:
Fuzzy self-tuning of PID controllers. Fuzzy Sets and Systems 56, 37-46.

Heite, C. & K. Schumacher & K. Goser [1989]:
Präzise Fuzzy-Logic-Grundgatter in analoger CMOS-Technik mit kleinen Strukturen. ITG Fachberichte 110, VDE-Verlag, 119-125.

Hertz, J. & Krogh, A. & Palmer, R.G. [1991]:
Addison-Wesley, Reading.

Hirota, K. [1981]:
Concepts of Probabilistic Sets. Fuzzy Sets and Systems 5, 31-46.

Holmblad, L.P. & J.J.Østergaard [1982]:
Control of Cement Kiln by Fuzzy Logic. In: Gupta & Sanchez, 389-400.

Jain, R. [1976]:
Tolerance Analysis using Fuzzy Sets. Inter. J. Syst. Sci. 7(12), 1393-1401.

Jones, A. & A. Kaufmann & H.-J. Zimmermann (Hrsg.) [1986]:
Fuzzy Sets Theory and Applications. NATO ASI Series, D. Reidel Publishing Company, Dordrecht.

Kacprzyk, J. [1983]:
Multistage Decision-Making under Fuzziness. TÜV Rheinland, Köln.

Kandel, A. [1986]:
Fuzzy Techniques in Pattern Recognition. John Wiley and Sons, New York.

Karaali, Cihat [1994]:
Beitrag zur digitalen Regelung von Synchronmaschinen mit Fuzzy-Algorithmen. Dissertation, Berlin.

Kaufmann, A. & M.M. Gupta (1985]:
Introduction to Fuzzy Arithmetic: Theory and Applications. Van Nostrand Reinhold, New York.

Kettner, T. & C. Heite & K. Schumacher [1992]:
Realisierung eines analogen Fuzzy-Controllers in BiCMOS-Technik. VDE-Fachtagung "Technische Anwendungen von Fuzzy-Systemen, Dortmund, 221-230.

Kickert, W.J.M. [1975]:
Analysis of a Fuzzy Logic Controller. Intern. Report. Queen Mary, London.

Klawonn, F. & R. Kruse [1993]:
Equality Relations as a Basis for Fuzzy Control. Fuzzy Sets and Systems 54, 147-156.

Klement, E.P. & W. Slany (Hrsg.) [1993]:
Fuzzy Logic in Artificial Intelligence. Lecture Notes in Artificial Intelligence 695, Springer-Verlag, Berlin-Heidelberg.

Klir, G.J. & T.A. Folger [1988]:
Fuzzy Sets, Uncertainty, and Information. Prentice-Hall, Englewood Cliffs.

Kosko, B. [1992]:
Fuzzy Systems as Universal Approximators. Proc. of the IEEE Conference on Fuzzy Systems, San Diego, 1153-1162.

Kosko, B. [1992]:
Neural Networks and Fuzzy Systems. Prentice-Hall, Englewood Cliffs.

Kruse, M. & F. Klawonn & J. Gebhardt [1993]:
Fuzzy-Systeme. Teubner-Verlag, Stuttgart.

Kung, S.Y. [1993]:
Digital Neural Networks. Prentice Hall, Englewood Cliffs.

Landgraf, C. [1970]:
Elemente der Regelungstechnik. Springer-Verlag, Berlin-Heidelberg.

Lee, C.C. [1990]:
Fuzzy Logic in Control Systems: Fuzzy Logic Controller, Part I+II. IEEE Trans. on Systems, Man & Cybernetics 20, 404-435.

Lee, J. [1993]:
On methods for improving performance of PI-type fuzzy logic controllers. IEEE Trans. on Fuzzy Systems 1, 298-301.

Łukasiewicz, J. & A. Tarski [1932]:
Untersuchungen über den Aussagenkalkül. Comptes Rendus Soc. Sci. et Lettr. Varsovie, cl III, 23, 30-50.

Malki, H. & H.D. Li & G. Chen [1994]:
New design and stability analysis of fuzzy PI controllers. IEEE Trans. on Fuzzy systems.

Mamdani, E.H. & S. Assilian [1981]:
An Experiment in Linguistic Synthesis with a Fuzzy Logic Controller. International Journal of Man-Machine Studies 7, 1-13.

Mamdani, E.H. & B.R. Gaines (Hrsg.) [1981]:
Fuzzy Reasoning and Its Applications. Academic Press, Boston.

Mechler, B. & A. Mayer & A. Schlindwein & R. Wolke [1993]:
Fuzzy Logic - Einführung und Leitfaden zur praktischen Anwendung. Mit Fuzzy-Shell in C++. Addison-Wesley, Bonn.

Messmer, H.P. [1993]:
Pentium. Klassische CISC-Konzepte, moderne RISC-Strategien und ein Vergleich mit Alpha, Power PC, MIPS, SPARC, Fuzzy Logic und Neuronalen Netzen. Addison-Wesley, Bonn.

Miyamoto, S. [1990]:
Fuzzy Sets in Information Retrieval and Cluster Analysis. Kluwer Academic Publishers, Dordrecht.

Mizumoto, M. & Zimmermann, H.-J. [1982]
Comparison of Fuzzy Reasoning Methods. Fuzzy Sets and Systems 8, 253-283.

Nauck, D. & Klawonn, F. & Kruse, R. [1994]:
Neuronale Netze und Fuzzy-Systeme. Vieweg, Braunschweig.

Norita, T. [1992]:
Engineering Application of Fuzzy Systems - Applications of Image Processing and Understanding with Fuzzy Theory. Joint Japanese-European Symposium on Fuzzy Systems Berlin, Document 17.

Pao, Y.-H. [1989]:
Adaptive Pattern Recognition and Neural Networks. Addison-Wesley, Reading.

Pedrycz, W. [1989]:
Fuzzy Control and Fuzzy Systems. John Wiley and Sons, New York.

Puppe, F. [1988]:
Einführung in Expertensysteme. Springer-Verlag, Berlin.

Preuß, H.-P. [1992a]:
Fuzzy-Control-heuristische Regelung mittels unscharfer Logik. atp, Oldenbourg, 4(34), 176-184.

Preuß, H.-P. [1992b]:
Fuzzy-Control-heuristische Regelung mittels unscharfer Logik. atp, Oldenbourg, 5(34), 239-246.

Ralescu, A. (Hrsg.) [1994]:
Fuzzy Logic in Artificial Intelligence. Lecture Notes in Artificial Intelligence 847, Springer-Verlag, Berlin-Heidelberg.

Reil, Gerhard [1994]:
Prozeßregelung numerisch gesteuerter Umformmaschinen mit Fuzzy Logic. (Berichte aus der Fertigungstechnik) Shaker-Verlag.

Reusch, B. (Hrsg.) [1992]:
Fuzzy Logic. Theorie und Praxis. 2. Dortmunder Fuzzy-Tage, 9.-10.6.1992. Springer-Verlag, Berlin.

Reusch, B. (Hrsg.) [1993]:
Fuzzy Logic. Theorie und Praxis. 3. Dortmunder Fuzzy-Tage, 7.-9.6.1994. Springer-Verlag, Berlin.

Reusch, B. (Hrsg.) [1994]:
Fuzzy Logic. Theorie und Praxis. 4. Dortmunder Fuzzy-Tage, 6.-8.6.1994. Springer-Verlag, Berlin.

Rommelfanger, H. [1988]:
Entscheiden bei Unschärfe: Fuzzy Decision Support-Systeme. Springer-Verlag, Berlin.

Späth, H. [1975]:
Cluster-Analyse-Algorithmen zur Objektklassifizierung und Datenreduktion. Oldenbourg-Verlag, München.

Spiess, Marcus [1993]:
Unsicheres Wissen. Wahrscheinlichkeit, Fuzzy-Logik und neuronale Netze in der Psychologie. Spektrum Akademischer Verlag.

Sugeno, M. (Hrsg.) [1985]:
Industrial Applications of Fuzzy Control. North-Holland, Amsterdam.

Surmann, H. & K. Heesche & M. Hoh & K. Goser & R. Rudolf [1992]:
Entwicklungsumgebung für Fuzzy-Controller mit neuronaler Komponente. VDE-Fachtagung "Technische Anwendungen von Fuzzy-Systemen, Dortmund, 288-296.

Sturegeon, W.R. & W.R. Loscutoff [1972]:
Application of Modal Control and Dynamic Observers to Control of a Double Inverted Pendulum. Proc. JACC, 857-865.

Terano, T. & Asai, K. & Sugeno, M. [1992]:
Fuzzy Systems Theory and its Applications. Academic Press, Boston.

Terano, T. & M. Sugeno & M. Mukaidono & K. Shigemasu (Hrsg.) [1992]:
Fuzzy Engineering toward Human Friendly Systems. IOS Press, Amsterdam.

Tilli, T. [1991]:
Fuzzy-Logik: Grundlagen, Anwendungen, Hard- und Software. Franzis-Verlag, München.

Tilli, T. [1992]:
Automatisierung mit Fuzzy-Logik. Franzis-Verlag, München.

Trillas, E. [1992]
Some Reflections on Logic and Fuzzy Logic. Joint Japanese-European Symposium on Fuzzy Systems Berlin, Document 1.

Wassermann, P.D. [1993]:
Advanced Methods in Neural Computing. van Nostrand Reinold, New York.

Watanabe H. & W.D. Dettloff & K.E. Yount [1990]:
VLSI Fuzzy Logic Controller with Reconfigurable, Cascadable Architecture. IEEE Journal of Solid-State Circuits 2, 376-382.

Werners, B. [1984]:
Interaktive Entscheidungsunterstützung durch ein flexibles mathematisches Programmierungssystem. München.

Yager, R.R. & D.P. Filev [1992]:
Adaptive Defuzzification for Fuzzy System Modelling. Proc. NAFIPS'92, Puerto Vallarta, 135-142.

Yager, R.R. [1979]:
On the Measure of Fuzziness and Negation, Part 1: Membership in the Unit Intervall. Inter. J. Gen. Syst. 5, 221-229.

Yamakawa, T. & T. Miki [1986]:
The Current Mode Fuzzy Logic Integrated Circuits. IEEE Transactions on Computers 2, 161-167.

Yamakawa, T. [1989]:
Stabilisation of an Inverted Pendulum by a High-Speed Fuzzy Logic Controller Hardware System. Fuzzy Sets and Systems 32, 161-180.

Yasunobu & S. Miyaoto, [1985]:
Automatic Train Operation by Predictive Fuzzy Control. In: [Sugeno, 1985], 1-19.

Zadeh, L.A. [1965]:
Fuzzy Sets. Information and Control 8, 338-353.

Zadeh, L.A. [1968]:
Probability Measures of Fuzzy Events. Information Science 3, 177-206.

Zadeh, L.A. [1973a]:
The Concept of a Linguistic Variable and its Application to Approximate Reasoning. Memorandum ERL-M 411 Berkeley, 1973.

Zadeh, L.A. [1973b]:
Outline of a New Approach to the Analysis of Complex Systems and Decision Processes. IEEE Trans. Syst. Man, Cybern. 3, 28-44.

Zadeh, L.A. & K.S. Fu & K. Tanaka & M. Shimura, Hrsg. [1974]:
Fuzzy Sets and Their Applications to Cognitive and Decision Processes. Academic Press, Boston.

Zadeh, L.A. [1977]:
Fuzzy Sets and their Application to Pattern Recognition and Clustering Analysis. In: Classification and Clustering, New York, 251-299.

Zimmermann, H.-J. [1984]:
Fuzzy Sets and Decision Analysis. Kluwer, Dordrecht.

Zimmermann, H.-J. [1991]:
Fuzzy Set Theory - and Its Applications. Kluwer, Dordrecht.

Zimmermann, H.-J. & C. v. Altrock [1993]:
Fuzzy Logic. Band 1: Technologie. Oldenbourg-Verlag, München.

Zimmermann, H.-J. & C. v. Altrock [1993]:
Fuzzy Logic. Band 2: Anwendungen. Oldenbourg-Verlag, München.

Symbolverzeichnis

Die Symbole sind nach ihrer inhaltlichen Bedeutung angegeben. Die Zahlenangaben hinter der Erläuterung kennzeichnen die Seiten, auf denen die Symbole zum erstenmal auftreten. Die notwendige Unterscheidung zwischen unscharfen und scharfen Mengen geschieht dadurch, daß fette Großbuchstaben **A**, **B**, ... unscharfe Mengen bezeichnen, normale Großbuchstaben A, B, ... dagegen scharfe Mengen. Die Terme *hoch*, *niedrig*, ... linguistischer Variabler sind kursiv geschrieben. Vektoren $\underline{v}$, $\underline{w}$, ... sind einfach unterstrichen, während Matrizen $\underline{U}$, $\underline{V}$, ... doppelt unterstrichen sind. Abweichend von der im Deutschen üblichen Schreibweise wird zur Kennzeichnung von Bruchzahlen durchgängig ein Dezimalpunkt anstelle eines Kommas verwendet, um eine Verwechslung mit Aufzählungen auszuschließen.

Klammerausdrücke

(a, b, ...)	Tupel
$<a; b; c>_{LR}$	LR-Zahl mit Gipfelpunkt a und Spannweiten b, c
$<a; b; c; d>_{LR}$	LR-Intervall
{a,...}	Menge mit den Elementen a, ...
$\{a \mid \ldots\}$	Menge der Elemente a, für die gilt: ...
[0, 1]	Einheitsintervall
[. , .), [. , .)	einseitig offenes Intervall
$[a; b; c; d]_{LR}$	LR-Intervall: Alternativdarstellung
[..., ...]	beidseitig geschlossenes Intervall

Mathematische Operatoren

$\lVert \ldots \rVert$	relative Mächtigkeit von ...
$\lvert \ldots \rvert$	Absolutwert von ..., Mächtigkeit von ...
$(\mathbf{A}+\mathbf{B})^{1/2}$	geometischer Mittelwert von **A** und **B**
$\frac{1}{2}(\mathbf{A}+\mathbf{B})$	arithmetischer Mittelwert von **A** und **B**

$\neg$ logisches nicht
$\vee$ logisches oder
$\wedge$ logisches und zugleich
$\cap$ Durchschnitt
$\cup$ Vereinigung
$\square$ t-Norm-Operator
$\blacksquare$ s-Norm-Operator
$\sqcap$ beschränktes Produkt
$\sqcup$ beschränkte Summe
$\cdot$ algebraisches Produkt
$+$ algebraische Summe
$\times$ kartesisches Produkt
and fuzzy-and
or fuzzy-and
γ kompensatorisches und
$\bigstar$ Gödel-Verknüpfung
$\circ_{MA}$ Max-Average-Verkettung
$\circ_{MM}$ Max-Min-Verkettung
$\circ_{MP}$ Max-Prod-Verkettung
$\circ_{T}$ Verknüpfung
$\sum_{x} y$ Summe aller y für alle x
$\int_{X} \ldots dx$ Integral über X
$\oplus$ erweiterte Addition
$\ominus$ erweiterte Subtraktion, Negation
$\odot$ erweiterte Multiplikation
⨸ erweiterte Division
$\otimes$ erweitertes kartesisches Produkt

Mathematische Relationen

$\approx$ ungefähr gleich
$\neq$ ist ungleich
$\geq$ ist größer oder gleich
$>$ ist größer als
$\gg$ ist wesentlich größer als
$<$ kleiner als
$\leq$ ist kleiner oder gleich
$\not<$ ist nicht kleiner als
$\subset$ ist echt enthalten in
$\subseteq$ ist Teilmenge von

Andere mathematische Symbole

∞	unendlich
$\rightarrow$	Folgerung
$\hookrightarrow$	gilt auch als
$\Rightarrow$	Implikation (WENN … DANN …)
$\Leftrightarrow$	Äquivalenz
$f:X\rightarrow Y$	Abbildung f mit Definitionsbereich X, Wertebereich Y
$\in$	ist Element von
$\emptyset$	Leermenge
$\mathbb{C}$	Menge der komplexen Zahlen
$\mathbb{N}$	Menge der natürlichen Zahlen
$\mathbb{R}$	Menge der reellen Zahlen
$\mathbb{R}^+$	Menge der nichtnegativen reellen Zahlen
$\mathbb{R}^-$	Menge der nichtpositiven reellen Zahlen
$X\backslash A$	Menge X ohne Elemente von A
$\mathfrak{L}$	σ-Algebra
$\mathfrak{R}$	Lösungsmenge einer Relationalgleichung
$\forall$…	für alle … gilt
$\exists$…	es gibt ein …

Griechische Anfangszeichen

β	Aktivierungsgrad
β^*	effektiver Aktivierungsgrad
γ	kompensatorisches und
$\gamma(x)$	Kompensationsfunktion
Γ	Kompensationsfaktor
∂y	Meßabweichung
$\Delta(A)$	garantierte Möglichkeit für A
$\Delta\mu(\underline{m})$	Störabstand
ΔX	linguististische Variable Fehlposition
Θ	Trägheitsmoment
$\mu(\underline{m})$	Sympathievektor
$\mu_A(x)$	charakteristische Funktion von A bzw. Zugehörigkeitsfunktion von **A** auf einem Grundbereich mit Elementen x
$\mu_{kp}(x)$	Zugehörigkeitsfuktion eines kartesischen Produkts
$\mu_{max}(\underline{m})$	Hauptsympathiewert
$\mu_{max}{}^*(\underline{m})$	"richtiger" Hauptsympathievektor
ν	numerischer Wahrheitswert

$\pi(x)$	Möglichkeitsverteilung
$\Pi(A)$	Möglichkeit von A
$\Pi_x\, y$	Produkt aller y für alle x
$\rho_1(\mathbf{A}, \mathbf{A'})$	Hamming-Abstand von **A** und **A'**
$\rho_2(\mathbf{A}, \mathbf{A'})$	Euklidischer-Abstand von **A** und **A'**
$\rho_p(\mathbf{A}, \mathbf{A'})$	p-Abstand von **A** und **A'**
Ω	Stichprobenraum

Alphanumerische Anfangszeichen

3D	dreidimensional
A_α	α-Schnitt von A
A^c, $\mathbf{A}^c$	Komplement von A, **A**
and	fuzzy-and
Bipolar-Transistor	Transistor mit Basis-, Emitter- und Kollektoranschluß
BiCMOS...	Kombination aus Bipolar- und CMOS-... auf einem Chip
c_μ	Reibungskonstante
CMOS-Technik	komplementäre Metall-Oxid-Silizium-Technik
CON	Konzentration
D	linguististische Variable Drehgeschwindigkeit
d'^C	größte gewichtete achsenparallele Distanz
d'^E	gewichtete Euklidische Distanz
d'^H	City-Block-Distanz
d'^P	allgemeine Minkowski-Distanz
$d(\mathbf{A})$	Entropiemaß von **A**
$d(\underline{m}_1, \underline{m}_2)$	unscharfe Abstandsfunktion
$d(\underline{m}_1, \underline{m}_2)$	Distanz zwischen $\underline{m}_1$ und $\underline{m}_2$
$d_1(\mathbf{A})$	Unschärfeindex von **A**
$d_1(\mathbf{A})$	Unschärfeindex von **A**
$d_2(\mathbf{A})$	Shannonsches Unschärfemaß von **A**
d^C	größte achsenparallele Distanz
d^E	Euklidische Distanz
d^H	Hamming-Distanz
DIL	Dehnung
d^P	allgemeine L_p-Distanz
d^r	Rangdistanz
E, **E**	scharfe, unscharfe Universalmenge
$E(\mu)(x)$	Erwartungsfunktion
E(t)	linguististische Variable Fehlwinkel
F	Kraft
$F(\mathbf{A})$	unscharfes Maß von **A**

g	Schwerkraft
$g_1, \ldots, g_6$	Gütemaße zur Auswahl unscharfer Klassifikatoren
H(**A**)	Entropie von **A**
hgt(**A**)	Höhe von **A**
I(**A**, **B**)	Implikationsverknüpfung
$\inf_y$ […]	Infimum von … über alle y
INT	Kontrastverstärkung
K	linguististische Variable Kraft
l	Länge
$L^{-1}(\lambda)$	Umkehrfunktion von L
L(u), R(u)	Referenzfunktion
lim…	Limes (Grenzwert) von …
log	Logarithmus zur Basis zehn
LV	linguistische Variable
$\underline{m}$	Merkmalsvektor
M	Anzahl der Merkmale
m	Masse
$\mathbf{M}^{-1}$	erweiterter Kehrwert von **M**
MA	mehr-als-Funktion
max […]	unscharfes Maximum
max […]	Maximum von …
m_i	Merkmal
min […]	Minimum von …
MOS	Metall-Oxid-Silizium-Technik
MOSFET	MOS-Feldeffekttransistor
n	Clusteranzahl
N	Objektanzahl
n-MOS	n-Kanal-MOS
N(A)	Notwendigkeit für A
NG	negativ groß
NK	negativ klein
NM	negativ mittel
npn-…	Elektronen-Löcher-Elektronen-Leitung
or	fuzzy-and
p-MOS	p-Kanal-MOS
P(X)	Wahrscheinlichkeit von X
P(X)	unscharfe Potenzmenge auf X
PG	positiv groß
PK	positiv klein
PM	positiv mittel
Q_k	Cluster
q	Vertrauenswert

q.e.d.	quod erat demonstrandum (was zu beweisen war)
r(**A**)	Energiemaß von **A**
RES	regelbasiertes Expertensystem
R ∘ **S**	**R** verkettet mit **S**
S(**A**)	Stützmenge von **A**
s(...)	s-Norm-Operator
sup_y [...]	Supremum von ... über alle y
t(...)	t-Norm-Operator
u	Stellgröße
$\underline{\underline{U}} = (u_{ij})$	Zugehörigkeitsmatrix
u_{ij}	Zugehörigkeitswert des Objekts (i) zum Cluster (j)
$\underline{\underline{V}}$	Matrix der Clusterzentren
$\underline{v}$	Vektor der Clusterzentren
V(μ)(x)	Varianzfunktion
w_k	Wichtungsfaktor
$\underline{x}$	Meßdatenvektor
x_{soll}, y_{soll}	Sollwert
$\ddot{y}$	zentrale Stelle der Maximalwerte einer Zugehörigkeitsfunktion
$y_{meß}$	Meßwert
ZR	normal

Sachregister

Springer-Verlag und Umwelt

Als internationaler wissenschaftlicher Verlag sind wir uns unserer besonderen Verpflichtung der Umwelt gegenüber bewußt und beziehen umweltorientierte Grundsätze in Unternehmensentscheidungen mit ein.

Von unseren Geschäftspartnern (Druckereien, Papierfabriken, Verpackungsherstellern usw.) verlangen wir, daß sie sowohl beim Herstellungsprozeß selbst als auch beim Einsatz der zur Verwendung kommenden Materialien ökologische Gesichtspunkte berücksichtigen.

Das für dieses Buch verwendete Papier ist aus chlorfrei bzw. chlorarm hergestelltem Zellstoff gefertigt und im pH-Wert neutral.

Druck: Mercedesdruck, Berlin
Verarbeitung: Buchbinderei Lüderitz & Bauer, Berlin